縮退の時代の「管理型」都市計画

自然とひとに配慮した抑制とコントロールのまちづくり

◆

藤田宙靖
監修
亘理 格・内海麻利
編著
(一財)土地総合研究所
編集協力

第一法規

はしがき

本書は、一般財団法人土地総合研究所内に設けられた「縮退の時代における都市計画制度に関する研究会」において2016年度以降３年間にわたって遂行された研究の成果を、一書にまとめたものである。この中には、上記研究会に常時参加した者（以下、「固定メンバー」という）及びゲストスピーカーとして専門的知見を提供していただいた方々のご論攷が、収められている。

上記研究会は、「縮退の時代における都市計画制度」のあり方を現行法の抜本的改正をも展望しつつ検討すべく、2015年４月に発足したものであり、当初より、都市計画法の「枠組み法化」と「管理型」都市計画の検討を研究目的に掲げてきた。このうち「枠組み法化」については、研究計画の初年度における研究成果を速やかにまとめた報告書が、2016年６月、『都市計画法制の枠組み法化―制度と理論―』（一般財団法人土地総合研究所）として公表されている。その後、同報告書を通して提起した「枠組み法化」の考え方に対して、固定メンバー以外の研究者から意見やコメントをいただく場を設ける一方、もう一つの柱である「管理型」都市計画の検討に着手することとなり、徐々に後者に比重を移す方向で研究が継続された。したがって、本書は「枠組み法化」を前提にしつつも、「管理型」都市計画のあり方を重点的に解明しようとするものとなっている。

以下では、本書のタイトルについてごく簡単に説明したい。本書の原題は、『「管理型」都市計画――縮退の時代の法と計画技術』である。

まず「管理型」については、複数の意味で理解することが可能だが、主たる対象として狭域的な地域や地区を想定し、そのようなコミュニティ次元の地域における土地利用を主に協議や協定等の合意手法を通して形成又は調整しようとする方法を意味する。この意味の「管理型」は、命令・強制や許可・禁止等の権力的・規制的な都市計画手法に対する反対概念であり、最狭義の「管理型」都市計画である。これに対し、権力的・規制的な手法を排除せず合意手法との多様な組合せや相互調整を通して、主に市町村単位における適切な土地利用を実現しようとする手法を「管理型」と呼ぶことも可能である。この意味での「管理型」は、権力的・規制的手法を排除しないという意味で広義の「管理型」と呼ぶことができ、また法令の規定の単純な適用や執行に止まることなく、都市計画の現場担当者による個々の地域の状況に応じた自律的法解釈や調整及び条例に基づく独自規制が幅広く許容されるという点に着目すると、法令執行型の都市計画に対する反対概念だということになる。以上の点は、第１部「総論」の第１章で、「枠組み法化」の意味とともに詳細に論じる予定なので、ここでは以上の説明に止めておきたい。

次に、「縮退の時代」という表現については、本格的な人口減少社会への突入を背景に空き家・空き地や耕作放棄地が国土全域でランダムに発生し増大しているという状況が、背景となる。では、何故、都市や地域の「縮小」や「縮減」ではなく「縮退」という用語を用いることにしたのだろうか。この点については、都市計画という地域空間に対する人の人為的な働きかけを対象とする制度を考察する際に、人為的働きかけを通して一旦形成された市街地が段階的にであれランダムにであれ徐々に縮小していく状況を適切に表現するには、「縮退」という用語が最適だと思われる。この意味で、「縮退」は、地域空間の縮小と人為的働きかけの衰退とを重ね合わせた意味合いを示すための用語であって、それ以上の意味もそれ以下の意味も有するものではない。敢えていえば、将来にわたって市街地を縮小すべく人為的活動の撤退を誘導すべきだといった意図を込めた用語選択ではない。実践的には、あくまでも中立的意味を有するに止まることをお断りしておきたい。

以上のように、本書は、「縮退の時代」における「管理型」都市計画制度のあり方を提示しようとするものであるが、この試みを成し遂げるには、法学及び都市工学という各分野の研究者及び都市計画実務家という三者間のコミュニケーションに基礎づけられた研究が不可欠であった。本書は、このように専門や職域を異にする多くの者の協働による研究の賜であり、「法と計画技術」という本書タイトルの一節には、このような本書構成上の特色が示されている。なお、本書の製作過程で、出版社の希望により、上の原題が『縮退の時代の「管理型」都市計画――自然とひとに配慮した抑制とコントロールのまちづくり』と改変された。

また、本書は、第１部「総論」及び第２部から第５部までの５部編成によって構成されるが、その概要は、以下のとおりである。

まず総論では、「枠組み法化」と「管理型」という本書が想定する基礎的概念及び本書公刊に至るまでの研究会活動の経緯を説明する。また、法学と都市工学をそれぞれ代表する固定メンバー以外の２名の研究者からコメントをいただく。かかる総論をうけて、第２部では、「管理型」と見なすことのできる法的仕組みが既に既存の諸法律に制度化されているのではないか、という想定の下、そのような現行法上の「管理型」制度の仕組みと問題点等について、各法分野を代表する研究者に論じていただいた。次に第３部では、都市計画の現場において直面している縮退状況を踏まえ、その解決のための具体的な取組み状況を、「管理型」都市計画の最前線に関わる諸問題として研究者及び実務家に論じていただいた。以上の諸論攷を踏まえ、第４部では、固定メンバーである４名が、「枠組み法化」と「管理型」都市計画法制を実現するために何が必要かという視点から、それぞれの見解を提示している。そして第５部では、本研究会における検討状況をつぶさに観察するとともに、適切な助言とアイディアを惜しむことなく提供して頂いた藤田宙靖先生に、本書公刊の意義を明らかにするとともに限界をも指摘していただくことにより、本書公刊後の展望をお示しいただくという趣向になっている。

本書の公刊に際しては、㈱第一法規の木村文男氏から、様々な助言をいただくとともに編集上のサポートを賜ることができた。一般財団法人土地総合研究所の方々からは、理事長をはじめとして多くの所員の方々から心強い支援を賜ることができた。特に佐々木晶二氏からは、都市計画行政マンとしての専門家のお立場からご論文までご執筆いただくことができた。さらに白川慧一氏からは、研究会活動に終始寄り添うお立場から継続的に様々なサポートをいただくことができた。こうした手厚いご助力なしに本書が広く人々の目に触れることはなかったと思われる。こうした方々に、この場を借りて心より御礼申し上げたい。

2020年12月

編者　亘理格　内海麻利

執筆者一覧（執筆順）

監修・執筆	藤田　宙靖	（東北大学名誉教授）	第５部「あとがき」
編集・執筆	亘理　　格	（中央大学教授）	第１部第１章、第２部第３章、第４部第１章
	内海　麻利	（駒澤大学教授）	第２部第２章、第４部第２章
執　筆	大貫　裕之	（中央大学教授）	第１部第２章、第４部第３章
	角松　生史	（神戸大学教授）	第１部第３章
	中井　検裕	（東京工業大学教授）	第１部第３章
	原田　保夫	（元復興庁事務次官）	第２部第１章、第４部第４章
	北村　喜宣	（上智大学教授）	第２部第４章
	吉田　克己	（北海道大学名誉教授・弁護士）	第２部第５章
	原田　純孝	（東京大学名誉教授）	第２部第６章
	古積健三郎	（中央大学教授）	第２部第７章
	饗庭　　伸	（東京都立大学教授）	第３部第１章
	佐々木晶二	（（一財）土地総合研究所専務理事／（公財）都市計画協会上席調査・研究員）	第３部第２章
	宇野　善昌	（国土交通省道路局次長）	第３部第３章
	小林　重敬	（横浜国立大学名誉教授／（一財）森記念財団理事長）	第３部第４章
	高村　学人	（立命館大学教授）	第３部第５章

法令略語一覧

法令名	略語
空家等対策の推進に関する特別措置法	空家法
建築基準法	建基法
建物の区分所有等に関する法律	区分所有法
地方自治法	自治法
中心市街地の活性化に関する法律	中心市街地活性化法
都市計画法	都計法
都市再生特別措置法	都市再生特措法
農業委員会等に関する法律	農委法
農業振興地域の整備に関する法律	農振法
農業経営基盤強化促進法	農業基盤強化法
農地中間管理事業の推進に関する法律	農地中間管理事業法

■目次

第２部　現行法における「管理」の制度と実態

表紙・カバー・扉デザイン　篠　隆二

第１部　総論
——「管理型」都市計画とは

第１章　「枠組み法化」及び「管理型」の意味
――本書が想定する基礎概念

1　問題の背景――「都市の成熟」と「都市の縮退」

現行の都市計画法制は、成熟した都市の都市計画制度としても、また人口減少社会における都市の「賢明な縮退」のための制度としても、適切且つ十分なものであるとは言い難い状況にある。そこで、そのような現行法制をどのように改変すべきかが避けて通ることのできない課題となるが、かかる新たな都市計画法制は、いかなる基本的考え方によって根拠づけられ、かつ構想されるべきなのだろうか。その基本的考え方として想定されるのが、都市計画法制の「枠組み法化」と「管理型」都市計画法の実現という、２つの考え方である。

「枠組み法化」と「管理型」について、本書の執筆者はそれぞれ多様な考え方をもっている。そもそも、成熟した都市や人口減少社会における都市の「賢明な縮退」という背後にある問題に対する認識自体に、様々な捉え方があり得る。また、そのような問題を解決するための基本的考え方として、「枠組み法化」や「管理型」が適合的かという点についても、様々な考え方があり得る。しかし、少なくとも、本書の企画主体となった研究会メンバー（すなわち、本書第４部の執筆者となるメンバー）の中では、「枠組み法化」と「管理型」が今後の都市計画法制の基軸となるべき考え方であるとする点で、ほぼ共通の理解が形成されている。以下では、以上の意味で限定的ではあれ共通の理解の下にある「枠組み法化」と「管理型」の意味について説明する。

2　「枠組み法化」の意味

従来の都市計画法制は、地域地区の指定と各地域地区における権利制限に関する都市計画法及び建築基準法の規定や、開発許可の許可基準に関する都市計画法の規定等々から明らかなように、国の法令が地域や地区として指定し得る種類や指定要件や許可基準をあらかじめ法律で詳細に定めており、現場の地方公共団体は、そのような国の法令をそのまま適用し又は限定された選択肢の中から選択するというものであった。

これに対し、都市計画法制の「枠組み法化」とは、都市計画法や建築基準法からなる都市計画法制の主眼を、「都市計画の目的や目標及び決定手続並びに都市計画として必ず具備しなければならない最低限又は標準的な内容を一般指針として定めることに置くことに限定し、その限りでは、市町村の都市計画決定に対して厳正な制約を及ぼす」一方、「土地利用に対する制限等の詳細については、各市町村による地域の実情に応じた」条例による定めや計画決定に「委ねるという法制度」への転換を、意味する(1)。

以上のように、「枠組み法化」は、都市計画法制における国と地方公共団体間の権限配分を国の立法中心のものから地方公共団体の立法中心のものへ転換することを促すことになる。そして、かかる権限配分上の転換は、地方公共団体における都市計画行政のあり方を大きく変えることにもつながる。何故なら、都市計画法制の分野で幅広い立法権限を認められることとなる各市町村等の地方公共団体には、地域の実情に応じた自律的判断の下にまちづくりや地域づくりの目的や理念を策定するとともに、多様な法的手段を地域の実情に即して繰り出すことによりその実現を図るための構想力が、要求されるからである。以上の意味で、「枠組み法化」された都市計画法制の下での地方公共団体は、地域における土地利用を自己の責任と権限において総合的に制御する法主体たる地位を、獲得することとなる。

以上のように、都市計画法制の「枠組み法化」（以下、単に「枠組み法化」という場合は、建築基準法や都市再生特別措置法等の関連法を含む意味での「都市計画法制」の「枠組み法化」を意味することとする）は、国が法律で定める建築基準法等の関連諸法を含めた意味での広義の都市計画法制と都市計画の現場、即ち市町村をはじめとする地方公共団体による当該法制の運用との関係を、現行法における

（1）　亘理格「枠組み法モデルとしてのフランス都市計画法」亘理格・生田長人・久保茂樹（編集代表）『転換期を迎えた土地法制度』（土地総合研究所、2015年）161頁。都市計画法の枠組み法への転換につき、当該拙稿が全面的に依拠した文献として、生田長人・周藤利一「縮減の時代における都市計画制度に関する研究」（国土交通政策研究第102号、2012年）27頁以下（第３章「都市計画法に基づく規制の仕組みの変更」・生田氏執筆）も、是非参照して頂きたい。

国の法令中心のものから地方公共団体の条例や都市計画決定を中心とするものへ転換しようとする考え方である。「枠組み法化」とは、以上の点で、都市計画法制における地方分権化の徹底ないし強化を意味する。

都市計画法制の「枠組み法化」の核心的意味は以上のとおりであるが、その意味を敷衍すると、以下のようになる。

第１に、「枠組み法としての都市計画法が達成しようとする目的や目標、市町村などが都市計画において定めるべき又は定めることができる事項、都市計画決定の手続等」については、都市計画に関する法律の中で定める必要がある。第２に、枠組み法化された都市計画法制の下でも、「土地利用の計画的制限の内容面」で「なおも法律で定めなければならない」事項やルールが存在するはずであり、そのような法律で定めるべきルールの中身を明らかにする必要がある。枠組み法の下では、個々の地域内における土地利用の内容面の制限は、本来、基本的には市町村等の都市計画決定主体において定めるべきものである。しかし、「全国一律に最低限確保しなければならない土地利用のルールや全国のどこに居住していても標準的に具備していなければならない制約」については、都市計画法等の法律で定める必要がある[(2)]。また、そもそも、国全体或いは広域的な見地から実現すべき公共の利益に関しては、法律である程度詳細に定めるべきだとも考えられる。したがって、現行都市計画法を「枠組み法化」の方向へ改正しようとする場合においても、法令で定めるべき最低限又は標準的なルールとは何か、また国全体或いは広域的な見地から実現すべき事項とは何かが問題となるのであり、これにより国が法令で定めるべきとされる事項と、市町村等が都市計画決定や条例により自律的に定めるべき事項とを、いかなる物差しによって区分すべきかが問われることとなるのである。

この問題を解決するための物差しとして故・生田長人氏によって提示された試論的枠組みが、「大公共」と「小公共」に関する公共性の分類論である。生田氏によれば、現行都市計画法は、「基本的に」、以下に述べる「大公共」を実現するための仕組みを定めるに止まっており、地域住民にとって「身近な公共

（２）　以上の２点につき、亘理・前掲注（１）161頁。

の利益」すなわち「小公共」を実現するための仕組みに「乏しい」。このような現行法の基本姿勢は、結局、行政と「開発者や建築者」を都市計画の当事者と位置づける一方、周辺住民は単なる「観劇者（オブザーバー）」ないし「第三者」としてしか位置づけないものであるとされる(3)。かかる現行法の限界を克服し、都市計画法の中に「身近な公共の利益」を実現するための仕組みをビルトインするための法改正が必要不可欠である。生田氏による公共性の分類論提示の意図は以上の点にあることを踏まえ、以下にその概要を要約する。なお、生田氏により提示された公共性の分類論の詳細については、その主要箇所を【参照】として本章末尾に収録しているので、是非参照して頂きたい。

生田氏によれば、「大公共」とは、上述のように、現行都市計画法が主たる規律対象として数多くの規定を定めている事項を支える公共性であるが、その内容的差違に応じて、「国家的見地或いは広域的見地から実現されるべき公共利益」（大公共Ａ）と「最低限基準の確保の見地から確保されるべき公共の利益」（大公共Ｂ）とに二分される。このうち大公共Ａは、さらに「国家的見地」から実現すべき公共性（大公共Ａのⅰ）と「広域的見地」から実現すべき公共性（大公共Ａのⅱ）とに細分され、大公共Ａのⅰを実現するための具体的な制度例として歴史的風土特別保存地区等が、また大公共Ａのⅱを実現するための具体的な制度例として区域区分、基幹的都市基盤施設等が挙げられる。これに対し大公共Ｂは、公共の安全・衛生の維持のため全国共通に確保すべきものとして定められる規制基準であり、用途地域をはじめとする一般的な地域・地区制や開発行為の許可基準、建築物の規模や形態に関する建築基準法上の集団規定や単体規定等、現行都市計画法制の多くの規定が大公共Ｂに関する具体例とされる。他方、「小公共」は、上述のように、地域住民にとって「身近な公共の利益」を意味するが、その内容的差違に応じて、「地域的・近隣秩序調整的見地から実現されるべき公共の利益」（小公共Ａ）と「大公共Ｂに属する公共性で……ローカルルールによって実現される公共の利益」（小公共Ｂ）とに二分される。このうち小公共Ａは、さらに「『公』の見地から地域的・近隣秩序的土地利用

（３）　生田長人「第１章　枠組み法序論」亘理格・生田長人（編集代表）『都市計画法制の枠組み法化――制度と理論』（土地総合研究所、2016年）７～８頁。

の実現に係る利益」（小公共Ａのｉ）と「『共』の視点からの近隣秩序的土地利用の実現にかかる利益」（小公共Ａのⅱ）とに細分され、小公共Ａのｉを実現するための具体的な制度例として、特別用途地区や地区計画等が、また小公共Ａのⅱを実現するための具体的な制度例として建築協定等の協定制度が挙げられる。これに対し、小公共Ｂは、公共の安全・衛生等の保護のため大公共Ｂの見地から国の法令で定められた規制基準のみでは不十分だという場合において、「地域特性に応じたローカルルール」の設定が許容されると解される場合を意味しており、その具体例として、開発行為の許可に関して追加条例で定められる技術基準の強化又は緩和（都市計画法33条２項に基づく委任命令として定められた技術基準について、環境保全や災害防止等の見地から、条例で当該技術基準を強化し又は緩和する可能性を認めた同条３項の規定）が挙げられる。

以上が、「枠組み法化」の最も核心的な部分であるといえようが、それに付随する事項として、法律では、都市計画法等国の定めた法令と市町村など地方公共団体が決定する都市計画間に齟齬や違背が生ずる場合における事前・事後の調整に関する実体的及び手続的なルールや仕組みを定める必要もあり、また、土地利用をめぐって市町村などが定めた都市計画と所有者等の権利者や第三者等の権利利益間に対立や紛争が生ずる場合を想定し、その適切な解決のための争訟手続等を定める必要もある。

3　「管理型」都市計画法の意味

⑴　「管理型」の意味

他方、「管理型」都市計画法制（以下で「管理型」都市計画法という場合は、建築基準法や都市再生特別措置法等の関連法を含む意味での「管理型」都市計画法制を意味することとする）に関しては、様々な意味で理解することが可能であり、少なくとも次の３つの意味での「管理型」を想定できるように思われる。第１は、主に合意やコンセンサスに立脚した都市計画手法という意味での「管理型」都市計画法制（合意型手法としての「管理型」都市計画法制）であり、第２は、市町村等都市計画の現場が自律的制御主体として立法権を含む調整権限を行使し得る法制度という意味での「管理型」都市計画法制（自律的地域管理としての「管理型」都市計画法制）であり、第3は、広域的視点から地域における都市計画と国土計画との相互調整を適正になし得る法制度という意味での「管理型」都市計画法制（広域的管理としての「管理型」都市計画法制）である。このうち第3の広域的管理としての「管理型」法制については後述（本章4）に委ね、ここでは、第1と第2の意味について詳述することとしたい。

第1の合意型手法としての「管理型」都市計画法制は、都市計画の権限主体である国や地方公共団体が命令・強制や禁止・許可等の権力的規制主体として都市計画を遂行するという考え方のみに立脚した従来の都市計画法制を転換し、国や地方公共団体と地域住民や民間事業者等の民間主体が、協働の法主体として合意ないしコンセンサスを形成しそれに基づく都市計画を遂行するという考え方が、制度の根幹的原理の1つとして承認された都市計画法制を意味する。この意味での「管理型」法制は、権力的で規制中心的な都市計画法制に対する反対概念たる性質のものといえよう。また、合意やコンセンサスの形成を重んじ、交渉、協議、合意、契約や協定等の非権力的で且つコンセンサス形成に立脚した法的手段を、事実上の運用において利用するだけではなく、都市計画を方向付け規律する根幹的法原理の1つとして認める点に、単なる行政指導や事実上の協議、調整等との違いがある。

以上のような合意型手法が「管理型」都市計画法制であるとする点で、研究会メンバー間には共通理解が成立していると考えることができる。ところが、「管理型」都市計画法制をめぐっては、それ以外の意味で理解することも可能なのであり、そのような多様な捉え方の1つの典型が、第2の自律的地域管理としての「管理型」法制である。この意味での「管理型」都市計画法制は、「枠組み法化」が達成された都市計画法制の下で、地域における土地利用に関する立法権限を委ねられた市町村等の地方公共団体が、自律的に土地利用計画を決定し地域における土地利用のあり方を主体的に制御するという都市計画のあり方を意味する。この意味での「管理型」都市計画手法は、都市計画の現場である市町村等が立法権をも含む自律的都市計画権限を行使し得るという点に着目したものであり、この点で、都市計画法等の法令の規定の単純な執行という意味での「法令執行型」都市計画法制に対する反対概念として捉えることが可能である。また、この意味での「管理型」法制は、「枠組み法化」の直接的帰結として生み出されるものであり、命令・強制を内容とする権力的な法的手段とともに合意やコンセンサスに立脚した法的手段をも包摂することとなる。もっとも、第１の意味での「管理型」手法を主とした都市計画法制も、都市計画法制の「枠組み法化」からの帰結として生み出されるものであり、第２の意味での「管理型」都市計画手法には、第１の意味での「管理型」手法も当然に包摂される関係にある。したがって、この第２の意味での「管理型」都市計画手法は、第１の意味でのそれに比して広義の「管理型」都市計画手法と呼ぶことも可能である。さらに、地域における都市計画と適正な国土計画との調整という視点から土地利用を総合的に調整する市町村等の地方公共団体の役割に着目すると、都市計画法及び建築基準法に基づく都市計画権限や建築規制権限も、国土計画、道路や河川等に関する広域的な公物法制との総合調整に基づき行使されるべきだということになる。このような広域的視点からの都市計画法制の捉え方を指して、第３の意味での「管理型」都市計画法制と呼ぶことも可能である。

筆者自身は、第１と第２の意味で「管理型」都市計画法制を把握する必要があると考えている。もっとも、それは筆者の個人的見解であって、必ずしも研究会メンバー間で共通の了解が成立しているわけではない。そこで、以下では、第１の意味での、つまり最狭義の「管理型」都市計画法制を想定し論じることとする。まずは、そのような法原理の採用が何故、今日必要不可欠となるのだろうか。また、そのような法原理は、権力的規制を中心とした従来型の都市計画法制といかなる関係にあるものとして捉えるべきなのだろうか。以下では、この２点について検討する。

⑵ 何故「管理型」が必要なのか

まず、以上のような「管理型」都市計画法の採用が、今日において不可欠と考えられる理由は、第１に、成熟した都市型社会における都市住民の都市環境への要求が著しく多様化しており、場合によっては対立する多様な価値や利益相互間の調整を図ることを優先させる法制度の確立が必要不可欠となっていることによる。豊かな社会における都市計画法制には、多様な価値や利益間の対立や紛争を未然に防止し、これらの価値や利益を最適状態で実現するための法制度が必要とされるのである。また第２の理由としては、今日的な人口減少下における都市の縮退状況の下では、国の法令が想定する単一的な法目的を追求することによっては、個々の地域や街区に相応しい都市環境や居住環境が確保され得ない状況が生ずるおそれがあり、また、人口減少化における都市の縮退状況の下では、居住や都市施設の立地を中心市街地や複数の拠点区域に誘導しようとする場合において、以前は隣接して立地することがなかったような異質な複数の土地利用の並存を前提に、都市の利便性や良好な都市環境を実現する必要性が増大すると考えられるからである。

以上の意味で、「管理型」都市計画法制とは、個々の地域や街区には、土地の利用目的における住宅地や商業地等、あるいは都市的土地利用と農業的土地利用等のような単一の目的ではなく、異なった複数の利用目的が並存し得ることを前提に、「異なった目的間の連携と調整を主な役割とする複合的土地利用秩序」を維持形成することを主眼とした都市計画法制の考え方である[(4)]。もっとも、従来の単一目的型都市計画法制は、「経済成長と人口増大を基調とした社会においては、急激な都市化に対応して効率的に都市的土地利用を増進しかつ概括的にコントロールするには、一定程度の有効性を発揮した」という点で、その役割には多大なものがあった。しかし、人口減少を背景に都市の縮退期に入った社会では、「都心部の市街地における土地利用の凝縮性を高める必要があり、また、空き地や空き家の増加により空洞化の危機にある都心部及び都市郊外の住宅地には、放置された空間や建築物の再利用や住宅以外の目的による有効な土地利用が必要とな」り、このような状況の下では、「従来のような単一目的に純化した土地利用によっては適切な解決策を導き得ない状況となることが予想されるのであり、むしろ、従来は原則として認められなかった複数の目的間の並存を基調とした土地利用秩序を構築する必要がある」。

以上のように、都市の縮退時代には、個々の地域や街区における土地利用秩序を維持形成しようとする局面では、複数の利用目的の並存を前提とした「複

（４）　亘理格「都市の縮退と『管理型』都市計画の構想試論」土地総合研究26巻１号（2018年）145頁。

合的な土地利用」を「本来的な都市的土地利用として許容し、かつ促進するような都市計画制度へ」再編する必要があるのであり、このような意味での「管理型」都市計画法制への転換を避けて通ることはできないように思われる(5)。

⑶ 従来の規制的手法との関係

次に、以上のような「管理型」都市計画法と従来の規制的な都市計画法との関係について、検討しよう。人口減少時代における都市の縮退状況の下では、土地利用や開発への活発な意欲ないし需要が低減しており、規制を通して適切な土地利用へ誘導するための前提条件が欠けていることを理由に、規制的手法よりも「管理型」手法を優先させるべきだという考え方が、一方では成り立ち得るかもしれない。確かに、都市計画の法主体を国や地方公共団体等の行政主体の側に置いて見た場合には、従来型の規制的計画手法が、本来的な効果を導くことができ難い状況を呈していることは否定し難いであろう。

しかし、規制的計画手法には、地域や街区における土地利用秩序を形成し、当該地域や街区の権利者や住民の誰もがそれを相互に遵守することを通して、適正な土地利用を安んじて行うことを可能にするという側面がある。換言すると、都市計画の法主体を当該地域や街区の権利者や住民の側に置いて見ると、権利者や住民たちが自律的に形成し又は維持してきた土地利用秩序が根本にあり、その正統性が行政主体の認証を通して担保されるという側面があることも無視し得ない。地区計画に関する都市計画決定や建築協定に対する市町村長の認可には、元来そのような意味あいがあったのであり、このような合意形成を基礎にした規制的手法は、都市の縮退状況の下ではなお一層有効な手法として活用されるべきであり、その重要性が否定されるべきではない。他方、人口減少時代における都市の縮退状況の下でも、大都市の都心部等を中心に、開発需要が旺盛な地域や街区はなおも存続することが予想されるのであって、そのような限られた地域やエリアでは、良好な都市環境を維持形成するための有効な手段として、規制的計画手法が果たすべき役割が減ずることはないと考えるべきであろう。

（5） 亘理・前掲注（４）145頁。

4　狭域的視点と広域的視点の必要性

上述のように、一口に「管理型」都市計画法制といっても、視点や局面の違いに応じて多様な意味の「管理型」を想定することができる。上述の第１の意味と第２の意味の「管理型」の場合、対象となる地域として市町村又はそれより狭域の地域を想定し、合意やコンセンサスに立脚する点に着目するか、それとも地域制御の自律性に着目するかという、手法の差違に応じて２つの意味の「管理型」に分かたれた。ところが、地域における都市計画全体や広域的土地利用計画との関係という広域的視点から論ずべき場合と、個々の地域や街区における土地利用のあり方という狭域的視点から論ずべき場合とでは、「管理型」都市計画手法には相当異なった役割が期待されるのではないかと思われる。このうち広域的視点に立脚した場合に問題となるのが、第３の意味での、すなわち広域的管理としての「管理型」都市計画法制である。この点については、以下に見る内海麻利氏の議論が参考になる。

内海氏によれば、人口減少傾向の下での都市の空洞化は、町内や街区単位での対応が必要とされる問題群と、都市全体ないし都市を超えた広域単位での対応が必要とされる問題群とに分かれる。氏によれば、まず前者、すなわち個々の空き家、空き地、大型店舗撤退地等に関しては、「拠点の活性化」ともいえるミクロ的対応が必要とされるのに対し、後者、すなわち都市全体又は都市を超えた土地利用の空洞化に対しては、周辺地域をも含めた広域的な視点から土地利用を維持し又は制御するという点で、マクロ的対応が必要であるとされる(6)。したがって、「都市のスポンジ化」という問題も、以上のような広域的視点から検討すべき様々な問題をも包摂する問題提起として、捉えるべきものと思われるのである。

内海氏の上記の論旨及び他の研究会メンバーによる議論に触発され、筆者も、

(6)　内海麻利「『人口減少社会に要請される都市計画・まちづくりにおける管理制度』に関する覚書」『平成28年度　縮退の時代における都市計画制度に関する研究会報告書』（土地総合研究所、2017年）50頁以下、特に56頁。なお、内海氏の主張の論旨については、亘理・前掲注(4)139頁において取り上げ、「管理型」都市計画法制に関する筆者自身の論考の契機とさせて頂いた。

都市の縮退の時代におけるミクロ的視点とマクロ的視点の双方において、従来の単一目的型の都市計画法制とは相当性格に異にした法制度の構築が必要ではないかと考えるに至った。そのような視点から、筆者は、別稿において、「縮退の時代における都市計画には、個々の狭い地域的空間における適切な土地利用秩序を形成する局面であれ、都市全体あるいは都市を超えた広域的視点からの多様な土地利用間の連携・調整の局面であれ、土地利用における異なった複数の目的の並存を前提に、異なった目的間の連携と調整を主な役割とする複合的土地利用秩序の構築が要請される。かかる今日的時点における新たな都市計画像をひとことで言うならば、『管理型』都市計画が必要とされる時代なのだと述べることができるであろう」(7)と論じたのである。

そして、以上のように２つの視点に分けた上で、今後は、ミクロの視点とマクロの視点それぞれの視点から必要とされる「管理型」都市計画法のあり方を、具体的な法制度や法令の規定の仕方まで含めて構想する必要があるように思われる。まずミクロ的視点からは、個々の地区や街区等の「小公共」に相応しい計画法的手法を検討する必要があり、そこでは交渉、調整、協議、協定、契約等々の合意ないしコンセンサスに基づく計画手法に期待される役割が、優位することとなる。そして、そのような合意やコンセンサスの形成過程及びその実施過程における調整原理と手続を定める計画制度が必要となるであろう。次にマクロ的視点からは、「都市計画のあり方を都市全体の視点から、あるいは都市を超えた広域的視点から検討する」必要があり、「郊外部において拡散した市街地における居住を縮減させ」るとともに、居住と都市的諸機能を都心部や都市内の複数の拠点区域に「凝縮」させようとする場合において、「都市計画には、郊外部と都心部を繋ぎ、相互間の土地利用を適切に連携させ調整することが、主要な役割として要請されることとな」り(8)、そのための連携や調整のための調整基準や手続を定めた計画制度が、ここでも必要不可欠とされるであろう。

以上により、市町村等の各基礎自治体において、具体的な地域像や都市像を

（7）　亘理・前掲注（4）145頁。

（8）　亘理・前掲注（4）145頁。

土台に土地利用や都市計画の基本理念を明確に定めるとともに、ミクロ的視点及びマクロ的視点の双方において、合意やコンセンサスの形成及び相互間の連携や調整のための調整原理や手続等を詳細に定めた市町村マスタープランの存在が、必要不可欠である。「枠組み法化」を前提に構想される「管理型」都市計画法制においては、以上のような市町村マスタープランをも組み込んだ市町村土地利用基本計画に期待される役割が極めて大きいといえよう。

（亘理　格）

【参照】　生田長人「第１章　枠組み法序論」からの一部抜粋（亘理格・生田長人編集代表、縮退の時代における都市計画制度に関する研究会編『都市計画法制の枠組み法化――制度と理論』一般財団法人・土地総合研究所、2016年、９～15頁）

「３　都市計画法制に見られる公共性の段階構造…大公共と小公共

現行都市計画法制は基本的に「大公共」を実現するための法制度としての性格を色濃く有していることは前述したとおりであるが、ここで、改めて都市法制における「公共性概念」についての整理・確認を行うこととする。

⑴　磯部教授の公共性概念

都市法制に見られる公共性概念について、その多段階構造を指摘した磯部教授は、その2002年論文[2]の中で公共性概念を四段階に分けておられるが、それらは、差しあたり簡潔に述べれば、次のような趣旨のものと理解できる（正確には注２論文を参照のこと）。

ア　秩序維持的・必要最小限土地利用規制…警察的公共の世界

これは、土地利用上の公共的安全秩序を保全するための「必要最小限」の規制として行われ、権利の内在的制約部分として説明されるもので、それを顕在化した公法規制により維持される公共性である。この段階の規制においては、全国画一的な基準が設定されることが合理的であるが、地域特性に応じたローカル・ルールの余地までは否定されない。

イ　広域的・能動的土地利用規制…広域的大公共の世界

これは、国土という資源の公共的価値に着目して、その最大限の有効利用を確保する観点から広域計画的な公共介入を正当化する場合に限定して確立される公共性であって、広域的土地利用計画の策定や大規模のインフラ整備事業など、広域的行政主体（国又は広域自治体）がその本来的役割として実現すべき能動的土地利用秩序の形成を目的とするものである。

ウ　地域的・近隣秩序調整的土地利用規制…地域的小公共の世界

これは、土地という資源が単なる私財と異なり、都市の公共空間を構成する「場」としての公物性を併せ持つことから、その地域の構成員の意向を根拠として、「みんなの空間をみんなで管理する」という考え方に支えられる公共利益であって、その地域特有の地域性とその地域構成員の総意が反映した土地利用の空間秩序の維持形成を目的とするものである。

エ　民間自律行動支援的土地利用規制…中間的領域の公共性

磯部教授は、大公共と小公共の中間段階に、もう一つの公共性（中公共）の存在を主張されている。これは、空間規模的に大公共よりは狭く、小公共よりは相対的に広いという意味もあるが、むしろ公共的価値実現のための手法という点で、大公共の権力的規制手法と小公共の合意を前提とした利害調整手法との中間に位置づけられるとしている。すなわち、行政が望ましい目標を設定し、地域の構成員が自律的にその目標に向けての行動を選択した場合には一定の利益を享受できる等の仕組みにより実現が担保されるものである。

⑵　⑴の公共性の区分に対応する実現手段について

磯部教授による上述の公共性の区分は、基本的に極めて説得性が高いが、立法政策的視点からこれら土地利用に関する公共性の実現手段を概観すれば、

①　アは、強制力を行使してでも確実に実現しなければならないものとしての性格を有し、基本的に、全国において一律に実現することが要請される。

②　イは、その多くが基本的に強制力を行使してでも確実かつ計画的に実現すべき公共的価値を有しているため、現行法制度においては、一定の手続きを経て具体的な公共性が認定されれば強制力を与えられる仕組みが構築されている。なお、イに属する大公共についても、強制力をもって実現する必要性の低いものがあり得るが、これらについて現行法制度は特別の規定を置いていない。このため、現実には、法が規定していない領域の問題として事実上、協定、契約、誘導等様々な手段によって実現されている。

③　ウは、現行法制度においては、地区計画、建築協定、景観計画等限られた法制度において、一定の手続きを経て、限られた範囲で強制力が与えられる仕組みが設けられているが、具体的な強制力の付与には、計画等に関して強制力を用いてでも実現すべき公共性があることの担保として、条例で定めるという要件を必要としている。（なお、建築協定に関しては、その公共性に関する判断は、計画に関するものではなく、協定そのものに対する特定行政庁の認可で足りることとされているが、強制力の範囲は第三者効が生じるに留まっている）

こうした特別の法制度を除いて、一般的には、ウの小公共は、関係者による合意に

よって実現されるのが普通である。

また、特別に、法規定において、地域的特性等を反映させることが適切と考えられる場合、委任条例による対応を可能にしている場合があり、その場合は強制力が与えられる。

なお、磯部教授の公共性概念の段階区分については、用途地域制度のような土地利用規制の場合、その背景にある公共性をアの内在的制約と位置づけるのかウの小公共と位置づけるのかが判然としないという問題がある。本質的にみた場合、用途地域制の中には、その性格が安全・衛生の確保という視点に立った工業用途の規制以外では、相隣関係的な性格が見られるものが多く、これを単純に警察制限と位置づけるには少し無理があると思料する。用途地域制が現在果たしている公共性は、その本質において小公共としての性格を持っているのではないか。にも関わらず、この制度が、現在、パターン的な形をとり、画一的色彩を帯びていること（制度的には特別用途地区や地区計画等によってその多様化が図られているものの、現実には依然としてパターン的な形に留まっている）に制度的課題があると考えるべきではないか。

(3)　都市計画法制に見られる公共性概念の整理

上記の公共性概念の区分に沿って、以下に、現行都市計画法制に見られる「大公共」と「小公共」に含まれる「公共の利益」の内容、性格等を整理・再確認しておく。

①　大公共概念等

まず、「大公共」については、磯部教授の区分に従えば、

Ａ「国家的見地或いは広域的見地から実現されるべき公共の利益」（以下「大公共Ａ」と略称）

…これには、例えば、歴史的風土特別保存地区等のような国家的見地に立つ制度（ⅰ）

区域区分、基幹的都市基盤施設等のような広域的見地に立つ制度（ⅱ）

によって実現されるようなものがある。

Ｂ「最低限基準の確保の見地から確保されるべき公共の利益」（以下「大公共Ｂ」と略称）

…これは、例えば、安全、衛生等の見地から、全国共通の規制基準によって確保されるべきものである

の二つ異なる性格のものが認められる。

〔簡単な注釈〕

Ａは、磯部教授の言うところの「広域的・能動的土地利用コントロール…広域的大公共」に属するものであり、国土という資源の公共的価値に着目して、その最大限の有効利用を確保する観点から広域計画的な公共介入を正当化する場合に限定して確立

される公共性であって、広域的土地利用計画の策定や大規模のインフラ整備事業など、広域的行政主体（国又は広域自治体）がその本来的役割として実現すべき能動的土地利用秩序の形成を目的とするものである。

なお、この概念には、基礎自治体（市町村）が定める都市計画は含まれていないようであるが、磯部教授は、この部分を「中公共」という概念を樹てて、その範疇として整理されている。（中公共には、この他にもう一つの性格のものが含まれるようである。）

Ｂについては、磯部教授は、警察的公共の世界に属する「秩序維持的・必要最小限土地利用コントロール」として整理されている。これは、土地利用上の公共的安全秩序を保全するための「必要最小限」のものとして行われ、権利の内在的制約部分として説明されるもので、公法規制はそれを顕在化したものであるとし、この段階の規制においては、基本的に全国画一的な基準が設定されることが合理的である。

なお、磯部教授は地域特性に応じたローカルルールの余地までは否定されないとする。現行法制において、これに該当すると考えられるのは、例えば、開発許可基準における技術基準の追加条例などである。

（下線部分は、本質的には大公共としての性格を有するが、適用範囲が限定されることから、ここでは、便宜上後述する小公共Ｂに区分している。３－(1)－ア参照）

② 小公共概念等

次に、「小公共」については、次の二つの性格のものが認められる。

Ａ「地域的・近隣秩序調整的見地から実現されるべき公共の利益」（以下「小公共Ａ」と略称）

…これには、例えば

特別用途地区、地区計画[3]等によって実現されるような「公」の視点からの地域的・近隣秩序的土地利用の実現に係る利益（ⅰ）

建築協定によって実現されるような「共」の視点からの近隣秩序的土地利用の実現にかかる利益（ⅱ）

がある。

Ｂ「大公共Ｂに属する公共性で、上記①の注釈の下線を引いた部分に当たるローカルルールによって実現される公共の利益」

…これには、例えば、開発許可の技術基準の追加条例（都市計画法33条３項条例）によって実現されるようなものがある。（以下「小公共Ｂ」と略称）

〔簡単な注釈〕

Ａは、土地という資源が単なる私財と異なり、都市の公共空間を構成する「場」としての公物性を併せ持つことから、その地域の構成員の意向を根拠として、「みんなの空間をみんなで管理する」という考え方に支えられる公共利益であって、その地域特有の地域性とその地域構成員の総意を反映する形での土地利用の空間秩序の維持形成を目的とするものである。

上記の例においては、都市法制上制度化されているものを挙げているが、今回の枠組み法化によって、現在は制度化されていない「小公共」に属する利益が条例等によって顕在化することが予想される。その多くは、特定の地区において「共」の視点から実現する必要があると位置づけられるもの（小公共Ａ－ⅱ）であることが予想される。

Ｂは、本来その本質は「大公共」としての性格を有しているものと考えられるが、現実に地域に適用するに当たって、その実質的目的を達成するためには、地域が置かれている特別の条件に適合したものとした方がより適切であるという視点から、適用地域を限定している意味で、「小公共」扱いをするものである。

枠組み法の整備がなされた場合、最低基準規制に当たる規定に係る「上乗せ条例」はこれに当たるが、標準規定と位置づけられた規定に基づく規制及び標準規定を排して条例で定める規制の性格を小公共Ａと位置づけるか小公共Ｂと位置づけるかという問題は残る。

2　磯部力「土地利用秩序の分権化」（土地利用規制立法に見られる公共性148～151頁）2002年土地総合研究所。

3　地区計画については、実質的には小公共Ａ（ⅱ）と整理することもできるが、形式的にはその決定が行政判断によるため、小公共Ａ（ⅰ）として整理した。

第２章　縮退の時代における都市計画制度

1　はじめに

本章は、土地総合研究所に設けられた「縮退の時代における都市計画制度に関する研究会」における研究の歩みを筆者の観点から整理したものである。同研究会は、2015年度には「枠組み法化」について研究を進め、その成果を都市計画法制の枠組み法化――制度と理論にまとめた。2016年度は「管理」の問題へと研究を進め、都市再生法、景観法、区分所有法等の個別の法律分野における管理の問題について検討を進め、その成果を、『平成28年度　縮退の時代における都市計画制度に関する研究会報告書』にまとめた。その後も本研究会はメンバーが研究報告を行い、あるいは外部講師を招き、研究を続けている。後掲土地総合研究に掲載された亘理座長の論文にあるように、現在研究会メンバーの共通の問題関心は、「管理型」都市計画にある。問題関心を共通にしつつも、それぞれが共同研究から着想を得て進めている思索のありようは土地総合研究26巻１号に掲載された論攷に示されている[(1)]。また本書の最終章においてその後の研究を踏まえた各メンバーの総括と展望が示される。本章は、本研究会の研究の歩みを総括することを目指すが、本研究会の研究から筆者が何を学び、課題をどう把握しているか、示したものになっているようである。

2　枠組み法が求められる理由――研究の出発点

それは現行制度へのアンチテーゼにある。現行制度の問題点は次のようなところにあるとされている[(2)]。①全国画一性、②集権性、③過度の複雑性、④硬直性。こうした問題に対するアンチテーゼを標語的に示せば次のようなものと

（1）　筆者は土地総合研究26巻３号135頁以下に本章のベースとなった覚え書きを掲載している。

（2）　本研究会における磯部力教授の報告「縮退の時代における都市計画制度」（2015年７月13日）による。

なる。①地域における多様性の承認、②地域に於ける決定にゆだねる、③単純性、④柔軟性。

3　枠組み法の議論が目指すもの

枠組み法の議論は、絶対に遵守すべき最低限基準と自治体による固有のインフィルがなされない場合に妥当する標準基準を設定した上で、条例によるインフィルを広く認め、現行制度の問題点に対応する試みである(3)。

最低限基準についていえば、手続的最低基準と実体的最低基準を区別できるところ、実体的最低基準について大貫「条例論」179頁以下は次の議論をしている。

実体的最低限は次の２つに分けられるべきである。「最低限」とは、量的なもののみを意味するのではないだろう。事項的に定めるべき最低限もあり得る。したがって、実体的最低限には次の２つのものを区別できる。

Ａ事項的最低限、Ｂ量的最低限(4)

Ａの例としては、建ぺい率、容積率(5)、高さ制限、最低敷地面積、公道へのアクセス、用途地域の定め、禁止される利用などが挙げられる。

フランス都市計画法典施行令篇では、次のような事項について règlement を定め得るとされている(6)。事項的最低限を考える際の手かがりとなる。

①　土地の占用又は利用で禁じられるもの

②　土地の占用又は利用で特別の条件

③　公道へのアクセス条件等

（３）　内海麻利「地域の実態からみた枠組み法化の考え方と仕組み――インフィル規定を中心に」亘理格・生田長人編著『都市計画法制の枠組み法化――制度と理論』（土地総合研究所、2016年）、大貫「条例論」同書所収。

（４）　原田保夫「現行都市計画法制の枠組み法化について」土地総研研究会報告（2015年10月14）によると、Ａ、Ｂに当たるのは、都市計画基準、開発許可基準、用途、容積率、建ぺい率等の建築基準、都市計画施設等建築基準である。

（５）　原田「現行都市計画法制の枠組み法化について」亘理ほか編著・前掲注（３）書64頁は、容積率は「高さと空地の組み合わせによっても代替可能」とする。

（６）　亘理格「『枠組み法』としての都市計画法の可能性」亘理格・生田長人・久保茂樹編集代表『転換期を迎えた土地法制度』（土地総合研究所、2015年）166頁－167頁。

④　水道等へのアクセス条件

⑤　景観利益を保護するため等の最小敷地面積

⑥　公道又は公共施設用地との関係での建築物の配置

⑦　境界線との関係での建築物の配置

⑧　同一地内における建築物相互間の配置

⑨　建ぺい率

⑩　高さの最高限度

⑪　建築物の外面及び建築物周縁部の整備について、必要に応じて景観的要素や街区等の保護を確保するにふさわしい規定

⑫　車庫の実現に関して建築物に課せられる義務

⑬　公共空地等に関して建築物に課せられる義務

⑭　施行令編所定の土地占用係数、必要に応じて、ZAC 区域内の各区分内において建築が認められる付加容積率

⑮　エネルギー面と環境面での消費コストとの関係での建築物、公示等に課せられた義務

⑯　電子通信施設ネットワークとの関係で建築物、工事等に課せられる義務

他方、手続的最低限については研究は進展していないというべきである。手続的最低限は法律が適正手続の意義を踏まえ決定するところで、標準規定を自治体が地域的事情により変更することは想定しにくいことが述べられているにとどまる(7)。

枠組み法が定めるべき内容として生田委員が挙げているのは、次のものである。原田委員の命名に依れば「生田基準」である(8)。

a　総則ルール

b　公権力行使の根拠規定

c　最低限規制基準の確保に必要な規定

d　最小限の適正手続確保規定

e　罰則規定その他

（7）　大貫・前掲注（3）論文181－182頁。

（8）　原田・前掲注（5）論文48頁。

ｆ　委任条例制定根拠規定

実体的最低限及び手続的最低限については記されているが、標準規定には言及がない。「委任」条例には、国の権限に属する事項を地方に委ねる本来の委任条例と、条例が制定できる事項ではあるが、条例が制定できることを確認あるいは条例制定を後押しする「確認・入念」の意味をもつ「委任」条例があるが[(9)]、ｆは双方を含むものとして理解されているようである。

原田委員は、生田基準ｂに相当するものとして下記のものを挙げている。生田委員も原田委員も、現行法のようなメニューを枠組み法が定め、メニューからの選択をさせるか、メニューの例外を設けることを認めることを考えていると思われる。したがって、これらの事項は生田委員と原田委員において法律事項と解されていることになる。

・都市計画区域等（都計法５条、５条の２）
・マスタープラン（同法６条の２、７条の２、18条の２）
・区域区分（同法７条）
・地域地区（同法８条―10条）
・促進区域等（同法10条の２、10条の３）
・被災市街地復興推進地域（同法10条の４）
・都市施設、市街地開発事業等（同法11条―12条の３）
・地区計画等（同法12条の４―12条の13）
・立入り調査等（同法25条、26条）
・開発許可（同法29条等）
・建築確認（建基法６条等）
・都市計画施設等の区域内の建築規制（都計法53条等）
・風致地区の区域内の規制（同法58条）
・地区計画等区域内の規制（同法58条の２）
・都市計画事業（同法59条―75条）

（９）　大貫・前掲注（３）論文164－165頁。

4　問題意識の展開

(1)　規制から管理へ

内海委員は枠組み法を、「各自治体がその管轄する地域において、必要とする土地利用規制等の内容を、法で定める一定の枠組みにおいて、実質的に当該自治体が定めることができる仕組みが組み込まれている法」と定義している(10)。この定義は、生田長人・周藤利一「縮減の時代に於ける都市計画制度に関する研究」（国土交通政策研究102号、国土交通省国土交通政策研究所）15頁の定義によっているとしている。しかし、定義には重要な違いがある。①生田・周藤論文では、「枠組み規制法」（強調は筆者）の定義として提示されていること、②内海論文では、「必要とする土地利用規制等の内容」となっているところ、生田・周藤論文では、「必要とする土地利用規制の内容」となっており、「等」はない。

この違いは、両者の議論の違いを端的に示している。すなわち、生田・周藤論文はあくまで「規制法」の視点から都市計画を論じており、「法で定める一定の枠組みにおいて、実質的に当該自治体が定める」際に、想定されているのは、条例による規制である(11)。他方、内海論文では、枠組み法によって行われることは規制に限られず、したがって、内海論文は、「法で定める一定の枠組みにおいて、実質的に当該自治体が定めることができる部分」、つまり「インフィル部分」に関する具体的仕組みとして、次の４つのシステムを整理することになる（すべて条例委任によってなされる)。①基準条例〔基準・手続〕、②協議条例〔協議内容・協議方法・協定内容〕、③手続条例、建築条例、整備条例〔整備計画、基準の対象拡大、協議の仕組み〕、④共助条例〔団体の認定・協議方法・協定内容〕。

生田・周藤論文が想定しているのは、①のみといってよい。②は、インフィル部分を埋める手法としての協定を指しているといってよい。③は実質的には、インフィル部分を埋める手法としての地区計画を指している。④は未規定事項という特定の領域を想定しており、他の分類とやや性質が異なる。この未規定

---

(10)　内海・前掲注（３）論文85頁。

(11)　生田・周藤「縮減の時代に於ける都市計画制度に関する研究」論文18頁。

事項部分を埋める手法としては協定が想定されているようにみえる。

つまり、生田・周藤論文は、規制という枠を前提としたうえで、「法で定める一定の枠組みにおいて、実質的に当該自治体が定めることができる部分」を法令上広く確保することを主張するにとどまっていると思われる。これに対して内海委員においては、「規制」の枠を超え、インフィル部分を埋める手法たる協定と地区計画が前面に出ている。要するに生田・周藤論文は、条例により自治体が地域に合わせて規制を定めるところまでしか視野に入れておらず、条例の枠内でさらに地域の秩序をどんな手法で、どのように構築していくかについて及んでいないということである。

⑵　最低限基準及び標準基準の在り方

自治体がインフィル部分を埋める際の枠（最低限基準）、下支え（標準規定）としてなにを想定するか、詳細に明らかにしたのが、原田委員の「現行都市計画法制の枠組み法化について」である。また、標準規定の法的性格と法制度化ついて検討するのが亘理論文「『標準規制としての都市計画法』の法的性格と法制度化の視点」（亘理・生田・前掲『都市計画法制の枠組み法化――制度と理論』）である。大貫「条例論」（同上）は、委任条例という思考枠組みの問題性を指摘し、最低限基準の内容について、及び、枠組み法の下でインフィルを行う条例のあり方について検討する。

最低限基準及び標準基準の内容について原田委員は、最低限基準、標準基準を区別するという方法でなく、次のやり方を現実的なものとして提案する。すなわち、全体として現行規定を存置し、その上で最低限基準に抵触しない限り、条例等により、規制の強化であれ規制の緩和であれ、その修正が可能との規定を設けるというものである[(12)]。その上で下限があるべき事項を「安全」「衛生」「交通」「防火」と、定性的に示している。中井検裕報告「『都市計画法制の枠組み法化』へのコメント」（2017年７月21日）は、「安全」「衛生」「交通」「防火」「健康で文化的な生活」を挙げている。

最低限基準を数値的基準によって示すのはインフィル充填における自主性を

---

(12)　原田・前掲注（５）論文67頁。

阻害するから、定性的基準によって表現されざるをえない(13)(14)。定性的基準をもって最低限基準を定めた際には、２つの問題が生ずる。１つには、その不明確性によって、自治体の判断が萎縮するおそれがあること。第２に、その現象の真逆であるが、自治体が最低限基準に関して不合理な判断をする危険である。

第２の危惧に対して、原田委員は、客観的審査手続の導入を示唆するが(15)、具他的な提案はない。この局面では、事前的一律的な規律による適正担保（立法的担保）よりも、イギリスのコールインあるいは独立審問手続のような、事後的個別的な適正化担保（行政的関与）を重視するシステムは参考に値する(16)。

第１の危惧に対しては、事前的な判定制度が考慮に値する。この点、規制の仕組みが設けられている場合に、事前に法令適用に関する確認を求めることができる、いわゆる「日本版ノーアクションレター制度」は参考に値する。この制度は閣議決定で運用されているが、最近、産業競争力強化法は、いわゆるグレイゾーン解消制度を設けて、現行の規制の適用範囲が不明確な分野において、事業所管官庁の協力を得て、あらかじめ規制の適用関係について確認することを可能とした（同法９条）。条例あるいは協定等によって基準を緩和する場合に、最低限基準に抵触しないか、事前に「正当ないし合理的理由」(17)をチェックする仕組みとして機能するだろう。

ちなみに標準規定からの離脱は、どの段階で行われるかも論点となり得る。条例制定、計画決定、個別的な許認可の何れであろうか。原田論文は、前二者を想定しているように見える(18)。亘理論文は個別的許可における離脱も想定

(13)　原田・前掲注(５)論文80頁。

(14)　定性的基準は法理論的にはともかく実務的には、その裁量性からして、建築確認等により担保できないとされる（佐々木晶二「『転換期を迎えた土地法制度研究会』『縮退の時代における都市計画制度に関する研究会』研究成果と都市計画の現場との接点について」土地総研研究会報告（2017年10月23日）。

(15)　原田・前掲注(５)論文68頁。

(16)　洞澤秀夫「イギリス都市計画法における国による適正化担保：コールインなどの国による関与を中心に」亘理ほか編著・前掲注(３)書所収、213頁以下。

(17)　亘理格「『標準規制としての都市計画法』の法的性格と法制度化の視点」亘理ほか編著・前掲注(３)書、196頁。

しているようである[19]。

(3)　インフィル手法――計画と協定

前述のように、内海論文「地域の実態からみた枠組み法化の考え方と仕組み――インフィル規定を中心に」（亘理ほか編著・前掲）は、自治体の規制権限を広めることも目指すとともに、規制も含む地域の自律的決定を重視し、インフィル部分を埋める手法として地区計画と協定に着目する。この問題意識は、大貫論文「小公共に強制力を付与するための条件と強制力の程度」（同上）にも共有されている。大貫論文は、条例が採用し得る強制力付与手法として、許可制等を検討し、更に、地区計画及び協定を検討し、枠組み法自身が、インフィル手法として、地区計画（類似のもの）及び協定の制度を作ることを想定している。

相隣関係的な範囲における自律的決定を認めるべきことを論拠づける理屈が「小公共[20]」といってよいが、そうした相隣関係的な範囲に於ける自律的決定を認める典型的な法技術としては以下の２つが打ち出されていることになる。

a)　計画型――例、地区計画に拠る規律

b)　協定型――例、建築協定に拠る規律

原田委員の論文「都市計画法の枠組み法化について」（同上）は、当該テーマだけでなく、インフィル部分充填手法として、つまり、小公共実現の手法として、地区計画に特に注目している[21]。その上で、「方針型都市計画」（「事前

---

(18)　原田・前掲注(５)論文67頁。

(19)　亘理・前掲注(17)論文96頁。

(20)　生田委員は、小公共の具体例として次のものを挙げる（生田委員の直接のご教示による）。

・地区計画等
・特定街区（議論あり）
・生産緑地地区（議論あり）
・都計法21条の２に基づき、提案により決定又は変更された都市計画
・例外的に都市計画決定される小規模な道路、公園等
・都市計画法以外のもの
・建築基準法に基づく建築協定
・都市緑地法に基づく緑地協定
・景観法に基づく景観協定

(21)　同論文76頁以下（第２章「補論」）。

には詳細に決めず個別行為の積み重ねを通じて内容が確定するような計画」[22]）というものについて、条例に規定する余地を制度化することは検討に値すると述べている[23]。これは独特な計画類型の創設を提案するものだが、その内容を明確化し、枠組み法にどのように書き込むか更に検討が必要である。

更に、原田委員は、その後の研究で、インフィル部分充填手法として、協定手法を強調することになる。「都市再生特別措置法に見る『管理』について」（『平成28年度　縮退の時代における都市計画制度に関する研究会報告書』）、「『管理型』都市計画に関する一考察――第二都市計画の提案」（土地総合研究26巻１号25頁以下）はいずれも協定制度の研究というべきである。

⑷　インフィル手法の強制力の確保

強制力は実効性と置き換え可能だが、現行都市計画法制の問題点として指摘されている「硬直性」と一種のトレードオフの関係にある。実効性、強制力は、ある規律の継続を意味するからである。研究会では、強制力の理論的正当化、全員合意によらない拘束（団体的拘束）の可能性が検討された[24]。

ここではインフィル手法としての協定の実効性、強制力が問題になる。テーマはさしあたり更に３つに分けることができる。①法的に実現が担保されている（＝許認可の基準となり、違反が監督処分の対象となる）ルールを協定で変更、廃止ができるか。②当事者は協定をいかなる条件の下で変更、廃止ができるか。③協定の事項的あるいは領域的な効力範囲に入る者に対して、同意なしに協定は効果を持ち得るか。

この点、強い強制力はハードルの高い手続的要件を求め[25]、協定について①〜③に肯定的に答えるには、少なくともいずれかの段階で手続的には全員合意が必要だとされている（①は全員合意でも足りないとされている）。

このように、協定の強制力の根拠は全員合意が基本とされてきた。しからば、

---

(22)　原田・前掲注（５）論文79頁。

(23)　原田・前掲注（５）論文82頁。

(24)　この部分は、大貫「我々は区分所有法から『管理』の問題に関して何を学べるか」『平成28年度　縮退の時代における都市計画制度に関する研究会報告書』（土地総合研究所）の研究を一部整理したものである。この報告も本書に収録する予定であったが、紙幅の関係及び同様のテーマを私法の観点から扱った吉田克己論文が掲載されることから、割愛することにした。

全員合意でなくとも強制力を根拠づけることはできないのであろうか。この点、相隣関係的関係にある区分所有建物の日常的管理が管理組合によって規約に基づいて行われることは一つの参考になる(26)（規約が原則4分の3の多数決で決定できることは重要(27)）。また、「管理」の多様性に応じた法的対応のあり方については、区分所有法の、管理態様に応じた以下のような拘束的議決の方法が参考になる。①変更——区分所有者および議決権の4分の3で決定。②管理（狭義）——区分所有者および議決権の過半数で決定(28)。③保存行為は各自ができる(29)。

しかし、区分所有法において、多数決による議決が少数者への拘束性をもつこと、つまり団体法的拘束は、区分所有者が特異な人的共同関係にあることによる。区分所有関係が存在する限り共同利用関係を継続しなければならないという「特殊性」から、区分所有関係の、いわゆる団体法的拘束（事項毎に異なるが、多数決による決定の受忍）がもたらされるといってよいであろう。果たして、まちづくりにおいて、このような人的共同関係があるといえるかは検討の余地があるが、区分所有関係でない、通常の居住関係に関しても、空間を共同利用することによってしかそれぞれの居住者はその効用を発揮できないともい

---

(25)　原田保夫「『管理型』都市計画に関する一考察」土地総合研究26巻1号25頁。

都市利便増進協定は、①まちの賑わいや交流を増進することを目的として、協定対象は極めて広範にわたるが、②全員合意を求めず、相当部分の協定への参加を要件としている、③その結果協定には建築協定にある承継効が認められない。以上の3点は、これまであった協定制度と比較して都市利便増進協定の特色である。立法関係者もそう位置づけている。粟田卓也・堤洋介「特集：都市の公共性と新たな協定制度」学習院法務研究5号11－14頁。

(26)　大貫・前掲注(24)論文。

(27)　ここでは、規約による管理内容の決定に加えて、当該規約の団体による継続的な維持の仕組みが必要であることが示唆されている。周知のように、各種協定制度において、協定を運用する主体が定められることがある（緑地協定、景観協定、建築協定には運営委員会が置かれるのが通例である）。例えば、緑地法45条協定（いわゆる全員協定。既にコミュニティの形成がなされている市街地における土地所有者等の全員の合意により協定を締結し、市町村長の認可を受けるもの）の運用を運営委員会が行うことをあげることができる。このような仕組みは、協定の実効性確保及び内容の更新に当たり、確実な制度的基礎を与える。

(28)　①のうち、「その形状又は効用の著しい変更を伴わないもの」を軽微変更として、②の範疇に含めている。

(29)　区部所有権が及ぶ物に係る使用・収益に関する多数決による決定の容認は、所有権のイメージは商品であり、その処分権と密接に結びつく交換価値に専ら着目されているが（小粥太郎「所有権のイメージ」糠塚康江『代表民主制を再考する——選挙をめぐる三つの問い』（ナカニシヤ出版、2017年）217頁以下）、使用価値の側面に着目した考察が必要なことを示唆している。

える。日照、通風、景観に関する規律は一種の相隣関係的規律であるともいえる(30)。空間の共同利用においても一種の団体法的拘束を語る余地があるといえるだろう。

(5)　さらなる展開――「管理」へ

(a)　本研究会は、研究を積み重ね、枠組み法の議論を経て、現在「管理」の問題に議論を進めている。

管理概念の意義、機能についての藤田宙靖顧問の分析は次の通りである(31)。それによれば、管理概念は、本来、「従来の法制度が『総合性（包括性）・柔軟性』等の資質を欠いていたことを批判的に指摘する際のポレーミッシュな概念としての役割を果たすものであって、必ずしも、それ自体が積極的・具体的機能を持つものではない。」ここから、藤田顧問は、この概念について正確な定義を行うことは不可能か、少なくとも困難であるとしながら、管理概念は問題発見的、問題指摘的な機能を持つものと理解して、その概念の下に次の事態が抉り出されると分析する。

①土地利用が５つの特定された利用目的に分類され、それを前提とした土地利用規制を行っていること。②土地財産権に対する「必要最小限規制原則」による、土地利用の積極的規制に対する権力的規制のみを想定する。③土地利用規制（都市計画法による規制）と建築規制（とりわけ建築基準法による集団規制）との間に連携を欠くという基本構造。④都市計画区域の基幹構造を念頭に置き、住民の日常生活に密接に関わるより小規模の地区の具体的あり方には関心を示さない都市計画法制の基本構造。⑤「総合的な管理」を裏付ける「理念」又は

---

(30)　都市空間のコントロールは、すべてではないにしろ、相隣関係的考慮から求められるといってよいのではないか（用途地域の指定は違憲ではないとされ、補償も不要とされているが、これは相隣関係的規制だからではないか）。

民法の相隣関係法は当初は、素朴な社会生活関係を背景にしていたが、現在では都市生活上のルールを示すものと位置づけられている。野村好弘「最近における都市生活と法的問題点」法律のひろば43巻９号８頁。沢井裕「相隣関係法理の現代的視点――信義則による微調整と人格権的見直し」自由と正義32巻13号４－12頁以下は、相隣関係法理の信義則による微修正的適用、同法理の人格権の見地からの拡大適用を探っている。

(31)　藤田宙靖「『転換期を迎えた土地法制度』総括と展望」亘理ほか編著・前掲注(６)書所収、182頁以下。

それを創造する手法が不明確にされたままの基本構造。

亘理報告「都市計画の法主体と『管理』概念」(2017年５月22日）は、「手法としての『管理』」と、手法により対処されるべき問題群としての「目的としての『管理』」を区別すべきことを提案する。「目的としての『管理』」が藤田顧問が整理する①～⑤の問題群である。

原田委員の論文「都市再生特別措置法に見る『管理』について」(『平成28年度　縮退の時代における都市計画制度に関する研究会報告書』）においては、まちづくり分野での協定制度は、「総じて『行為規制・事業を中心とする、それまでの都市計画法制では対応できない課題に対応する』という点において、共通の意義をもっている。」とされている。原田委員によれば、これまでのまちづくりの法制度は、積極的な秩序形成、継続的秩序維持に無関心で、土地・空間の利用の枠組みとなる土地や建物に対する関心しかもってこなかったのである。くわえて、原田委員は、現行制度においては「とるに足らないもの」、「外から与えられたもの」にも重要なものはあるが、適切な対応ができていないことを指摘している。つまり、「管理」の多様性に応じた法的対応の必要があるにも拘わらず正面から対応がなされていないことを指摘する。まちづくり法制のそうした不備に対応するために局所的になされた対応が、都市再生特別措置法による「歩行者経路協定」(「対象物の一定の状態の下での機能の維持」)、跡地管理協定（「対象物が周辺に及ぼす悪影響の防止」)、「都市利便増進協定」(「一定の施設を対象とする、まちづくりに貢献する作用」）の制度化である。

原田委員における管理の問題への注目は、「現行都市計画法制の枠組み法化について」(亘理ほか編著・前掲）において、「使う」という視点の欠如の指摘において既に現れている（71、72頁)。

原田委員の管理型都市計画の構想は、「管理」の問題に対処すべき都市計画法制の構想として提示されている。すなわち、原田委員の管理型都市計画は、マスタープラン→市町村計画→　←協定という構造を持つ[32]。管理型都市計画が備えるべき特性として、原田委員は、①法的強制力によらない手法の確立、

(32)　原田保夫「『管理型』都市計画に関する一考察」土地総合研究26巻１号41頁。

②「地域の総意」への公共性の拡張、③「地域の総意」に係る熟議プロセスの重視を挙げている(33)。市町村計画は協定に指針を与えるものとして想定されており、全員合意を要しない協定の根拠として機能する。「地域の総意」は、熟議を通じて協定において具現化することが想定されている。したがって、原田委員の構想においては、協定が決定的重要性を持っており、協定の正当性、強制力、公的関与のあり方、協定制度の有効性、協定の運営組織について詳細な検討を行っている。

原田委員の研究を一つの到達点とするならば、この到達点からさらに考察が続けられている。内海委員は、都市計画を、拡大型（都市の無秩序な拡大をコントロールする都市計画）、持続型（都市環境を持続させる都市計画）、縮退型（計画的に都市を縮退させる都市計画）に分類し、管理型都市計画を縮退型として位置づけて考察している。管理型都市計画が対象とする実態は都市のスポンジ化といわれる現象で、管理型都市計画により行う対応はミクロ管理というべきだが、都市全体、国土全体の対応たるマクロ的対応とセットでなされるべきことが指摘されている。亘理座長も基本的にこの問題意識を共有した上で、具体的な地域像や都市像を定めるものとして、また、「ミクロ的視点とマクロ的視点の双方において、合意やコンセンサスの形成及び相互間の連携や調整のための調整手続等を詳細に定め」るものとして市町村マスタープランを想定している(34)。内海委員は、ミクロ管理の主体、担い手の在り方について詳細な検討を加えている。原田委員の管理型都市計においても、協定の運営と組織という形で主体は検討に付されているが、内海委員の場合には、管理の手法は協定に限定されておらず、様々な手法によって管理を行う主体を包括的に論じている。亘理座長の別稿は包括的にミクロ管理の主体も含めて都市計画の法主体について論じているが(35)、本研究会の問題関心を承けてなされている。

(b)　都市のスポンジ化

(33)　原田・前掲注(32)論文32頁。

(34)　亘理格「『管理型』都市計画法および『枠組み法化』の意味と相互関係に関する覚え書き」土地総合研究26巻1号9－11頁。

(35)　亘理格「都市計画の法主体に関する覚書き」楜澤能生・佐藤岩夫・高橋寿一・高村学人編『現代都市法の課題と展望――原田純孝先生古稀記念論集』（日本評論社、2017年）。

こうした研究において最も注目されるのは、内海委員及び亘理座長の議論が、縮退の時代の都市計画が向き合うべき都市の実態に対する認識を明確化したところにある。それが都市のスポンジ化である。都市のスポンジ化とは、「都市の内部において、空き地、空き家等の低未利用の空間が、小さな敷地単位で、時間的・空間的にランダム性をもって、相当程度の分量で発生する現象[(36)]」をいう。都市の縮退は都市の大きさが小さくなるわけではなく、都市自体の大きさは殆ど変化せず、内部に小さな孔がランダムに空いていく形で進行するのである[(37)]。そして、「都市のスポンジ化は、人口減少社会における典型的な都市空間の変化であり、低密度化という課題の空間的な現れ方である。このような現象が起きている市街地こそが、都市計画及び立地適正化計画によるコンパクトシティ政策が対峙すべき客体である。[(38)]」とされる。

この都市のスポンジ化が都市計画法制の対峙すべき、現在の最も重要な課題であることは確かだが、他方で、内海委員が述べるように、拡大型都市計画、持続型都市計画が対応すべき実態も存在する[(39)]。

(c)　現行制度による課題解決の可能性について検討を行う佐々木晶二氏は[(40)]、こうした検討の前提として興味深い指摘を行っている[(41)]。

①　まず、都市計画区域にとらわれず、市町村の行政区域全体で将来像を考える必要がある。

②　20、30年後の都市・地域像を考える上では、当該市町村の人口が社会保

---

(36)　社会資本整備審議会・都市計画基本問題小委員会都市計画基本問題小委員会 中間とりまとめ「『都市のスポンジ化』への対応」2017年８月、３頁。

(37)　饗庭伸『都市をたたむ』（花伝社、2015年）99頁。

(38)　前掲注(36) ４頁。

(39)　内海麻利「『管理型』都市計画の行為と手法」土地総合研究26巻１号14頁、亘理・前掲注(34)論文９頁。

現在でも農地をつぶして、無秩序に宅地化しながら、低密にまちが広がり続ける事態（「焼畑的都市計画」野澤・後掲78頁）は全国でみられるという（野澤千絵『老いる家　崩れる街――住宅過剰社会の末路』講談社現代新書、2016年）23－97頁）。

(40)　佐々木・前掲注(14)報告は、「法律運用柔軟化課題」と「空家等解消強制力課題」の２つの課題について検討を行うが、前者では都市のスポンジ化から生ずる課題について現行法でどう対応できるかシミュレーションしている。

(41)　佐々木晶二「コンパクトシティに係わる制度の課題と現実に即した柔軟運用の提案」Urban Study 59巻９－14頁。

障・人口問題研究所の人口推計で示されている人口と同じくらいの人口だった時点まで歴史を遡って、都市像、地域像を考えることが望ましい。具体的には、大部分の都市で、昭和30、40年頃の高度成長期前の姿を想像するのが適切。

③　昭和30、40年頃、大部分の都市では、周辺部では集落が散在しつつ、鉄道駅のまわりには住宅など建築物がまとまっているという状況の都市・地域像だった。それに向かって、現在の都市・地域像が変化していくと想定すると、周辺部での高齢化した集落から空き家が増えていき、さらに、市街化区域でも昭和30年代以降に拡大した市街地では空き家が増えていく、その結果として、30年後には、大抵の市町村は駅のまわりにある程度住宅がまとまっていて、あとは、農地と集落が散在している状態の都市・地域構造を想定するのが自然。

④　結果として、いわゆるコンパクトシティのイメージとかなり近い都市・地域構造となる市町村が多い。しかし、このような都市・地域構造の変化には相当の時間（30年以上）かかり、その間、少しずつ、空き家が農山村や市街地縁辺部で増えていって、密度が下がっていく。都市政策は、そのプロセスで、市民、住民の生活環境を維持するために、相当長期間にわたって、福祉政策、交通政策と連携して政策を実施していく必要がある。

以上のように、佐々木氏は、20、30年後の都市・地域像を想定することの重要性を述べつつ、現実の都市の姿は「コンパクトシティのイメージとかなり近い都市・地域構造となる市町村が多い」としている。もっとも、この状態に当然になるわけではなく、立地適正化計画の制度運用による後押しを前提としているように見える。

佐々木氏の議論で注目に値するのは特に次の点である。まず、「都市計画区域にとらわれず、市町村の行政区域全体で将来像を考える必要がある」として、将来像は狭い意味の都市にのみ関わるものでないとしていること。第二に、計画を立ててその目標に向かって手段を整序するというよりも、将来像をシミュレーションして、そこからミクロの手段を位置づけるという思考をしていることである。後者は計画による設計主義からの離脱の傾向がみられて興味深い[(42)]。

(d)　他方、饗庭伸氏は、都市の現在、そして近未来については佐々木氏と認識を同じくしつつも、次のように述べている。コンパクトシティは、「再びの移動」を強いることでコミュニティを再度組み立てる点に不合理があり、また、そうした組立てのためには、市場が必要であるが、集中的な再配分や交換が成立する地域は日本では限られている。また、長期的にはコンパクトシティは実現すべきだが短期的実現は無理であり、短期的にはスポンジ化の構造を活かした形で都市空間を作り、公共投資を介在させない形で長期間（30年以上）かけてコンパクトシティを実現すべきである(43)。

両者の考えに徴すると、時間軸を意識した方針を立てるべきことに加え、都市・地域の将来像を実現するための機動力を何に求めるかが問題となることが分かる。市場の力を機動力とするのがこれまでの計画の基本であろうが、果たして市場により対応できるか。

(e)　これまでの検討を踏まえると、次のようなことがいえよう。まず、計画が対処すべき地域の実態によって、計画を区別しなくてはならない。依然としてスプロールが見込まれる地域には、拡大型都市計画、都市環境を持続させるべき地域には、持続型都市計画、都市の縮退が見込まれる地域には縮退型都市計画によって対応しなくてはならない。

拡大型都市計画の機動力は旺盛な資本の力を媒介とする市場である。都市計画法12条に掲げられた「市街地開発事業(44)」はいずれも拡大型都市計画といってよい。これに対して、都市環境を持続させるべき地域に対応する持続型都市計画には、当該持続に関して資本的魅力があれば市場の力を使うことができるが、必ずしもそうではない場合があろう。そうした場合には、行政の介入(45)

---

(42)　同様の思考は都市計画学者からも提示されている。参照、日埜直彦「計画よりシミュレーションに徴するべきではないですか」蓑原敬ほか『白熱講義　これからの日本に都市計画は必要ですか』（学芸出版社、2014年）212頁以下。

(43)　饗庭・前掲注(37)書133－135頁。饗庭氏は当研究会でも報告し（2019年2月21日）、スポンジ化のポジティブな可能性を見据え、まちづくりの現実的シナリオを自らの実践事例に基づいて検討している。

(44)　①都市再開発法による「市街地再開発事業」、②大都市地域における住宅および住宅地の供給の促進に関する特別措置法による「住宅街区整備事業」、③土地区画整理法による「土地区画整理事業」、④新住宅市街地開発法による「新住宅市街地開発事業」、⑤首都圏の近郊整備地帯および都市開発区域の整備に関する法律による「工業団地造成事業」または近畿圏の近郊整備区域および都市開発区域の整備及び開発に関する法律による「工業団地造成事業」、⑥新都市基盤整備法 による「新都市基盤整備事業」、「防災街区整事業」。

あるいは地域の力[46]によることになろう。都市の縮退が見込まれる地域に対応する縮退型都市計画は、行政の介入と地域の力を機動力としなくてはならない。市場の力は持続型計画が対処すべき地域については機能することがあり得るが、縮退型都市計画が対処すべき地域については市場の力は援用できないであろう。立地適正化計画は、確かに都市のスポンジ化に対応するものである。しかし、その機動力は何か。

(f)　都市計画[47]を実現する手法はどのようなものかという観点から整理すると、手法は行政が直接執行する場合（都市施設の建設）を除くと、規制と事業となる[48]。

用途地域の規制や線引きは規制の典型例である。土地区画整理事業は事業の典型例である。後者は計画を前提として、市場の力を使う手法であるが（土地区画整理事業では道路と敷地の形のみ決定して、その後の施設等の整備は民間に委ねている）、前者は規制を行い、その枠のなかで市場の力を使う手法といってよい（用途と建物のボリュームを決めて、その枠内で市場の動きに委ねる）[49]。

スポンジ化に対応する際には、市場の力を利用することはできないから、規制手法（＋市場）、事業手法（＝市場）はそのままでは使えない。代わるべきものをみつけなければならない。これまで明らかになったことからすれば、地域の力が市場に代わるものである。

(g)　地域の力を支え、後押しすることの必要性

地域の力がまちづくりの機動力となる状況を前にしたとき、規制の意味は大きくない。規制は、旺盛な開発圧力がある際にこそ意味がある[50]。そうした

---

(45)　前掲注(36)15頁。

(46)　前掲注(36)18－19頁。とりまとめでは、コミュニティ活動は、スポンジ化の発生に備えた方策として取り上げられているが、この手段は、スポンジ化が発生した地域についても有効な方策である。

(47)　ここでは直接実行されることを予定している計画のみを念頭に置いている。

(48)　原田・前掲注(32)論文25－26頁、饗庭・前掲注(37)書136－137頁。

(49)　饗庭・前掲(37)書135－140頁。

(50)　地域再生法の平成30年改正で地域再生エリアマネジメント負担金が導入された。この制度は、エリアマネジメント団体の活動により、地域（エリア）の経済が活性化することが前提となっている。その意味で市場を利用したまちづくりが可能なエリアが前提となっている。この制度については後述する。

力がないときには規制はむしろ柔軟に組み替えられるようにして、地域の意思で適切な秩序が形成されるようにすることが必要である。枠組み法が必要になるのは特にこの局面である。

さらに、柔軟な規制の枠の中で、地域の創意を後押しする仕組みが必要とされる。例えば、近時都市再生特別措置法の改正によって導入された仕組みは注目に値する。概略を述べれば、次のようなものである（本研究会では宇野報告により検討(51)）。低未利用地土地権利設定等促進計画を創設し、これにより、低未利用地の地権者と利用希望者とを行政がコーディネイトし(52)、所有権こだわらず、複数の土地や建物に一括して利用権等を設定する(53)計画を市町村が立てる。土地再生特別法人の業務に、低利用地の一時保有等を追加する(54)。土地区画整理事業の集約換地の特例の創設（例外的に従前の土地と離れた場所に換地できる）、低未利用地の管理のための指針として「低未利用地土地利用指針」を市町村が作成して、低未利用地の管理について地権者に勧告ができる。交流広場、コミュニティ施設など、地域コミュニティ団体等が共同で整備・管理する施設に関する地権者による協定（立地誘導促進施設協定(55)。承継効あり）、都市計画協力団体制度の創設（住民団体等が市町村長により指定され、指定団体は都市計画の提案が可能）、民間が整備する都市計画に定められた施設に関して、都市計画決定権者と民間業者が役割・費用分担を定め、都市計画決定前に締結する「都市施設等整備協定」、都市機能誘導区域内に誘導すべき施設の休廃止届出（市町村長は必要に応じて勧告できる）。これらの新たな仕組みがどの程度成功するかは今後にかかるが、このような手法は、規制と事業と並ぶ、新たな手法、誘導あるいはコーディネイトという手法が有効であることを示している。

まちづくりは、地域の住民の健全な議論を喚起し、地域の問題を掘り起こし、

(51)　元国交省都市計画課長である宇野善昌氏による「近年の法改正について――立地適正化計画から低未利用地権利設定促進化計画まで」（2018年２月19日）。

(52)　利用者等の検索のために市長村が固定資産税課税情報等を利用することを可能とした。

(53)　登録免許税、不動産取得税の軽減措置あり。

(54)　所得税の等軽減措置あり。

(55)　この協定により整備され、都市再生推進法人が管理する公共施設について、固定資産税・都市計画税の軽減がなされる。

対処することによって達成される。この掘起し、対処は、スポンジ化に直面した地域においては、住民のイニシアティブだけでは難しく、官民を問わない、ファシリテータは必要である。建築協定に関する実証研究も専門的知識を持った者が関与することが、建築協定の実効性に決定的な重要性を持っていることを示す(56)。中井検裕報告「『都市計画法制の枠組み法化』へのコメント」(平成29年７月21日）は、意思決定の事前修正のシステムとして、「正しい情報の伝達」「第三者（専門家）をどのように関与させるか」を検討する。

(h)　計画間あるいは公共性間の調整原理

対応すべき状態に応じて、内海委員が拡大型都市計画、持続型都市計画、縮退型の計画を区別したように(57)、計画が対処すべき現状には違いがある。市町村ごとの計画においては、上の計画類型を必要に応じて定め、計画間の適切なバランスを保つことになろう。もっとも、内海委員が持続型の都市計画によって対応しようと想定していることは、「土地利用の維持や施設の更新をすることにより、都市環境を維持させる(58)」ことである。これは対応すべき事象ではあるが、この課題事象は都市が拡大しつつあるところでも、都市が縮小しつつあるところでも、対応すべき事象である。これは端的に当研究会が今年度のテーマとした「管理」の問題そのものである。結局、都市の拡大に対応しつつ同時に都市の縮退に向き合い、それと同時に「土地利用の維持や施設の更新をすることにより、都市環境を維持させる」ことを目指さなくてはならない(59)。

こうして市町村ごとに、多くの場合、従来の都市計画と立地適正計画をミックスした計画が立てられることになる。こうした市町村段階の都市秩序が体現する公共性と国家的観点からの公共性との調整は必要になる。

生田委員は、大公共と小公共が競合対立する場合の調整の在り方、及び小公

(56)　長谷川貴陽史「都市コミュニティにおける法使用――建築協定制度の運用過程を素材として」法社会学59号（2003年）（「特集・地域の法社会学」）125頁以下。

(57)　内海・前掲注(39)論文14頁、亘理・前掲注(34)論文９頁。

(58)　内海・前掲注(39)論文16頁。

(59)　内海委員が、ミクロ管理とマクロ管理に分けて論じていることはこのことに対応するであろう。内海・前掲注(39)論文16頁。

共Ａ相互間の調整の在り方について詳細に検討している[(60)]。生田委員は、公共性間の調和を実現するための考え方と仕組みを整備することが必要であるとの立場から、そもそも調整が必要な対立関係にならないような事前調整の仕組みを提案している。それは次のようなものである。

対流原則：「小公共Ａに当たる内容を定める計画は、大公共Ａに当たる内容を定める計画に整合するように努めなければならず、他方、大公共Ａに当たる内容を定める計画は、関係する小公共Ａに関する計画に配慮して策定しなければならない。」

行為側調整責任原則：「既に存在するある良好な空間秩序に対して多大な影響を与える行為を行う場合、あるいは多大な影響を与える計画を定めようとする場合等においては、それが公共性の高いものであっても、既存の空間秩序の有している公共性への影響を最小限にするよう努める責任がある。」

以上の調整原理としての対流原則と行為側調整責任原則は、何れも一義的な調整結果を示すものとはいえない。したがって、上記原則に基づく調整のための何らかの協議の場を設ける必要があろう[(61)]。

(6)　外部講師の報告

①　本書の第１部「現行法における『管理』の制度と実態」に収録される以下の論文は、いくつかの重要分野における「管理」の問題と解決策を検討している。

北村喜宣（上智大学法科大学院教授）「空家法における『管理』の制度と実態」

原田純孝（中央大学法科大学院教授）「農業関係法における『管理』の制度と実態」

古積健三郎（中央大学法科大学院教授）「入会地の管理形態の変遷と今日的問題」

吉田克己（早稲田大学大学院法務研究科教授）「区分所有法における『管理』の

---

(60)　生田長人「枠組み法序論」亘理ほか編著・前掲注(3)書・29－35頁。生田長人「土地利用規制立法における地域レベルの公共性の位置づけについての考察」稲葉馨・亘理格編『藤田宙靖博士東北大学退職記念　行政法の思考様式』（青林書院、2008年）400頁以下も参照。

(61)　生田・前掲注(60)論文41－42頁。

制度と実態」

②　また、第２部「小公共における『管理』の最前線」に収録されている下記の論文は、当研究会による検討が立ち向かおうとしている都市の現実（饗庭伸（東京都立大学教授）「都市のスポンジ化と都市計画」）、都市の縮退を実現するための計画はどうあらねばならないか（高村学人（立命館大学教授）「縮退実施のための協働的プランニング－その法的性質に着目して」）を検討している。小林重敬（横浜国立大学名誉教授）「エリアマネジメントにおける『管理』の制度と実態」は、比較的狭域のエリアの管理を進める際の負担金に関する注目すべき制度（エリアマネジメント負担金制度）について検討している。

饗庭論文及び高村論文については、本書収録論文に委ね、ここでは小林論文が検討の対象としている、地域再生エリアマネジメント制度に検討の必要性が示唆されている「公共性」について述べたい。

(7)　公共性を支えるのは何か

ある地域にのみ妥当する秩序を形成する際、契約にみられるように、その形成は全員一致によるものとされるのが原則である。法令による拘束を除けば、秩序形成は全員一致によりなされる。つまり、当該秩序の拘束力は自己拘束によって説明される[62]。もっとも、全員一致でないにも拘わらず、つまり、自己拘束によらないにも拘わらず、規律の拘束力が承認されているケースは行政法の分野においても存在する。たとえば、公共組合の強制加入がそれである。公共組合の強制加入がとられる理由は次のようなものである[63]。

①　一定区域内の土地所有者その他の権利者に直接の利害関係が限られること

②　事業の公共性が高いこと

③　利害関係者の何人かが欠けると事業遂行が困難になること

事業の公共性が高いが故に遂行の必要がある訳だから、③は②と密接に関わ

(62)　もっとも、ラートブルフが述べているように、自己拘束により拘束力を根拠づける契約においてすら、「変転する経験意思が擬制された恒常意思に拘束される。契約の拘束は自律ではなく、他律である。」G・ラートブルフ（田中耕太郎訳）『法哲学』（東京大学出版会、1961年）315頁。

(63)　安本典夫「公共組合」雄川一郎・塩野宏・園部逸夫編『現代行政法大系　第７巻』（有斐閣、1985年）293頁。

る。公共組合が強制加入を正当化される根拠は、利害関係が限定されていることと、その限られた中での公共性の存在ということになる。そして、この公共性は、設立認可処分によっても担保されているといってよい。

公共組合の場合に、強制加入が正当化されるのは、以上の根拠に加えて、組合が行う事業により組合員が受益することも重要である。例えば、土地区画整理組合の場合、その行う事業により土地所有権が制約されるが、土地の効用は上がり、結果的に＋－ゼロになり、補償が不要とされている。このような受益者負担的要素があることもまた全員合意でなくとも強制的に加入され、事業の対象となることを正当化している。このファクターは次のように定式化できるであろう。公共性のある秩序が形成され、それにより、利益をすべての関係者が不可避的に得る。この状況の下で、利益享受の前提となる負担について一部の者が拒否することはできない。対価を支払わず財を消費しようとする行為を排除することが求められている。つまり、フリーライドの排除がここにある。

公共財の有する非排除性にどう対処するべきかと同様のことがここで問題となっている。公共財の非排除性への対応は、政府が法律に基づき当該公共財の供給を行い、各自の負担を法律に基づいて税により徴収することである。

しかし、上で問題になっているのは、公共財の有する非排除性への法律による対応ではなく、公共財を享受する者の間での多数決による決定により非排除性に対応することができるかである。エリノア・オストロムが明確にした、公共財の一種であるコモンズのコミュニティによる管理が成功するための条件が充たされるのであれば、狭域のコモンズあるいは公共財の管理は現実にはできるだろう。その条件は、信頼的コミットメントの存在、ルール違反者に対するモニタリングコストが低いこと、環境変化に対応したルールの適切な進化を中核とするものであるが(64)、条件の中に、全員一致と寡頭制の中間ぐらいのほどよい集団的意思決定のルールが採用されていて、高い取引コスト、剥奪コストが避けられていること、というものがある。「全員一致と寡頭制の中間ぐらいのほどよい集団的意思決定のルール」は、コモンズの適切な管理を事実上も

(64)　高村学人『コモンズからの都市再生』（ミネルヴァ書房、2012年）の「第一章　コモンズからの都市へのアプローチ」14－17頁に要領のよい紹介がある。

たらす一つの条件となるとされているのである。「全員一致と寡頭制の中間ぐらいのほどよい集団的意思決定のルール」により現実にコモンズの管理がうまくいくのである。そして管理がうまくいくことから不可避的にコモンズ利用者は利益を得ることになる。このことは多数決による非排除性への対応が現実的には望ましいこと根拠づけるだろう。

上に述べた公共組合の多数決による全員拘束の制度を振り返ると、結局、多数決による全員拘束の根拠付けは、一定の公共的事項についてのフリーライドの排除の必要性にあるといってよい。そして、当該フリーライダー排除を目的とする各人の自己決定の制約が正当化されるには、まずは、当該事項に公共性はあるか、あるとしてどの程度か、自己決定の制約はどの程度かにかかる。

この点たとえば、下水道整備に係る受益者負担金制度を検討すると、下水道事業により公共下水道が整備されると、その整備により特定の地域について環境が改善され、未整備地区に比べて利便性・快適性が著しく向上し、その結果として、当該地域の資産価値が増加することに公共性を見いだし、法律で受益者負担金制度を導入している。公共性の高さ故に、法律により選択の余地なく下水道の利用を強制され、その維持のための負担も課せられている。なお、資産価値の増加という利益を受ける者の範囲は、公共下水道が整備される地域として明確である。

最近の制度では、地域再生エリアマネジメント負担金制度が、下水道法と同様の受益者負担金制度を導入したものとされている。

地域再生エリアマネジメント負担金制度は次のようなものである。

地域再生エリアマネジメント負担金制度を活用したい市町村は、当該事項を記載した地域再生計画を作成し、国（内閣総理大臣）の認定を得る。

地域再生エリアマネジメント負担金制度を活用したいエリアマネジメント団体は、受益事業者の３分の２以上の同意を得て、当該事項を記載した地域来訪者等利便増進活動計画（活動計画）を作成し、市町村長の認定を求める。市町村長は、エリアマネジメント団体から提出された活動計画について、市町村議会の議決を経た上で、認定基準を満たすと認められる場合には、当該計画を認定する。

市町村は、認定した活動計画に基づきエリマネ団体が実施する活動に必要な経費の財源に充てるため、条例を制定し、事業者から負担金を徴収し、エリマネ団体に交付金として交付することがでる。

賑わいの創出等により事業者の事業機会の拡大や収益性の向上といった経済効果が生じる活動（地域来訪者等利便増進活動）に公共性が認められており、その活動の受益者（事業者＝小売業者、サービス業者、不動産賃貸業者等）から負担金を徴収し、その資金をエリマネ団体が地域来訪者等利便増進活動のために運用するのである。

「地域来訪者等利便増進活動計画」に基づくエリマネ活動にための資金が事業者から３分の２の同意にも拘わらず強制的に徴収されるのは、「地域来訪者等利便増進活動計画」に対する市長村の認定と、国によって認定される地域再生計画に支えをもつ。

ここでは、地域再生エリアマネジメントに関するフリーライダー排除を目的とする各人の自己決定の制約の正当化が問題となるが、ここでの公共性は地域の来訪者等の利便の増進というものであり、それほど強い公共性を認めがたいとされたのであろうか、「地域来訪者等利便増進活動計画」に対する市長村の認定と、国によって認定される地域再生計画という二重の公共性担保がなされていると思われる。

地域再生エリアマネジメント負担金制度から我々は、フリーライダー排除を目的とする各人の自己決定の制約の正当化は計画によってなされ得ることを学ぶ。計画による公共性の担保、創出という古くからある論点に立ち戻ったようである[(65)]。

エリノア・オストロムは、コモンズの共同管理が成立する社会的条件の中に、資源の状態についての正確な知識とコストベネフィットについての予測が、低コストで構成員に行き渡ること、規範とルールを仮に変更させた場合と比べて、

(65)「法律自体が政策化し、法律の規範的意義が希薄化した現代行政を、どのようにコントロールするか」（畠山武道「遠藤博也著『行政法研究（全４巻）』の刊行にあたって」）という問題関心に支えられ、計画の合理性により公共性を基礎づけようとしたのが遠藤博也教授である。遠藤博也『行政過程論・計画行政法――行政法研究Ⅱ』（信山社、2011年）第二部参照。

現状を維持することの潜在的なベネフィットとリスクについての共通理解を構成員が持っていること、互酬性や信頼という一般的な規範が構成員において共有されており、それらが原初的ソーシャルキャピタルとして活用されること、という構成員の認識・理解に関する条件を挙げている(66)。

これらの条件はあるコミュニティに先験的に共有されているわけでは必ずしもない。むしろこれらの条件を満たすべく、構成員の認識を醸成していくことが重要で、そのような場として、日々のやりとりもさることながら、計画の策定、協定の策定などの決定プロセスも重要であろう。

5　おわりに

「はじめに」に述べたように、本章は、「縮退の時代における都市計画制度に関する研究会」における研究の歩みを筆者の観点から整理したものであるが、一メンバーが今後の研究のために個人的に問題点を整理したに止まるようである。

生田委員は、2012年の研究「縮減の時代における都市計画制度に関する研究」（周藤利一との共著）において、「『縮減の時代』においては、『成長の時代』において有効だった都市政策のコントロール手法、すなわた、開発・建築や整備といった『新たな行為に対する規制』の役割は相対的に低下してこざるをえない。……このため新規の行為に対するコントロールに留まらず、既存のものの利用のコントロール含んだ『管理（マネジメント）概念に基づいたコントロール』が重要性を増してくる。」と書いた(67)。

研究会はこの問題意識を共有して「縮減の時代にふさわしい新たな都市空間を管理コントロールする手法を検討した(68)」ことになるであろう。

（大貫裕之）

---

(66)　高村・前掲注(64)書17頁による。

(67)　生田長人・周藤利一「縮減の時代における都市計画制度に関する研究」（国土交通省国土交通政策研究所、2012年）63頁（生田執筆）。

(68)　生田・周藤・前掲注(67)論文１頁（生田執筆）

第３章　「枠組み法化」と「管理型」都市計画法制

第１節　「管理型」都市計画法制について

本節は、土地総合研究所に置かれた「転換期を迎えた土地法制度研究会」[(1)]及び「縮退の時代における都市計画制度に関する研究会」の研究成果[(2)]（以下、両研究を併せて「本研究」という）から筆者が学んだことに関するコメントである[(3)]。検討に当たっては、同研究会の「『管理型』都市計画」という把握に重点を置き、「枠組み法化」については他日を期したい。

１　先行研究

本研究に先立つ土地総合研究所の研究報告として、土地制度に係る基礎的詳細分析に関する調査研究委員会による第二次研究『土地利用規制立法に見られる公共性』[(4)]がある。同研究は、①「必要最小限規制原則」の見直し・検討、②「地域において認められる固有の公共性」を実現するための法的手段の検討、③地域が求める「総合的な空間としての最適性」を実現するための計画体系、計画策定プロセス、計画実現手法等についての検討を３つの柱として掲げていた[(5)]。これらはいずれも、当時の都市計画法制の「全国画一性」「複雑性」「硬

（１）　亘理格・生田長人・久保茂樹編集代表『転換期を迎えた土地法制度』（土地総合研究所、2015年）（以下『転換期』という）。

（２）　亘理格・生田長人編集代表『都市計画法制の枠組み法化――制度と理論』（土地総合研究所、2016年）（以下『枠組み法』という）。

（３）　本章は、土地総合研究所「縮退の時代における都市計画制度に関する研究会」（2017年６月12日）における筆者の報告を元に、その後の検討も踏まえて執筆したものである。また、上記研究会の研究成果である土地総合研究所「平成28年度縮退の時代における都市計画制度に関する研究会報告書」（2017年）（以下「縮退報告書」という）及び「特集『縮退の時代における「管理型」都市計画』」土地総合研究26巻２号（2018年）も併せて参照している。

（４）　藤田宙靖・磯部力・小林重敬編集代表『土地利用規制立法に見られる公共性』（土地総合研究所、2002年）。生田長人「本研究の目的とこれまでの経緯」『転換期』１－５頁（１頁）は、この第二次研究に加えて、1999年までの第１次研究「土地制度に係る基礎的詳細分析に関する調査研究」（野村総合研究所）を先行研究として挙げる。

（５）　藤田他編集代表・前掲注（４）１－３頁参照、生田・前掲注（４）１－２頁。

直性」を問題視し、それに対する「アンチテーゼ」としての「多様化」「分権化」「柔軟化」を志向した議論である(6)。

また、関連研究として、本研究において中心的な存在の一人であった生田長人(7)が、周藤利一とともに取りまとめた「縮減の時代における都市計画制度に関する研究」(8)（以下、「生田・周藤論文」という）がある。同研究は、①縮減の時代にふさわしい新たな都市空間を管理コントロールする手法、②市民が、恒常的に、都市行政の主役の一人として、自らの地域の形成・管理に関与することのできる新しい仕組み、地域がその地域にふさわしい空間を形成することができる仕組み等、③国土の構造的再編問題の中での都市計画法体系の位置づけ、④コンパクトな市街地、都市以外の地域の開発・建築のコントロールも視野に入れた土地利用とインフラ施設との関係の整理(9)という４つの研究課題を挙げている。

2　本研究の論点

このような先行研究・関連研究を踏まえた本研究は、①都市空間の「管理」という視点の導入及び②都市計画法制の「枠組み法」化という２つの方向性を志向したものとされる(10)。基本的な視点を共有しつつ、取り上げられているテーマは包括的である。

まず、計画論に関するものとして、都市・農山村を包摂する土地利用基本計画を提唱する生田論文(11)、マスタープランの位置付けを検討する久保論文、

（6）　内海麻利「地域の実態から見た枠組み法化の考え方と仕組み――インフィル規定を中心に」『枠組み法化』85－116頁（86－87頁）。内海は磯部力研究会報告を引用し（同上86頁注（３））、本文に挙げた「全国画一性」「集権性」「硬直性」に加えて、現行制度の「過度な複雑性」の現状及びそれに対する「簡素化」の要請を指摘する。ただし、内海も指摘するように、この「過度な複雑性」は、「後追い的に設けられた（あるいは改正された）制度らによって齎された性質」である（同上87頁）。

（7）　2016年５月に逝去する直前まで生田は本研究において中心的役割を果たしたことが、亘理格による『枠組み法』「はしがき」に記されている。

（8）　生田長人・周藤利一「縮減の時代における都市計画制度に関する研究」（国土交通政策研究第102号、2012年３月）https://www.mlit.go.jp/pri/houkoku/gaiyou/kkk102.html

（9）　生田・周藤・前掲注（８）１－３頁（生田）。

（10）　亘理格『枠組み法』「はしがき」。

（11）　生田長人「市町村の全域を対象とする土地利用計画のあり方について」『転換期』14－40頁。

西田論文、亘理論文[12]、都市計画の法的位置付けを検討する亘理論文[13]がある。

ついで、「管理」に関するものとしては、管理」ないし「管理行為」概念を公法学上の背景も含めて論じる長谷川貴陽史論文[14]、「不作為」ないし「消極的行為」への対応について検討する野田崇論文[15]、洞澤秀雄論文[16]がある。

枠組み法とインフィルの関係に関しては、『枠組み法』第１章[17]及び同書所収の全論文が「小公共」と「大公共」の観点を考察することに加えて、枠組みと「インフィル」の関係について、両者役割分担を論じる亘理論文[18]、原田論文[19]、内海論文[20]、両者の調整を様々な角度から検討する大貫裕之論文（条例論）[21]、亘理格論文[22]（標準規制）、洞澤秀雄論文[23]（適正化担保）がある。また、費用分担について論じるものとして原田保夫論文[24]がある。

本研究はこのように、明確な視点の共有に裏付けられた極めて緊密な共同作業であり、そこでは魅力的な基本概念（「管理」、「枠組み法」、「小公共と大公共」）が提示されている。それらの概念は、本研究の中でも触れられているように[25]精緻化の課題を残すものであるが、議論のトポスを設定する上で大きい意味が

---

(12)　久保茂樹「縮退時代の都市管理におけるマスタープランの役割」『転換期』107－126頁、西田幸介「都市の適正管理とマスタープラン」『転換期』127－157頁、亘理格「都市計画マスタープランの役割と法的性格及び拘束力の程度について」『枠組み法』202－212頁。

(13)　亘理格「都市計画の法的性格とそこからの帰結」『枠組み法』118－132頁。

(14)　長谷川貴陽史「都市計画法制における『管理』概念についての覚書」『転換期』90－106頁。

(15)　野田崇「土地利用行為のコントロール手段」『転換期』42－63頁。

(16)　洞澤秀雄「利用放棄等の消極的行為の法的コントロール──イギリスにおける法的対応」『転換期』64－88頁。

(17)　生田長人「枠組み法序論」『枠組み法』２－43頁。

(18)　亘理格「枠組み法モデルとしてのフランス都市計画法」『転換期』160－180頁。

(19)　原田保夫「現行都市計画法制の枠組み法化について」『枠組み法』。

(20)　内海麻利「地域の実態からみた枠組み法化の考え方と仕組み──インフィル規定を中心に」『枠組み法』44－84頁。

(21)　大貫裕之「条例論」『枠組み法』157－188頁。

(22)　亘理格「『標準規制としての都市計画法』の法的性格と法制度化の視点」『枠組み法』189－201頁。

(23)　洞澤秀雄「イギリス都市農村計画法における国による適正化担保：コールインなどの国による関与を中心に」『枠組み法』213－237頁。

(24)　原田保夫「基盤整備に関する責任と費用負担について」『枠組み法』238－257頁。

(25)　藤田宙靖「『転換期を迎えた土地法制度』総括と展望」『転換期』182－189頁（184頁）、藤田「総括と展望」『枠組み法』260－264頁（262頁）、長谷川・前掲注(14)。

あるだろう。

3 管　　理

本研究の第１の方向性としての「管理」について、『転換期』巻末の藤田宙靖論文は、その正確な定義は困難であり、それは同概念が「上記のコンテクストで用いられるとき、それは本来、従来の法制度が『総合性（包括性）・柔軟性』等の資質を欠いていたことを批判的に指摘する際のポレーミッシュな概念としての役割を果たすものであって、必ずしも、それ自体が積極的・具体的な機能を持つものではない」(26)からだとされている(27)(28)。確かに本研究において同概念が用いられる文脈は多様である。この点については、前述の生田・周藤論文がいわば基調論文だと考えられる(29)ため、以下同論文に従って検討する。

(1) 生田・周藤論文における「管理」

(a) 都市計画の規律対象の時間的拡大

生田・周藤論文は、第１に、都市計画の規律対象の時間的拡大の必要性(30)を指摘する。都市計画の基本的役割は、①土地利用の用途と空間利用を計画的に規制コントロールすること、②都市活動を支える基盤施設を計画的に整備す

---

(26) 藤田・前掲注(25)(『転換期』) 184頁。

(27) 原田保夫は、「「管理」概念をめぐっては、それが問題発見的概念にすぎないのか、制度概念として成立し得るものかについて、見解は分かれるであろう」としつつ、「少なくとも現行法制の限界を克服しようとする試み、都市再生法はその一端であるが、そこには「管理」概念で把握することが可能あるいは適当な領域があることは確かではないかと考えられる」としている。原田「都市再生特別措置法に見る『管理』について」「縮退報告書」85－99頁（96頁）。

(28) 筆者はかつて上記「第２次研究」に参画を許された際、同研究のキーワードとしての「必要最小限規制原則」について、「我が国従来の土地諸立法」を「批判のターゲットとするための総括と対象化の作業」としての「ドグマーティクの析出」の作業と位置づけた（角松生史「ドグマーティクとしての必要最小限原則：意義と射程」藤田他編集代表・前掲注(４)82－98頁（83－84頁)。「必要最小限規制原則」が「従来の諸立法」を批判的に認識するためのいわば「後ろ向き」の概念だとすれば、本研究における「管理」は「前向き」であるが、さしあたりポレーミッシュな機能を有する点では変わらない。今後、「管理」概念が、本文で指摘したような意味内容の多様性にもかかわらず「個別行政領域の法多様性から距離を置いたなんらかの一貫性を可能にする」（角松・同上84頁。参照、山本隆司「行政法総論の改革」成田頼明他編『行政の変容と公法の展望』（行政の変容と公法の展望刊行会、1999年）446－453頁（447頁)、太田匡彦「権利・決定・対価(３)」法学協会雑誌116巻５号766－855頁（838頁)）ような前向きのドグマーティクとしても機能しうるかどうかは、今後の議論の発展次第であろう。

(29) 大貫裕之「縮退の時代における都市計画制度に関する論点――覚え書き」土地総合研究26巻３号135－149頁（137－139頁）は、本研究における「管理」の問題意識の具体的展開について述べる。

ることにあるが[31]、上記論文はまず①について、「開発規制や建築規制という手法では、中心市街地の衰退や大都市郊外の過疎化などの『縮減の時代』に特有の現象には対処できない」[32]という認識を示し、「土地の形質や建築物等の形状の変更を伴わない用途の変更或いは業態の変更」及び「利用の放棄、放置といった不作為」への対処の必要性が主張される[33]。開発行為・建築行為への規制は「成長拡大する都市を前提に、新たに行われる積極的行為をどのようにコントロールしていくかという視点から実施された」ものであるが、このような「積極的行為」以外の用途変更・業態変更や未利用の状態となる場合への対処が課題とされる[34]。開発行為・建築行為をトリガーとする規制[35]の限界を踏まえ、規制の対象と時間軸を拡大することが志向されている。

また、②については、現在の都市施設概念には「収用権を付与してまでも、新たに整備する必要のあるものという『新設整備』概念が大きな影響を与えている」が、「その範囲はやや時代遅れで狭いと考えられ、その再検討が必要となっているのではないか」[36]とする。都市施設概念を「『整備』の対象としての都市施設だけでなく、『機能管理』の対象としての都市施設までを含むもの」とすること[37]に加えて、「既存のものも含め、全ての都市施設を都市計画において明らかにする」[38]ことによる合理的コントロール、及び「既存の施設の多角的見直し・活用によって、土地利用のあり方を再検討する」[39]ことが提

---

(30)　内海麻利は、生田・周藤論文における「管理行為』概念について、「これまでの都市計画法制では、想定していない「利用の放棄」に対応するという意味合いを包含するものとして捉えられていると同時に、計画技術の性質である「時間性」の重要性あるいは、現行の都市計画法の不備を強調しつつ、都市空間を持続的に制御するという意味合いを持つものとして位置づけられている」とする。内海「『人口減少社会に要請される都市計画・まちづくりにおける管理制度』に関する覚書」「縮退報告書」50－65頁（52頁）。

(31)　生田長人『都市法入門講義』（信山社、2010年）16－17頁。

(32)　生田・周藤・前掲注（８）１頁（生田）。

(33)　生田・周藤・前掲注（８）５頁（生田）。

(34)　生田・周藤・前掲注（８）66頁（生田）。

(35)　角松生史「都市縮退と過少利用の時代における既存不適格制度」吉田克己・角松生史編『都市空間のガバナンスと法』（信山社、2016年）127－147頁（129－131頁）。

(36)　生田・周藤・前掲注（８）57頁（生田）。

(37)　生田・周藤・前掲注（８）58頁（生田）。

(38)　生田・周藤・前掲注（８）58頁（生田）。

唱される。「静的計画」にとどまっている実態から脱却して「これまでの都市計画では希薄だった時間概念を導入」し、「開発後や整備後の状態」、即ち「計画に従った開発が実現していないこと、当初の土地利用が不適切に変更されること、利用されない施設や土地の存在、基盤施設の維持管理の不十分など計画後の課題」などに対処すべきだとされる(40)。

(b) 都市計画の規律対象の空間的拡大

第２に、都市計画の規律対象の空間的拡大の必要性である。「ある地域を都市か非都市かに区分して、都市的土地利用の行われるゾーンをすべて都市的コントロールの下に置くというような単純なデジタル的対応を行うために一本の線を用いて仕切るという仕組みは、都市が成長拡大を続けている時代には有効であっても、現在の多くの地域では実態に合わなくなっていることもまた事実である」という認識から、「国土利用計画体系と都市計画法に基づく土地利用計画体系を有機的に連携させるための制度」が検討され(41)、都市計画区域限定という「空間の限定性」(42)が課題だと認識される。

また空間的拡大の関係でも、「開発行為」概念の狭隘さが問題となる。同概念から「建築物等の用に供するもの」に限られていた部分を取り外して「非都市的土地利用から都市的土地利用への利用転換行為における対象範囲の狭さの問題を解決すること」、「新たに開発行為によって形成されていく市街地については、それが建築物等の用に供される或いは供されないにかかわらず、都市的土地利用を行う以上、市街地として基盤施設の整ったものとすること」が主張される(43)。

(c) 「最適な空間秩序」

第３に、「最適な空間秩序」という視点が示される。

---

(39) 生田・周藤・前掲注(８)59頁（生田)。

(40) 生田・周藤・前掲注(８)70頁（周藤)。なお長谷川貴陽史は、周藤は生田と比して「『管理』概念の中に『時間』ないし『持続的管理』のニュアンスをより強く含ませている」とする（長谷川・前掲注(14)92頁)。

(41) 生田・周藤・前掲注(８)７－８頁（生田)。

(42) 生田・周藤・前掲注(８)70頁（周藤)。

(43) 生田・周藤・前掲注(８)46頁（生田)。

「最低限の規制に留まっている現行の建築規制によっては、最低限の状況が生じることはクリアしても、その地域における適切な空間秩序を保つことやより良好な空間秩序を形成していくことは難しい。この最適な空間秩序を形成し、維持し、管理することを『都市の管理』として実現しようとするのであれば、住民等の意向を反映し、最低限よりも上の状況を実現し、維持するために、地域の実態に適合した、都市の姿を実現するための必要な制度を新たに整備することは、新しい都市の管理制度の目的の一つとして重要な意味を持つことになる」。(44)

その上で、①最小限規制の問題点を認識しつつ(45)、当面の対応として、「一般的には必要最小限規制を適用しつつ、地域の意向に応じて、地方公共団体が、適切と認める地域について、マスタープラン(46)を実現していくための詳細計画を描くことができ、そのための規制内容を柔軟に定めることのできる法律上の根拠規定を置く」、②より高い水準の市街地の実現に対しては、「強制力による実現以外の合意による実現手法（……）例えば、柔軟性のある協議に基づくもの、契約型の行為の担保等の制度的検討」が提言される(47)。

②の点は、その後の「縮退報告書」における原田保夫論文(48)においてより具体的に展開されている。原田は、都市再生特別措置法で位置づけられている各種の協定制度(49)を都市計画法上の都市計画の限界を克服しようとするものとして捉える。歩行者経路協定・都市利便増進協定は、都市施設に関する都市計画のような事業系都市計画が特に公的主体による「作る」ことを前提にしたものであって(50)「作られた後の継続的な機能の維持に関心を持つものではな

(44)　生田・周藤・前掲注(８)65頁（生田）。
(45)　現実の土地立法が採っている「最小限規制」の問題点の指摘は上記の「第二次研究」以来の問題意識 である。参照、生田長人「最小限規制 WG 報告小括」藤田他編集代表・前掲注(４)125－141頁。
(46)　生田・周藤論文とマスタープランとの関係について参照、久保・前掲注(12)119頁。
(47)　生田・周藤・前掲注(８)65頁（生田）。
(48)　原田・前掲注(27)。
(49)　都市再生特別措置法上の協定制度において、地域共同空間の形成手法として関係者の合意としての協定が用いられていることの意味について、参照、角松生史「都市再生法上の協定と『公共』への参加」法律時報 91巻11号25－31頁。

い」という限界の克服、跡地等管理協定は、地域地区のような土地利用系都市計画が「作為のみを対象にして、日常的行為や不作為等による市街地水準の低下の防止には無力である」という課題を克服しようとするものだと位置づける[(51)]。その上で、「管理」とは日常的で継続的な行為＝「活動」を扱うものであり、「活動は、日常的な要素を多く含むものであるので、そのような領域のルールは、一方的にではなく、関係当事者間の対等な協議によって定めることが望まれる」という考え方が、協定制度が採用されている理由だとする[(52)]。

(2) 若干のコメント――「管理」という用語をめぐって

上で見たように、生田・周藤論文の「管理」概念には、都市計画の規律対象の時間的拡大及び空間的拡大、そして「最適な空間秩序」の視点という３つの要素を見出すことができる。以下、主に「管理」という用語の選択に関して拙いコメントを試みる。

まず「時間的拡大」については、同論文における「整備」と「管理」の対比は日常用語にも合致している。また、公共施設法における法概念上[(53)]の「設置」と「管理」の区別に照らしても、「管理」に、建築行為・開発行為「以後」も持続する規律の意味や動態的なマネジメントの含意を読み取ることは妥当と考えられる。

これに対して、「管理」という用語自体から「空間的拡大」の含意を直ちに読み取るのは難しいだろう。しかし行政法学において先駆的試みはある。磯部力「公物管理から環境管理へ――現代行政法における『管理』の概念をめぐる一考察」(1993年)[(54)]である。同論文では、田中二郎の「管理関係」[(55)]概念に

---

(50) 原田は、現行都市法制には「『作る』、それも行政主体の関与の下での『作る』ことへの強いこだわりが見られる」と指摘する。原田保夫「『管理型』都市計画に関する一考察」土地総合研究26巻２号25－41頁（27頁）。

(51) 原田・前掲注(27)94頁。

(52) 原田・前掲注(27)94－95頁。

(53) 磯部力「公物管理から環境管理へ――現代行政法における『管理』の概念をめぐる一考察」松田保彦他編『国際化時代の行政と法』（良書普及会、1993年）25－58頁（33－35頁）は、「管理」という用語が、「あまりにも便利すぎるが故にきわめていい加減に使われてきたとも思われる」という認識を前提として、「法概念としての管理」を、日常用語や行政学・経営学等の個別専門領域における用語としての「事実概念としての管理」と区別すべきことを主張する。

(54) 磯部・前掲注(53)。

ついて、その実定法解釈論としての弱点を踏まえた上で、「管理という法カテゴリー」は「(「古典的行政作用法モデル」に対比されるところの) 20世紀的な公役務国家ないし給付国家の行政作用法モデル」に対応するものであり、「21世紀にかけての環境管理問題の重要性を展望すれば、……ますます現代国家が担う行政作用の基本的特性に関わる本質的重要性を備えるにいたることはおそらく否定できないことと考えられる」とする(56)。そして磯部は、河川・海洋等の「自然公物」に関するいわば自然法的な管理権の法理から出発し、それは「道路や公園など、人為的な生活環境としての都市の基盤を構成するいわゆる人工公物についても、……基本的に妥当する」とし、「都市の公共施設を公共的に管理する公物管理法、つまり都市環境管理法という意味における『都市法』の発生に、自然法的根拠を見出すことは十分可能であるはずである」とする(57)。そしてそのような環境管理・公物管理の領域では包括的・総称的概念としての管理概念は、「行政目的と行為手段の多様な組合わせをそのままワンセットとして包括的に概念化できる」強みを有しているとされる(58)。

藤田宙靖は、上記磯部論文及び生田・周藤論文における「管理」について、「(都市空間を主とする) 地域空間・国土空間の形成に当たり、その目的・対象となる時空・手法等の諸平面において、問題を (分析的に捉えられた) 個別的な要素の単なる集積ないし集合として捉えるのでなく、それら『個別的なるもの』の背後にある何か (恐らくは、一定の『理念』) によって有機的に統合ないし包括された存在として理解していこうという思考方法が見られる」とする(59)(60)。

おそらくここでは、「土地利用規制が、連続した空間全体に影響を及ぼし、

(55)　田中二郎『新版　行政法　上 (全訂第2版)』(弘文堂、1974年) 31－32頁、79－80頁。

(56)　磯部・前掲注(53)39頁

(57)　磯部・前掲注(53)43－44頁

(58)　磯部・前掲注(53)36頁、50頁。

(59)　藤田・前掲注(25)(『転換期』) 184－185頁。このような思考方法について藤田は、「いわば、法関係を、個別的な (主観的) 権利・義務の束として理解することの限界を指摘し、それを超えた何かによって嚮導される『制度』ないし『秩序』として理解しようとする (M. オーリュウ、C. シュミット、又今日では例えば、仲野武志『公権力の行使概念の研究』等に見られる) 考え方にも類似した思考のパターンであると言えよう。これらの議論でいう『制度』ないし『秩序』とは何かを理論的に明確に説明することが容易ではないことと同様の困難さを、ここでのコンテクストにおける『管理』の概念もまた内蔵しているのである」(同上185頁。引用者が一部修正) と評する。

さらに各空間を調整及び整合させることにより、都市全体の機能を高め、結果として個々の主体をとりまく環境の向上に寄与するという理論的構造を有していること」に由来する、空間の「全体性」(61)の観念が先にある。そのような都市計画の本来的性質を実現するための規律対象の空間的拡大に対応すべきものとして、包括的総称的概念（＝「大容量の乱雑な道具箱」）たりうる「管理」概念(62)が選択されているのであって、逆に「管理」概念から空間的拡大の要請の含意が導かれるものではないと理解すべきだろう。

最後に「管理」と「最適な空間秩序」という含意についてである。おそらくここでも、上で既に挙げた田中二郎の管理関係論との関連を見い出せる。田中は、「管理関係」を、一方では「支配関係又は権力関係」即ち古典的権力的手段が用いられる「優越的な意思の主体」としての公権力主体と人民との関係、他方では「純然たる私経済関係」と区別される「純粋な私法関係」と区別する。管理関係においては、「法律の明文上、又はそれ自体のもつ公共性に鑑みて、解釈上、特殊の取扱いの認められるべき場合のほかは、私法的規律を適用また

(60)　長谷川・前掲注(14)96－97頁は、磯部の議論を「既存の環境を『客観的秩序』と把握する限りにおいて……やや静態的な都市環境管理論」と評するが、この点はやや微妙である。確かに磯部の都市法論における、「事実上の地域慣習」から「客観的な慣習法規範として法意識化」され、あるいは都市計画的ルールとして明示された「慣習法的という意味で客観法的な各種の都市生活ルール」という表現は静態的な印象を受ける（磯部力「『都市法学』への試み」成田頼明他編『行政法の諸問題　下』（有斐閣、1990年）1－36頁（19頁）。そこで挙げられている建築協定の例も、客観法的土地利用秩序維持に重点が置かれた説明になっている（同上20－21頁）。他方で同論文では、都市的土地利用秩序は「決して静態的なものではありえ（ない）」とし、「秩序の中に自由があるのであり、秩序を変化させて行くのは基本的な個人のイニシアティブである」「秩序と自由の間には本質的に動態的な相互依存関係がある」（同上22頁）とする。また「公物管理から環境管理へ」でも。磯部は、都市に環境管理概念を適用するにあたり、「単なる凍結が多自然環境保全行政とは異なる包括的な環境管理行政の核心部分」を強調している（磯部・前掲注(53)41頁）。

(61)　内海麻利「土地利用規制の基本構造と検討課題――公共性・全体性・時間性の視点から」論究ジュリスト15号7－16頁（8頁）。なお筆者は、角松生史「分権型社会の地域空間管理」小早川光郎編『分権改革と地域空間管理』（ぎょうせい、2000年）2－43頁（5頁）において、「空間」概念について「空間の『連続性』とそれと結びついた共有性・公有性を意識させる用法」について述べた（5頁）。大貫裕之「我々は区分所有法から『管理』の問題に関して何を学べるか」『縮退報告書』66－84頁（78頁注69）は、磯部・前掲注(53)に続いて上記拙稿を引用するが、そこで暗黙に（そして適切に）批判的に指摘されているように、上記拙稿は、「空間」概念との関連で磯部論文を参照しているにも拘わらず、同論文における「管理」概念を全く吟味できていなかった。

(62)　磯部・前掲注(53)37頁。

は類推適用すべきものと考える」とされる[(63)]。

「最適な空間秩序」を志向するためには、権力的手法だけでなく私法上の契約・協定などの「合意による実現手法」を活用する必要があるという認識を共有する本研究にとって[(64)]、田中の用語法に連接する「管理」の用語が選択されることには、一定の理由があったと考えられるだろう。

『転換期』所収の長谷川貴陽史論文は、生田・周藤論文における「作為の強制」や「利用の責務」の強調に疑問を投げかけ、「空間秩序」の形成への公法的な参与権を問題にする石川健治の議論[(65)]を参照する。参与「権」のみならず、「空間秩序の維持管理の必要性から出発し、……その上でその責任をどの空間形成参与者に負わせるのが適切かを議論することも可能ではないか」とする。土地所有権者の責務から出発するよりも「むしろ空間秩序の形成の責務から出発し、その責務をどの空間形成主体に委ねるかを論ずる方が、無理がないのではないか」というのである[(66)]。

筆者もまた、「空間」から出発する全体論的な思考を前提として、「空間利用に関する決定権限」の配分と、それを前提とした交渉・調整過程の制御というガバナンス論的枠組みで、都市計画法制を分析したことがある[(67)]。おそらく「最適な空間秩序」を志向する上では、空間のあり方の決定に関する複数の権限＝権原配分ルールの相互関係と緊張関係を踏まえた上で、どのようにバランスをとるかの検討が必要になってくると思われる[(68)]。

（角松生史）

---

(63)　田中・前掲注(55)79－83頁、小早川光郎『行政法　上』（弘文堂、1999年）168－170頁、長谷川・前掲注(14)93－94頁。

(64)　小早川・前掲注(63)170頁は、田中の管理関係論はいわゆる「公行政の私法への逃避」に対し、これを、公法関係たる管理関係の枠組みにおいて捉え、そうすることにより行政法学の考察対象として繋ぎとめようとするもの」と位置づける。また、「田中の管理関係論では、いわば推定は私法の適用の方向に働く……管理関係論は、従前の学説が、民事法からの解放を主張していた行政の領域を、逆に民事法に対して開放し、行政法と民事法という二つの法の体系を互いに接近させる趣旨を含んでいたと考えられる」とする。

(65)　石川健治「空間と財産――対照報告」公法研究59号305－312頁。

(66)　長谷川・前掲注(14)97－100頁。

(67)　角松生史「都市空間の法的ガバナンスと司法の役割」角松生史・山本顯治・小田中直樹編『現代国家と市民社会の構造転換と法――学際的アプローチ』（日本評論社、2016年）21－44頁。

(68)　参照、角松・前掲注(49)31頁。

第２節 「枠組み法化」と「管理型」都市計画法制について ――都市計画技術者から

1 はじめに

現行都市計画法への問題意識は、この研究会だけではなく、筆者によるものも含めて多くのところで同様の指摘がなされており、これは基本的に共有できるものだと思う。

本研究会が提示する「枠組み法化」とは、要約すれば、都市計画制度のスケルトン部分は国が法律で定めるが、インフィル部分にあたる詳細は地域によって異なるのだから地方自治体が条例で定めればよいという考え方に基づくものと理解でき、「枠組み法化」という呼び方はしていないものの、基本的な考え方を共有する提案は、既に都市計画や建築学の専門家の間でも議論されてきたものと認識している。本書の議論は、法律学を専門とするグループによる検討であり、これまでの同種の議論を深化させ、望ましい都市計画法制のあり方を考える上で極めて貴重な議論であることは疑うまでもない。その上で筆者の役割は、多少は実務面も知る都市計画の専門家の観点からコメントすることである。

以下では、まず「縮退の時代における都市計画制度に関する研究会（亘理格・生田長人編集代表）」が著した『都市計画法制の枠組み法化：制度と理論』（土地総合研究所、2016年）（以下、「原著書」という）の内容に対するコメントを述べ、その後、本書の主題である「管理型」都市計画についても若干言及することとする。

2 公共性の大小の意味するところ

枠組み法化の基本に据えられている概念は公共性であり、これを大公共と小公共に整理することによって、大公共に対応し、法律で規定すべきスケルトン部分と、小公共に対応し、地方自治体の条例で規定すべきインフィル部分からなる制度として都市計画法制を再構築できないかという問題提起である。

さて、ここで原著書は、大公共と小公共をそれぞれ２つに分類して定義している。

大公共については、１つは「国家的見地或いは広域的見地から実現されるべき公共の利益」（原論文はこれを大公共Ａと呼んでいる）であり、さらにこれは国家的見地によるものＡ(i)と広域的見地によるものＡ(ii)に区分されている。いま１つは、「最低限基準の確保の見地から確保されるべき公共の利益」（大公共Ｂ）であり、これは国で共通して定めなければいけない最低限必要なものと解されるから、いわばナショナルミニマムと言ってもよいものである。

一方、小公共は大公共Ａに対応する小公共Ａ、すなわち「地域的・近隣秩序調整的見地から実現されるべき公共の利益」と、大公共Ｂに対応する小公共Ｂ、すなわち「大公共Ｂに属する公共性で、［地域特性に応じた］ローカルルールによって実現される公共の利益」があるとし、さらに小公共Ａは「特別用途地区、地区計画等によって実現されるような「公」の視点からの地域的・近隣秩序的土地利用の実現に係る利益」（小公共Ａ(i)）と「建築協定によって実現されるような「共」の視点からの近隣秩序的土地利用の実現に係る利益」（小公共Ａ(ii)）に分類されるとしている。

こうした分類では、大公共・小公共という場合の「公共」は「公共の利益」を意味しているとして、「大」「小」が何を意味しているかを明確にすることがまず重要である。可能性としては、重要度の大小もしくは空間の大小の２つが考えられ、一読した限りではどちらかというと前者を意図しているようにも思えるものの、実はこれが判然としない。

そこで筆者なりに、上記の定義を表で整理してみたものが〔**図表－1**〕である。この表から明らかになることはまず、大公共Ａ(ii)－小公共Ａ〔小公共Ａ(i)もしくは小公共Ａ(ii)〕は一連のラインとして捉えることができ、そしてこのラインで大公共・小公共というところの大小は、重要度の大小というよりは空間の大小、すなわち大公共の「大」とは国土全体とか一地方公共団体の区域を超える都市圏のような広域空間を意味しているのに対して、小公共の「小」は地方公共団体ないしさらにそれを区分した近隣地区といった広域空間よりは狭い空間を意味していると考えた方がよさそうなことである。さらに、大公共Ｂ－小公共Ｂのラインについても、基準が適用されるべき空間の範囲と捉えると、やはり大小の意味するところは空間の大小と考えたほうが納得がいく。残った大

〔図表－１〕　原著書における公共性

<table>
<tr><td colspan="2">大公共</td><td colspan="2">小公共</td></tr>
<tr><td rowspan="3">Ａ　国家的見地或いは広域的見地から実現されるべき公共の利益</td><td>ⅰ）国家的見地によるもの（eg 歴史的風土特別保存地区など）</td><td colspan="2"></td></tr>
<tr><td rowspan="2">ⅱ）広域的見地によるもの（eg 区域区分、基幹的都市基盤施設など）</td><td rowspan="2">Ａ　地域的・近隣秩序調整的見地から実現されるべき公共の利益</td><td>ⅰ）「公」の視点からの地域的・近隣秩序的土地利用の実現に係る利益（eg 特別用途地区、地区計画など）</td></tr>
<tr><td>ⅱ）「共」の視点からの近隣秩序的土地利用の実現に係る利益（eg 建築協定など）</td></tr>
<tr><td colspan="2">Ｂ　最低限基準の確保の見地から確保されるべき公共の利益（eg 開発許可基準など）</td><td colspan="2">Ｂ　大公共Ｂに属する公共性で、地域特性に応じたローカルルールによって実現される公共の利益（eg 開発許可基準における技術基準の追加条例など）</td></tr>
</table>

公共Ａ(ⅰ)の「大」は、定義からは重要度を意味していると考えた方が自然ではあるが、これも価値を共有すべき集団の大きさを表すと考えれば、空間の「大」と考えることも可能であろう。

結局のところ、大公共・小公共というところの大小は、重要性が認識されるべき集団が大きければ重要度が高くなる（大となる）という関係にあるから、集団の大きさは一般的には集団の構成員である住民が居住する空間の大きさと正の相関関係にあると考えられるので、重要度であると同時に空間の大小でもあるというのが妥当なのかとも思われる。

３　ナショナルミニマムと外部性に着目した公共性

もう１つ〔**図表－１**〕から見えてくることは、公共の利益の内容には、概ね公共性ＡとＢに対応して大きくは２つのグループがありそうだということである。

第１のグループは大公共Ｂ－小公共Ｂである。このグループが実現しようとする公共の利益は、最低限の基準によって国が保障すべき公共の利益が大公共Ｂ（いわばナショナルミニマム）として存在し、小公共Ｂはそのローカルバリエーションであるということであり、したがって、小公共Ｂの実現は、ナショナルミニマムであるところの大公共Ａを必ず実現する、言い換えれば、大公共Ｂは実は小公共Ｂに常に包含されているという点が特徴である。例えば、開発基準を考えてみると、小公共Ｂを実現する条例による基準などは、一般的にはナショナルミニマムへの当該地域の特性を反映した上乗せもしくは強化基準となっているから、条例基準を満たせば当然ナショナルミニマムの基準も満たすこととなり、こうした包含関係が成立していることが理解できるだろう。大公共Ｂが定量的ではなく、定性的に定義されている場合には、上乗せ・強化に限らず様々な小公共Ｂが考えられるが、それでも最低限基準の確保という定義より、その中に大公共Ｂが包含されることは明らかである。

これに対して、第２のグループは大公共Ａ(ⅱ)－小公共Ａ〔小公共Ａ(ⅰ)もしくは小公共Ａ(ⅱ)〕のグループであり、こちらには上述のような大公共・小公共間の包含関係はない。このグループの公共の利益の特徴は、それが周辺に与える影響、言い換えれば経済学でいうところの外部性であると思われる。

外部性とは、ある主体の意思決定が市場を経由しないで他の主体に影響を及ぼすことを指した経済学の用語である。この観点からは、一定程度の数の主体（住民でもよい）がある一定の空間的な範囲の中に存在しており、そこで集合的に意思決定したことの影響が当該空間外の主体に影響を及ぼさない場合、つまり意思決定によって利益を受ける主体も不利益を被る主体も当該空間の範囲内で完結しているような場合が小公共Ａ(ⅱ)と考えてもいいのではないかと思われる。これに対して、集合的意思決定の結果が、当該空間の範囲外の不特定多数にも影響をもたらすのだけれども、その影響範囲が一定にとどまっているというタイプのものがある。これが表中の小公共Ａ(ⅰ)であり、最後に集合的意思決定の結果が、真に不特定多数に影響を与えるような場合、例えば広域幹線的な道路等であり、こうした純粋公共財にあたるものこそが大公共Ａと呼ぶにふさわしいものと考えられる。[(69)]

現実の都市計画で生ずる課題の多くは、第２グループの公共性と関係が深い。

この意味では、都市計画法制の枠組み化を考えるにあたっては、第２グループの公共性のみを対象として、ナショナルミニマムである第１のグループの公共性はこれとは切り離して考えた方が妥当ではないかと思われる。

4　枠組み法化における地方公共団体

上述のように、都市計画法制の枠組み化において第２グループの公共性を対象に考える場合、次に問題となるのは、公共性の大小に対応する意思決定組織との関係である。意思決定を集合的に行うにはそのための装置として、何らかの民主的な意思決定組織が必要である。現実には、それらは都道府県および市町村という地方公共団体ということになるが、地方公共団体については２点コメントしておきたい。

第１点は、提案されている大公共、小公共と都道府県、市町村の関係である。原著書では、大公共Ａ(ⅱ)に対しては都道府県、小公共Ａ(ⅰ)に対しては市町村がそれぞれ意思決定装置として想定されているように思われる[(70)]が、実際の都市計画の権限配分はそのようにはなっていない。2000年以降の分権によって、既に都市計画の決定権限の８割以上は市町村にあると言われている。例えば政令市であれば、区域区分（線引き）の権限も有しているように、実際の都市計画においては、市町村が既に原著書でいうところの大公共に対応した意思決定の権限も有しているのである。

また原著書では、大公共と小公共との調整については、ドイツにおける「対流の原則」が望ましい１つの方式として言及されている。しかし、対流の原則というのは基本的には異なる２つの組織が存在するから対流するのであって、組織が１つしかなければ対流のしようがない。つまり現実には、既に１つの市町村の中で、広域のことも考えるし、ローカルなことも考えるので、そこで対流せよということ自体が成立しなくなってしまっている。

もちろん、分権には、行き過ぎた分権だという批判もある。しかし、分権が

---

(69)　本文中で触れていない大公共Ａ(ⅰ)については、いずれのグループに分類すべきが悩ましい。公共性の価値が共有されるべき範囲ということでいくと、ナショナルミニマム（大公共Ｂ）に通ずるものがあるし、小公共Ａ(ⅱ)のバリエーションとみなすこともできるように思われる。

(70)　加えて、小公共Ａ(ⅱ)に対しては、対応する民主的意思決定組織として、自治体によって認定されたいわゆる地域のまちづくり協議会のような近隣組織を想定することが可能である。

不可逆の潮流であるという前提に立つと、原著書が提案する枠組み化はそれに対する逆行とならざるを得ない。

コメントすべき第２点は、原著書においては、都道府県、市町村といった地方公共団体は決して間違った判断をしない、という前提に立っているように見える点である。しかし、実際には全ての公共団体がいつも正しく判断するとは限らず、地方公共団体も間違った判断をすることがあり得る。したがって、間違った意思決定を修正するシステムをどのようにビルトインしておくかが、枠組み法化の鍵ではないかと個人的には考えている。

ここでいう間違った判断というのも、様々なケースがある。一番単純なのは、過誤による場合で、この修正はさほど困難ではない。しかしそういう単純なケースは稀であり、むしろ厄介なケースが少なくない。

例えば都市計画の世界では、短期的利益と長期的利益が一致しない場合が往々にしてあるが、都市計画はどちらかというと後者を重視する傾向がある。一方で、枠組み法化の提案では地方公共団体の条例が極めて大きな役割を担っているが、条例を提案し決定するのは首長や議会であり、４年に１回行われる選挙という手段によって選ばれている以上、短期的な利益に傾きがちであることを否定できず、こうした場合に都市計画として正しい判断がなされるという保証がない。

さらに、市町村がそれぞれ個別に合理的な判断をしたとしても、社会全体として見た場合には正しくない判断がなされる、いわゆる社会的ジレンマと呼ばれるケースも少なくない。典型的には郊外の大型店立地規制問題がこれにあたり、一つ一つの市町村にとってみれば、郊外を規制せずに大型店を自らの地域に誘致することが合理的な判断だとしても、全ての市町村がそう考えれば、全体としては床過剰になり大型店が過当になるばかりか、もともとの中心市街地まで衰退してしまい、全体としては間違った判断となる。

このような誤った判断を修正するシステムとしては、事前修正と事後修正の両方が考えられる。

事前修正の場合は、国もしくは都道府県のいずれでもよいと思うが、正しい情報を提供する仕組みを整備することで、市町村の認識不足や勉強不足による間違った判断を防ぐことが考えられる。また、そうした正しい情報の提供者としての第三者、特に専門家の役割も重要だろう。

事後修正の場合は、一言でいえば不服申立ての仕組みの充実だろう。英国の計画許可制度における不服申立てをモデルに、現在の建築審査会や開発審査会を改善していく方向が考えられる。

5　管理型都市計画の重要性

本節は、研究会の議論における主に「枠組み法化」に対するコメントであるが、本書の主たるテーマである「管理型」都市計画法制にも簡単に触れておきたい。

現行の都市計画制度では、マスタープランとなる計画で望ましい市街地像を示し、一方で土地利用については規制誘導、他方で都市施設については事業という手段でそれを実現していくというのが基本的な構造である。言い換えれば、「計画」と規制誘導・事業による「整備」が根幹になっていた。しかし、もともとの都市計画の本来の目的は、土地利用については土地利用の活動、施設については施設の利用を通じて持続可能な都市を実現するということである（**〔図表－２〕**）。言い換えれば、本来の都市計画は計画、整備によって望ましい市街地像を実現し、それを運営・管理することによって持続可能な都市を実現する、「計画」「整備」「運営・管理」の３段階で完結するはずである。この最後の

〔図表－２〕　都市計画制度の基本的構造

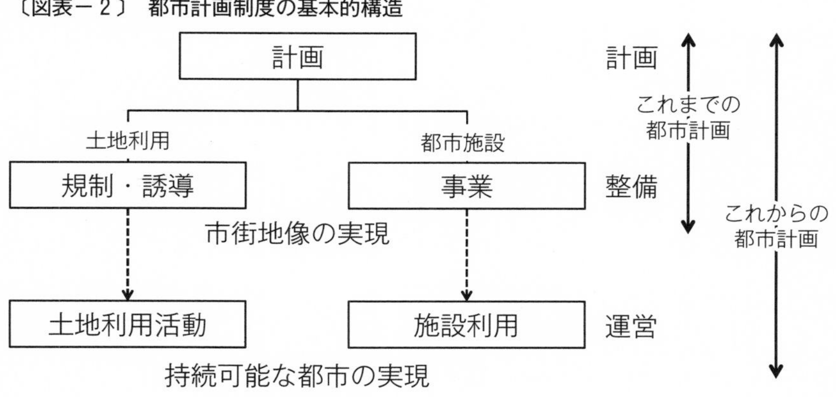

「運営・管理」の段階こそが、本書でいう「管理型」に他ならないが、現在の都市計画制度がなぜ計画・整備にとどまり、運営・管理にまで至っていないかというと、現行の都市計画制度が形成された成長の時代においては、整備によって市街地像の実現まで行っておけば、あとは土地利用であれば想定された土地利用活動、施設であれば想定された施設利用が自動的、継続的に行われるとの前提が概ね成立しており、したがって、市街地像の実現は都市活動の実現とほぼ同義と考えることができたからである。

ところが、縮退の時代の都市計画に関連する課題の多くは、こうした前提が成立しなくなってきていることに関係している。例えば、都市のスポンジ化をもたらす空き家や空き店舗は、整備にあたらないことはもちろん、用途変更ですらなく、単に利用主体がいなくなる現象に他ならない。すなわち、土地利用の実現と土地利用の活動が一致しないことから生じている問題であり、整備後の運営・管理の段階に着目しなければ、捉えることができない現象である。縮退の時代には「整備」と「運営・管理」の間に大きなギャップが生じており、したがって、都市計画制度の想定する時間軸を計画、整備から運営・管理にまで延長して考えなければならないことは明らかである。本書のテーマはこの意味でまさに時機を得たものということができる。「管理型」都市計画法制のあり方については、筆者も別の機会に論考しているので、そちらも参照されたい。(71)

6　おわりに

都市計画は基本的には空間秩序を整序するための技術であり、究極の目的は良い空間、良い都市をつくることである。枠組み法化や管理型法制といった都市計画法制の議論は、そのための手段であってそれ自体は目的ではない。そして、具体的にどのような都市、どのような空間、どのような都市の活動が望ましいかとそれを実現するための手段は実は密接に関係しているから、望ましい都市や空間、活動のイメージを有することなく、もしくは語ることなく、手段としての法制の議論だけに特化することには、都市計画技術者としては違和感

(71)　例えば中井検裕「都市計画制度のこれから」新都市2019年12月号44－49頁。

と懸念がある。

都市計画においては、目的である計画規範と手段としての制度や手続というのは車の両輪であって、枠組み法化のように地域のことは地域で決めるということは、計画規範よりは手続に傾きがちであるから、本当に良い空間を作るための計画論の話を、もう一方できちんと議論しておく必要がある。良き都市、良き空間がどのようなものであるかを示すのは我々都市計画技術者の役割であって、これまでのところその責任が十分に果たせていないことは我々も反省しなければならないが、計画技術と法律学の専門家が、空間計画論と制度論の両方を協働で展開することが重要であり、本書はそのための新たな出発点となることを信ずるところである。

（中井検裕）

第２部　現行法における「管理」の制度と実態

第1章 都市計画法にみる「管理」の位置づけ

1　はじめに

本章は、都市計画法が、これまで、「管理」をどのように扱い、位置づけてきたか、その整理・分析を行うことを狙いとするものである。

本章においては、整理・分析にあたって、敢えて都市計画に係る「管理」の概念的な定義から出発することはしていない。2は、都市計画法で「管理」という用語が、どのような文脈で使われているかを述べたものにすぎない。2を踏まえて、3では、公共施設に係る都市計画を扱っていることもあって、公物管理法における「管理」と比較対照しながら、4では、行為規制に係る都市計画を扱っていることから、民事法における行為概念としての「管理」を参照しつつ、それぞれにおける「管理」の位置づけを考察している[(1)]。

予め指摘しておかなければならないのは、沿革的には、都市計画法制は、「管理」を位置づけることに消極的な立場を採ってきたきらいがあるということである。他方、近年では、都市計画を取り巻く状況の変化とともに、それは少しずつ改まってきている[(2)]ということも指摘しておかなければならない。

2　都市計画法における「管理」の扱い

先ず、現行の都市計画法が、「管理」という用語をどのように使っているかをみてみる。

都市計画法に「管理」という用語が出てくるのは、29ヶ所である。これと対照させるために、「建設」、「建築」及び「整備」（以下では、これらを総称して「作

（1）　本章は、拙稿「「管理型」都市計画に関する一考察」土地総合研究第26巻第２号、25－41頁の一部を修正したものである。

（2）　都市再生特別措置法における歩行者経路協定、都市利便増進協定、跡地等管理協定などの導入は、都市計画法制における「管理」の新たな位置づけといえるものである。

る」[(3)]とする）という用語をみてみると、それぞれ40ヶ所、86ヶ所、81ヶ所の計207ヶ所となっている。

その使用頻度だけでも、都市計画法が、「作る」に比べて、「管理」に関心が薄いことがわかるが、それ以上に、それぞれの用語がどのような文脈で使われているかが重要である。「管理」のほとんどは、具体的には、次の２つの意味で使われている。

ア　行為規制において、規制の対象外のものを表す場合

例：開発許可における対象外の行為としての通常の管理行為

イ　公物管理法の管理者との関係で用いられる場合

例：開発許可における公共施設管理者との協議

このことは、都市計画法が、「管理」に関し、それを「とるに足りないもの」あるいは「外生的なもの」としかみていないことを示している。つまり、アに関し、「管理」行為は、行為規制の対象外としても問題が生じない、「とるに足りないもの」とみなすということであり、イに関しては、公共施設の「管理」は、都市計画が自らは扱わないで他の法領域に任せ、「外生的なもの」とするということである。

このように、都市計画法は、「管理」を積極的にはその射程に入れていないのに対して、「作る」は、具体的には、開発・建築規制の対象とする行為を表す場合や事業等により空間に手を加える場合に使われており、都市計画の対象として正当に位置づけている。

「管理」を都市計画法に位置づけるということは、この「とるに足りないもの」あるいは「外生的なもの」とされてきたものに、都市計画法制の内部で正当な位置づけを与えることの必要性を問うということにほかならない。

3　都市施設に関する都市計画と「管理」

2において、公共施設の「管理」は、都市計画にとって「外生的なもの」とされていると述べたが、他方で、都市計画が公共施設そのものを対象としてい

（3）　本章で頻繁に使っている「作る」という用語は、主としてかかる意味である。

ないわけではない。公共施設を対象とするものとして、都市施設に関する都市計画がある。ここでは、それと「管理」との関係を考察する。

(1)　都市施設に関する都市計画の仕組み

まず、都市施設に関する都市計画の仕組みを概観しておく。

都市施設に関する都市計画においては、円滑な都市活動を確保し、良好な都市環境を保持するために、対象となる施設の位置、配置、規模[(4)]などを定める。対象施設として、日常の生活や活動に必要なものを広汎に定めることができるようにはなっているが[(5)]、実際に都市計画決定されるのは、道路、公園、下水道などに限られている。

この都市計画を決定することによる最大の効果は、認可を受けて、都市計画事業としての位置づけがされれば、収用手続における事業認定が不要となること、事業実施の障害となる建築・開発行為等の制限などの特例の下で、事業が実施されるということである。

このことからわかるように、都市施設に関する都市計画は、専ら「作る」ことを主眼としたものということができる。計画内容も、それを前提に定まっているといえる。

都市施設に関する都市計画の対象となる施設の多くは、都市計画法制とは別に、それぞれの施設を対象とする個別法（公物管理法[(6)]）によっても規律されている。**2**において、都市計画法において、「管理」は「外生的なもの」とされていると述べたが、この「外生的なもの」にあたるのが、公物管理法である。

その意味で、法体系全体をみると、「作る」に限っては、都市計画法と公物管理法とが重複して規律している一方で、「管理」に関しては、都市計画法を離れて、公物管理法が専ら担っているといえる。どうして、このような仕組みになっているのであろうか。道路を例に、それを考えてみる。

（4）　道路に関しては、位置のほか、種別、幅員、車線数などを定めることになっている。

（5）　道路、駐車場等の交通施設、公園、緑地等の公共空地、学校、上下水道等の供給処理施設、図書館等の教育・文化施設、病院、保育所等の医療・福祉施設などが、この都市計画の対象となる。

（6）　道路であれば道路法、公園であれば都市公園法、下水道であれば下水道法である。

⑵　都市計画法と道路法との分担関係

まず、都市計画法が、道路法とは別に、それとは並立的に、道路を「作る」ことを都市計画決定の対象としていることの意義を確認しておきたい。

その前提として、「作る」あるいは「管理」といっても、具体に、どのような行為がそれにあたるのか、道路法に即して、それを整理すれば、次のようになる。道路法が、建設から管理まで、あるいは「作る」ことから「管理」までの幅広い領域を規律していることは、既に述べたとおりである。

「作る」に係るもの：道路の新設・変更など

「管理」に係るもの：道路の維持・修繕、道路の通行の禁止・制限等の保全措置、道路付属物の設置、道路占用の許可など

他方で、都市計画法は、これも既に述べたように、「作る」ことに専ら関心を向けているので、都市計画は、道路法の分類に従えば、具体の行為としては、道路の新設・変更などの内容を規律しているに過ぎないことになる。

ところで、道路の機能として、一般的には、

交通機能：クルマ、ヒトの通行サービスや沿道の建築物等への出入りサービスを担う機能

土地利用誘導機能：市街地や街区の形成を誘導する機能

空間機能：延焼遮断帯、埋設物の収容、日照・通風等の確保などのための空間を提供する機能

の３つを挙げることができる。

道路法は、その目的や道路の定義[(7)]からすると、交通機能に着目したものであることは明らかである。とはいえ、土地利用誘導機能及び空間機能に関しても、条文上は必ずしも明らかではないが、最近の道路法関連法令や運用基準の見直しの動向[(8)]からすれば、少なくとも副次的なものとしては、射程に入っていると考えられはする。

（７）　道路法は、目的として「（略）に関する事項を定め、もって交通の発達に寄与し、（略）」と規定し、さらに道路の定義として、「（略）一般交通の用に供する道（略）」と規定している。

（８）　例えば、従来道路の占用は、道路の敷地外に余地がないため、道路区域内の土地に工作物等を設けることがやむを得ない場合に限り、例外的に認められてきたが、近時、道路敷地の合理的利用あるいは有効活用という観点から、占用できる範囲の拡大のための見直しが行われている。

一方、都市計画法が、道路の３つの機能のどれに着目しているかは、直接的な条文上の手がかりはないが、都市計画の性格に照らせば、交通機能と同程度には、土地利用誘導機能・空間機能にも着目していると理解すべきである。つまり、円滑かつ快適で、利便性の高い生活や活動を営む上で不可欠な空間を提供することを使命とする都市計画にとって、人口・産業が集中する都市内で発生するヒト・クルマの交通量を適切に処理する機能はもちろん重要である。加えて、市街地や街区の形成を通じて開発・建築行為を促進する効果をもたらしたり、それが存在すること自体で様々な効用を発揮したりするなどの面においても、道路に係る土地利用誘導・空間機能は、都市計画にとって決定的に重要な役割を果たすものである。(9)

要するに、

道路法：主として交通機能に着目した内容を定めるもの

都市計画法（道路に関する都市計画）：交通機能に加え、土地利用誘導機能・空間機能に着目した内容を定めるもの

このような道路の機能への着目の視点の違いが、道路法と並立的に、都市計画法が道路を「作る」ことを都市計画に取り込むことを正当化しているといえる。要するに、土地利用誘導機能・空間機能にも着目することに、道路に関する都市計画の独自の存在意義がある。

このことは、「管理」を都市計画に取り込むことの意義も、土地利用誘導機能・空間機能への着目という視点に見出さなければならないことを示唆するものである。

⑶　都市計画法における「管理」の重要性

次に、都市計画法は、どうして、「管理」を専ら道路法に任せて、「作る」と同様に、土地利用誘導機能あるいは空間機能に着目して、「管理」を都市計画に取り込まなかったのであろうか。

ここで指摘できるのは、我が国の近代都市計画の歩みの中では、「管理」よ

（9）　このことは、道路の配置・密度などの計画論が、専ら市街地や街区の形成との関連で確立されたものであることや、建築基準法が、建築物の建築に際し一定の道路への接続義務を定めることにも現れている。

り「作る」ことが重要であるとみなされ、その結果、道路法が「管理」を規律している下では、それに加えて都市計画法が「管理」までを規律することの必要性は、相対的には低いとされたことがある。そうしたことの帰結として、都市計画法・道路法を通じて、土地利用誘導機能・空間機能に着目した「管理」への規律に欠缺が生じることになるが、道路法はともかくも、都市計画法は、その欠缺自体が都市計画に与える影響はさほどは大きくはないとした。

このような理解を前提に、今問われているのは、都市計画法が、「作る」ことだけに対応していることが妥当しなくなっているのではないかということである。空間機能を取り上げて、それと「管理」との関係で、いくつか指摘すれば、次のとおりである。

１つには、「作る」ことの重要性の変化である。近代都市計画が、その草創期からつい最近まで、都市への人口・産業の集中に対応して、市街地の形成という名目で「作る」ことに重点をおいてきたことは紛れもない事実である。道路についても、都市化に連動した増大する自動車交通に対応するため、その新設・改良に営々と努力をしてきたところである。空間機能といっても、道路空間の存在が前提となるので、それが絶対的に不足していた状況にあって、「作る」ことに精力を集中していたのは無理からぬことである。こうした努力もあって、道路の量的・質的水準は、ここ半世紀で確実に向上してきており、「作る」ことの重要度は低下してきている。一方で、これからの本格的人口減少社会への移行や環境負荷への関心の高まりなど、「作る」こととは反対のベクトル、「使い方」への志向が強くなってきていることは否定できない。そうした中にあっては、道路に限らず、「作る」ことに重きをおいた仕組みの見直しは避けられないところである。

２つには、空間機能へのニーズの高まりである。道路に関していえば、道路上でのオープン・カフェ開設やイベントの実施、景観のための電柱地中化、道路と敷地内オープン・スペースの一体的利用などである。一点目と併せ考えると、空間機能における「管理」の役割は相対的に増大してきている。これらニーズに対して、都市再生特別措置法などで対応はされてきているが、都市施設に関する都市計画が、手をこまねいていていいのかが問われている。

３つには、道路法における「管理」からの空間機能への接近である。例えば、車線を削減して歩行者・自転車用の動線を確保するといったような道路空間の再編成、あるいは道路空間の有効利用の観点からの道路占用許可基準の緩和などである。これらは、いずれも道路法における管理の一環のものであるが、都市計画法が担うべき空間機能への影響はなしとはしない。そうであるとすれば、都市計画においても、「管理」領域への関心を示しておく必要は高いと考えられる。道路法が時代の変化に対応して変貌しつつある中で、都市計画法がひとり取り残されているという見方もできる。

このような、「作る」ことの相対的な重要度の低下と空間機能等へのニーズの高まりは、空間機能等に着目して「管理」にも対応しなければ、都市施設に関する都市計画が都市計画としての十分な役割は果たし得ないことを示すものである。

⑷　道路以外の都市施設の扱い

以上、道路を念頭に、都市計画への「管理」の位置づけを論じてきたが、道路と同じように、その多くが都市計画決定の対象となっている公園についても、この内容は妥当するものと考えられる。

それ以外の施設、例えば、これまで都市計画決定の対象とは殆どなってこなかった教育文化施設や医療福祉施設などについては、「管理」との関係でどのように考えるべきであろうか。

これに関しては、厳密には、都市計画法と各個別法との関係を詳細に分析することが必要ではあるが、都市計画サイドからは、これら施設が都市計画決定の対象となってこなかった理由は、理屈上は、それら施設には、都市計画が本来的領分とする立地計画論が存在しない、あるいは妥当しないとされてきたことにあると考えられる。一方で、立地計画論はないにしても、これら施設については、道路や公園に比べて優るとも劣らず、住民がどこで、どの程度のサービスを享受できるかは、安心して快適に便利な生活の場を提供する役割を担う都市計画にとって、死活的に重要であることに変わりはない。買物難民や医療難民に象徴されるように、スーパーがなくなる、病院が消えるといったことが、地域にもたらす不安・混乱を考えれば、このことは明らかである。都市施設に関する都市計画が、これらの施設を対象としている本来の趣旨も、そのようなところにある。ちなみに、現在は都市施設の対象にはなっていないが、地域にとって重要な商業施設についても同様である。

そうであるとすれば、立地計画論との関係で、「作る」ことに対する都市計画としての位置づけが難しければ、次善の策として、既に存在している施設のサービス水準の維持やその存廃に都市計画が関与することが必要ではないかと考えられる。

4　土地利用に関する都市計画と「管理」

2において、行為規制に関し、「管理」は、「とるに足りないもの」として対象外としていることを述べた。ここでは、行為規制の中核をなす開発許可・建築確認の内容に即して、このことの意味を詳しく考えてみたい。このことは、線引きや用途地域など土地利用に関する都市計画における「管理」の位置づけを考察することでもある。

⑴　行為規制の対象・態様

都市計画に係る行為規制において、その対象や態様として把握すべきものは、およそ次のように整理できるであろう。

〔行為の対象〕

トータルには、都市空間が対象となるが、その構成要素としては、次のようなものが挙げられる。

ア　公物

イ　宅地

ウ　建築物

エ　農地・森林

〔行為の態様〕

民事法の処分行為・管理行為の概念を参照して、分類すれば、次のようになろう。

a　ある状態を保全するもの（状態の確認・チェックなど）

b　ある状態をそのままで利用するもの（居住、サービス提供、イベント実

施など）

ｃ　ある状態の劣化を防止するもの（修繕など）

ｄ　ある状態に改良を加えるもの（大規模修繕、土壌改良など）

ｅ　ある状態に変更を加えるもの（新・増・改築、区画・形質の変更など）

ｆ　ある状態を解消するもの（除却など）

都市計画法は、行為規制において、その対象として、上記の分類に即せば、イ・ウ・エを規律している。もっとも、エに関しては、基本的には宅地見込み地として対象にしているに過ぎず、農地あるいは森林であること自体に着目した規律は、農地法、森林法等に任せている。アに関しては、**3**で述べたとおり、行為規制の対象にはしていないが、公物管理法等別の観点から取り上げてはいる。

イ・ウに関し、行為の態様としては、上記の分類に即せば、ｄ・ｅに該当するものを規律することを基本としている。ａ・ｂ・ｃ・ｆは規律していない。もっとも、作為も不作為も両方含んだものとして行為を捉えれば、ここで規律しているといっても、それは作為のみである。

⑵　「現状変更志向型」行為と「現状維持志向型」行為

上記ａ～ｆの行為の態様を分類すれば、ａ～ｃは、「ある状態」に着目して、その状態の維持・改善を図ること志向するものであるという意味において、「状態維持志向型」行為といえる。これに対し、ｄ～ｆは、「ある状態」への否定的評価はあってもその維持・改善への関心はなく、別の状態を作り出すことを志向するものであるという意味で、「状態変更志向型」行為であるということができる。このことからすると、現行法は、基本的には、「状態変更志向型」行為は規律しているが、「状態維持志向型」行為は規律していないということになる（ｆに関しては、別途の考察が必要ではある）。

この「状態維持志向型」行為は、**2**で述べた「とるに足りないもの」としての「管理」とかなりの程度で重なり合っている。

ところで、現行の都市計画法は、どうして「状態変更志向型」行為だけを規制の対象としたのであろうか。ここで指摘できるのは、都市化のエネルギーが旺盛な状況にあっては、それに伴って生じる「状態変更志向型」行為、即ち開発・建築行為をなすがままに放置しておくことによって、周辺環境あるいは市街地全体に悪影響を及ぼすことは避けなければならないので、そのコントロールに大きな精力が注がれたということがある。その際、我が国の都市計画を貫くといわれる「必要最小限規制」原則あるいは「建築の自由」原則が強く働き、そのような下では、「状態変更志向型」行為に加えて、「状態維持志向型」行為までも、規制の対象とするのは、およそ思考の外にならざるを得なかったということがある。

要は、開発許可・建築確認を中核的な実現手段とする、現行の土地利用に関する都市計画による行為規制は、「ある状態」から「別の状態」への移行だけに関心をもち、「ある状態」そのものには価値をおいていないということである。このことは、都市施設に関する都市計画が、「管理」を射程外としていることとは、本質的に意味合いが異なっていることは指摘しておかなければならない。というのは、公共施設の「管理」にあっては、都市計画法では射程外であっても、別途公物管理法がそれを対象としているので、法体系全体では、各法律の役割分担のあり方が問われているに過ぎないのに対し、行為規制にあって、それが「管理」を視野の外におくことによって、結果として、対象を公物に限らない「管理」の規律には法体系全体として欠缺が生じていることになっているからである。「ある状態」の状態の維持・改善への関心をもつ都市計画を確立することが必要であるとすれば、問題は、より深刻であるといわなければならない。

⑶　「現状維持志向型」行為の規律の必要性

都市化エネルギーに関しては、都市によっては既に沈静化しているか、現在沈静化していないまでも、今後見通せる将来に多くの都市で沈静化するとされている。「状態変更志向型」行為のみを規律の対象としていることに関し、改めてその妥当性が問われなければならないであろう。

こうした観点からは、都市のスポンジ化を指摘しなければならない。スポンジ化とは、「都市の内部において、空き地・空き家等の低未利用の空間が、小さな敷地単位で、時間的・空間的にランダム性をもって、相当程度の分量で発生する現象」[(10)]を指している。こうしたスポンジ化の進展によって、市街地の密度が低下して、行政サービスの非効率化とか、あるいはサービス産業の生産性の低下だとか、あるいは治安とか景観の悪化等々が生じて、それによって都市が衰退していく、都市計画にとっては深刻な問題と捉えるべきである。こうした状況は、その対応に一定の時間を要することであって、一過性の「状態変更志向型」行為を規律するということだけで、解決が図られるというものではないであろう。「状態維持志向型」行為の規律が必要になるであろうし、作為だけでなく、不作為の規律も必要となってくる。というのは、「ある状態」は、何ら手を加えなければ常に状態の変化の可能性にさらされており、不作為の規律なしには、「ある状態」の維持そのものが成り立たないからである。

さらには、場合によっては、行為へのコントロールということだけでは足りなくて、それも含め他の手段も動員した「誘導」ということが妥当する領域であるとも考えられる。

こうした課題に対しては、既に、空き家等対策の推進に関する特別措置法や都市再生特別措置法(11)などの別法で、一定の対応がなされてきてはいるが、都市計画法においても、正面からこれを取り上げ、「管理」を志向する都市計画を確立しなくていいのかが問われている。

さらに、「管理」を志向する都市計画の重要性は、農地・森林のような非都市的土地利用との関係でも指摘することができる。先に述べたように、農地・森林は、都市計画においては、基本的には宅地見込み地として対象にしているに過ぎず、農地あるいは森林であることに着目した規律は、農地法、森林法等に任せている。他方で、農地・森林を含めた異なる土地利用間の調整機能の充実は、都市計画の永年の課題であることに加え、近年における環境への関心の高まりは、農地・森林が存在していること自体の価値を都市計画が正当に評価することの重要性を示してもいる。これに応えるとすれば、都市計画が、「作る」ということだけでなく、「状態の維持」にも目を向けたものであることが必要となるであろう。

---

(10)　国土交通省・社会資本整備審議会都市計画基本問題小委員会中間とりまとめ（2017年８月）。

(11)　コンパクトシティの実現を大きな目的とする立地適正化計画制度は、スポンジ化対策としての意味合いでの評価も可能である。

とはいえ、同じく、「管理」を志向するといっても、土地利用に関する都市計画にあっては、**3**で述べた都市施設に関する都市計画と比べて、その実現には高いハードルがある。というのは、１つには、先に述べたように、都市施設に関する都市計画の場合、都市計画では初めての挑戦であっても、別法体系で「管理」に関する手法は確立されているのに対し、土地利用に関する都市計画の場合は、未踏の領域ともいうべきでものであること、２つには、全国画一的であることを主眼とする「必要最小限規制」原則の克服が必要となることである。「状態変更志向型」行為に対する規制が、この原則の下にあることはつとに指摘されていることであるが、都市のスポンジ化への対応ということでは、「状態維持志向型」行為への規制も同様の状況におかれるとしたら、実効ある対策につながらないと考えられる。つまり、不作為の是正を図るとしたら、どのような状態を望ましいとするかの価値判断が不可欠となるが、そのような判断は、全国画一的に下すことができるという類のものではない。

5　むすびに

政策ツールとしての都市計画をどのような性格のものと認識するかについては、筆者なりの理解では、次のような、２つの立場があるであろう。

Ａ　望ましい都市空間の実現を目的として掲げ、それを達成しようとするのが都市計画であるとする立場

Ｂ　望ましい都市空間の実現の過程で生じる課題の解決を目的として掲げ、それに対処するのが都市計画であるとする立場

「管理」を正当には位置づけていない現行法制は、どちらかといえば、Ａの立場を大きく反映したものと捉えることができる。そうであれば、現行の都市計画法制あるいは都市計画の機能不全といわれる状況を克服するためには、Ｂの立場を反映した制度の確立こそが求められるものであり、広い意味では、「管理型」都市計画とは、このようなものをいうのであろう。

（原田保夫）

第２章　「管理型」都市計画における地区計画の可能性と課題

1　はじめに

「街区単位できめ細かな市街地像を市町村の自主性に基づいて実現する制度」として、1980年に「地区計画」（都計法12条の４）が都市計画法に導入された。この地区計画は、従前の都市計画法制により形成された市街地を維持するという観点を含んで構想され、今日、成熟した都市型社会[(1)]において持続可能なまちづくりを進めるために、その活用が促されている[(2)]。

本書は、「縮退の時代」（「はしがき」参照）へと進行するなかで、市街地を縮退させる必要性と、放置された空間や建築物を再利用するなどの土地利用の不作為への対処の必要性に対応し、持続可能な土地利用秩序を構築するために、「枠組み法」という方策を用いながら「管理型」都市計画を提示することを目的としている。ここでいう「管理型」都市計画とは、上記の課題に対応する「複数の利用目的が並存し得ることを前提に、異なった目的間の連携と調整を主な役割とする複合的土地利用秩序を維持形成することを主眼とした都市計画法制[(3)]」（第１部第１章（亘理格執筆））を指している。また、「枠組み法」とは、「各自治体がその管轄する地域において、必要とする土地利用規制等の内容を、法律で定める一定の枠組みにおいて、実質的に当該自治体が定めることができる仕組みが組み込まれている法律[(4)]」である。

（１）　国土交通省「第10版都市計画運用指針」（2019年）では、「都市化の時代から安定・成熟した都市型社会への移行という状況に対応するために、これまでにも都市計画法の改正が行われてきている」として、都市計画法が都市型社会への対応であると位置付けている。

（２）　例えば、「第10版都市計画運用指針」でも、他の都市計画制度を運用する上で地区計画の活用を要請している。

（３）　亘理格「「管理型」都市計画法及び「枠組み法化」の意味と相互関係に関する覚書き」26巻２号（2018年）３－11頁。

（４）　生田長人・周藤利一「縮減の時代における都市計画制度の研究」国土交通政策研究102号、2012年、第３章「都市計画法に基づく規制の仕組みの変更」15頁参照。

そこで、本章では、「管理型」都市計画の具体的展開を考案するために、「管理型」都市計画の主要な現行制度であると考えられる「地区計画」について、創設の経緯（２）、地区計画の運用実態（３）を上述の「管理型」都市計画の定義が含意する次の３つの視点から検討し、地区計画の課題と可能性を提示したい（４）。３つの視点とは、第１に複合的土地利用秩序の維持形成、第２に法律で定める一定の枠組みのもとでの地方公共団体の決定、第３に従前の都市計画とは異なる主体の位置付けである。

2　地区計画の創設の経緯とその特徴

地区計画の検討は、北欧や西ドイツの地区詳細計画研究を端緒に、建設省住宅局と都市局が法案作成主体となり進められた。その検討経過は、３つの時期に分けられる(5)。建設省や研究者などを構成員とする河中自治振興財団（以下、「河中財団」という）などの研究委員会によって地区詳細計画が起案された「調査研究期」、都市計画中央審議会と建築審議会での審議を中心とした「原案検討期」、審議会答申を受けて法案の策定・国会審議が行われた「立法期」である。建設省住宅局はミニ開発による既成市街地の環境悪化といったミクロな視点、都市局は市街地のスプロール化等のマクロな視点と、両局は異なる視点や問題関心を持っていたものの、都市計画中央審議会と建築審議会の合同会議での審議を経て、都市計画法と建築基準法の改正により地区計画が創設された。以下では、地区計画の対象・構成内容に関する議論と地区計画の策定主体・策定手続に関する議論を３つの時期にわけて、その経緯を分析する(6)。

(1)　地区計画の対象・構成・内容に関する議論

(a)　調査研究期

（５）　法律制定のプロセスは、①調査・研究、②審議会諮問、③原案作成、④省議（省での決定）、⑤各省協議（法令協議）、⑥法制局審査、⑦与党対応、⑧閣議決定（内閣での決定）、⑨国会審議、といった段階を経る。「調査研究期」は①、「原案検討期」は②から③、「立法期」は④から⑨に当たる。

（６）　本分析は、大澤昭彦・桑田仁・加藤仁美・室田昌子・中西正彦「地区計画制度の成立経緯に関する研究」都市計画論文集52－３号、2017年、624－631頁、内海麻利・室田昌子・大澤昭彦・杉田早苗「地区計画策定手続の意義と実態に関する研究――地区計画創設時の経緯と意図及び全国自治体調査を通して」都市計画論文集52－３号、2017年、632－639頁の検討を要約したものである。

地区計画法案の基礎となった河中財団報告書（以下、「報告書」という）では、地区計画の対象区域は当面市街化区域、将来は都市計画区域外の農山村、その他地域とし、都市農村計画法への発展も視野に入れられていた(7)。そして、実現した地区計画制度の「方針」と「整備計画」の二層制につながる構造が提示された。方針は地区単位のマスタープランを意識した「市町村地区整備基本計画」とし、二層目の「地区詳細計画」では、公共施設の配置や建築物の規制を設け、市町村が必要に応じて選択可能なメニューを準備すべきと明記された(8)。以上の地区計画の二層制の構成とメニュー方式の構想は、現行法に採り入れられている。

具体的なメニューとしては、例えば、地区詳細計画に定める事項では、「目的と対象地区、目標人口、土地利用、施設等の諸元、街区の敷地利用、建物用途・形態・配置、道路等公共公益施設の配置に関する詳細計画、実現するための制限・誘導、促進措置の適用」があげられ、土地利用と地区施設の双方が位置付けられた(9)。そして、これらの基準は、「実効性のある強制力を伴った法的手法を付与する必要がある」として、特に具体的な整備内容を定める地区詳細計画は拘束力を持つべきとされた(10)。

(b) 原案検討期

住宅局案では、都市計画区域内を対象範囲とするが、必要に応じて必要な地域で制度を活用するとした。市街化調整区域での適用も想定していたが、農地保全を求める農水省からの反対もあり市街化調整区域は除外されることとなった(11)。また、「方針」についての記述はなく、「地区建築計画」を一定水準の市街地実現のための計画規制とし、計画内容として道路等の公共施設の配置と

（７） 財団法人河中自治振興財団「新しい街づくりの計画手法に関する研究――西ドイツに地区詳細計画と我が国への導入」1978年、36頁。

（８） 前掲注（７）35－36頁。

（９） これらは、70年代の自治省コミュニティ研究会等の議論を背景にしており、コミュニティの物的環境を総合的一体的に計画し整備する必要性が求められ、コミュニティ施設（教育施設、保育所、幼稚園、児童公園、公民館、図書館等）が統合できる仕組みが提案された。前掲注（７）175頁。

(10) 前掲注（７）35頁。

(11) 石川哲久氏（1979年８月から1981年７月まで住宅局市街地建築課課長補佐）に聞取調査を行った（2016年12月20日実施）。

建築物の規制について用途、形態、配置・密度、敷地の規模・形状と具体的提示がなされた。そして「計画に適合しない建築物の建築は不可とし、建築確認により担保できる措置を講じる」とし、原則として拘束力のある規制が想定されていた。

一方、ほぼ同時期の都市局案では、計画対象を主に新市街地を中心とした市街化区域内としている。当時、都市局はスプロール対策としての線引きの実効性の確保を重視しており、その手段として地区計画を位置付けていた。住宅局案とは異なり、地区レベルの整備・開発・保全の方針と街路等の公共施設が示される等、都市計画的な項目が中心で、建築物の規制の記述は見られない。

そして合同会議案では、対象範囲は原則市街化区域及び未線引き用途地域とし、当面必要な地域に指定するが、「基本的にはこれらの地域の全域に渡って策定することが望ましい」とされた。これは、その後の答申（都市計画中央審議会第８次答申1980年１月）にもみられるように、ドイツのような「計画なければ開発なし」を実現し、市街化区域内のスプロールを抑止するためには、全域に地区計画を策定する必要があるとの考えが反映されたものであると考えられる(12)。

計画内容については、「地区の整備に関する方針」と「整備計画」が定められ、都市施設、地域地区との整合性も謳われた。これらの建築又は開発の制限は原則「届出・勧告制度」と緩やかな規制となり、但書として、特に必要と認められるものについては、強制力のある規制措置（市町村長の是正命令、条例で定める事項を許可制度対象とする又は建築確認及び開発許可の基準とする等）を講じることとなった。その背景には、市町村から実務面で困難が示されたこと、内閣法制局への事前相談で、地域の合意があり条例で議決すれば拘束力を高めることが可能であると指摘されたことによるとされている(13)。

(c)　立法期

地区計画の法文案では、対象区域は合同会議案と同様に市街化区域内及び未線引き用途地域内となった。ただし、合同会議案にあった「全域に渡って策定

(12)　建設省都市局都市計画課「地区詳細計画に関するパネルディスカッション　その１」新都市31（７）、1977年、24－34頁。

することが望ましい」との文言は削除された。そして、法制局の審査過程で、計画策定対象となる３つの地区要件(14)が各号に設けられ、実質的に全域への適用を想定しない枠組みとなった。

また、規制項目は合同会議案を基に、用途、容積率、建蔽率、高さ、敷地面積、建築面積の最低限度、壁面位置、形態・意匠、垣、柵が規定された。これらは、建築確認の対象項目であり、建築確認で対応することを想定し精査されたといえる。これらの実効性の担保に関しては、都市局所掌の都市計画法には届出・勧告制（都計法58条の２）が、住宅局所掌の建築基準法には、建築条例による建築確認（建基法68条の２）を位置付け、その内容が規定されることとなった。

⑵　策定主体と策定手続に関する議論

(a)　調査研究期

報告書では、地区計画の策定主体は「地域住民に密着度の最も高い市町村が当るのが適当(15)」とされた。一方、都道府県の関与については、指導・助言・協力・手続への参加程度にとどめることが妥当であるとした(16)。そして、地区計画導入の要件として、必要性に関する社会的合意と適切な住民参加措置が明記された(17)。河中財団の研究委員会で議論されていた当時、西ドイツは法改正が行われ、計画に関する公開討議、その結果の縦覧等の住民参加手続の拡充が図られたことなども影響し、こうした参加の重要性が位置付けられた(18)。

---

(13)　国土交通省国土交通政策研究所「住宅・建築行政オーラルヒストリー」2007年、168頁。ここには、片山正夫住宅局市街地建築課長（制度創設時）の証言を含む。高橋進氏（1978年６月から1980年６月まで都市局都市計画課課長、2017年２月10日実施）、松野仁氏（1977年９月から1979年７月まで住宅局市街地建築課課長補佐、2016年８月３日実施）へのヒアリング。前掲注(11)石川哲久氏へのヒアリング。内閣法制局「法律案審議録（都市計画法及び建築基準法の一部改正）、昭和55年第91回国会：建設省関係３」1980年。当該資料には「都市計画法及び建築基準法の一部を改正する法律案想定問答集」（以下、「想定問答集」という）や改正法案の審査過程（1980年２月～３月）が含まれる。

(14)　計画開発地（計画的な住宅市街地開発等の事業が行われた土地またはその予定地）、スプロール市街地（市街化の進行に伴い不良な街区の環境が形成させるおそれがある区域）、優良な住宅市街地（良好な居住環境が形成されている区域）。

(15)　前掲注(７)31頁。

(16)　前掲注(７)182－183頁。

(17)　前掲注(７)175頁。

また、報告書では、地区計画制度では、二層制の計画体系が構想されたが、とりわけ、拘束力のある「地区整備計画」については「住民の合意が特に必要[19]」と記され、財産権の制約に対する配慮から合意形成が強調されている。

(b)　原案検討期

住宅局案では、地区計画の策定主体は市町村で、都道府県知事の承認を要するとされた。1999年の地方分権改革以前では、これは通常の市町村決定の都市計画と同様の措置であった。一方、都市局案では、都道府県知事を策定主体としていた。線引きを補完する手法として地区計画を位置付けていた側面もあったために、線引きの決定主体と同じく都道府県知事にしたと考えられる。

その後の合同会議案では、市町村が都市計画手続により定めるとされた。ただし、できるだけ早い時期から住民の意見が反映できるように努めることが必要とも付記された。合同会議の議論では、「制度としては最小限の手続を定め、具体的な手続は住民参加も含めて市町村に委ねたらどうか」といった市町村の裁量を求める意見のほか、「規制内容によっては住民の合意が手続として必要」「特定街区制度に準じて全員合意ではないか」等、財産権に配慮した手続の必要性も言及されていた[20]。

(c)　立法期

地区計画の策定主体は、合同会議案を踏襲し、市町村となった。「地区に最もかかわりがあり、かつ、当該地区の実情に精通し、住民と直接接する機会が多い[21]」ことがその理由であった。また当初の法案では、都市計画決定に際し、地区計画の方針を含めてすべて都道府県の承諾を要するとされていたが、法制局の審査を経て、一定の事項[22]のみが対象となり、全体的に市町村の裁量が認められる形となった（都計法19条２項）。

策定手続については、地権者に対し過度な財産権の制限を避けるために、市

---

(18)　日本建築センター『西ドイツの都市計画制度と運用――地区詳細計画を中心として』1980年。

(19)　前掲注（７）176頁。

(20)　建設省住宅局内建築行政研究会編著『建築行政における地区計画』第一法規、1981年、140頁。

(21)　前掲注(13)想定問答集57頁。

(22)　幅員６m以上の道路の配置・規模、都道府県が定めた規制を強化する事項用途制限、容積率の最高限度、建蔽率の最高限度、高さの最高限度、敷地面積の最低限度。

町村が条例を定めて利害関係者の意見聴取を行うこととされた（都計法16条２項)。この運用には、「地区権利者の皆さん方の合意によっていい町づくりを推進していこうという趣旨」であり、そのためには「必要最小限の自制的な規制が伴うという考え方で立法を構成させていただいた(23)」という立法趣旨が込められている。住民からの意見聴取は、従前からある都計法16条１項の公聴会、説明会等の措置で対応可能と判断し、利害関係者に限定した手続拡充を図ったといえる。ただ、衆議院建設委員会の附帯決議で「地区計画の策定に当たっては、地権者のみならず広く住民の意見をきき良好で計画的街づくりを進めるよう指導すること」が示されたため、建設省局長通達（1981年11月６日）で借家人等についても、その意見が十分反映されるよう配慮することとされた。

3　地区計画の運用実態

ここでは、地区計画の実態を明らかにするため、地区計画創設直後（以下、「創設時」という）に実施されたアンケート調査「1980年調査(24)」と、この調査に対応した項目について今日の制度運用とニーズ等に関する全国アンケート調査「2015年調査(25)」「2017年調査(26)」を比較することで、市町村における地区計画に対する市町村のニーズを変化がみられない事項と時代を経て変化した事項に整理して分析する(27)。

---

(23)　衆議院建設委員会（1980年３月28日）。

(24)　1980年３月31日現在。区域区分を有する市町村858、非線引き都市計画区域で用途地域を定めている市町村501（合計1,359団体）。有効回答数880団体（回収率64.8％）調査期間1982年７月中旬～1982年８月中旬。市町村の都市計画・建築行政に関する実務と地区計画の認知・情報・期待・評価に関する内容。地区計画制度研究会（文責：日端康雄・織田村達）「計画市町村からみた地区計画制度（続）――地区計画制度に関する第２次全国市町村調査と総括（地区計画――３年間の実践をふまえて〈特集〉）」都市計画132、1984年、47－65頁参照。

(25)　「1980年調査」に回答した880団体の市町村のうち、地区計画を策定している市町村760団体。有効回答数472団体（回収率62.1％)、調査期間2015年１月初旬～2015年１月下旬。1980年調査の地区計画に関する内容とその詳細を検討するためのアンケート調査。

(26)　2016年３月31日現在。地区計画を決定している全国の市町村760団体、有効回答数448団体（回収率59％)、調査期間2017年１月４日～２月14日。2015年度調査の合意形成に関する内容（とりわけ、主体と手法）をさらに詳細に検討するためのアンケート調査。

⑴　変化がみられない事項

変化がみられない事項には、次のようなものがある。

第1は、地区計画は既存の都市計画制度の補完を意図して創設されたものではあるが、今日もなお、79.8%[(28)]の市町村が必要かつ有効な制度であると認識している点である。第2は、施策に対する積極性等から、人口8万人以下の小規模自治体では地区計画を使えないと感じている点である。第3に、地区計画の運用は人員が必要と認識されていたが、人員の補填への希望する自治体が25.4%と今日も少なくない点である。第4は、地区計画案の合意形成が地区計画運用の問題の上位にあげられている点であり[(29)]、いまもなお、全員合意や80%以上の同意率を求める団体が少なくない。こうした合意形成に関して、市町村は、自主条例等による独自の策定手続を創設、運用してきている[(30)]。具体的には、①地区住民等による協議会を認定し、②その協議会に支援を行い、③当該協議会が策定する計画を、地区における大多数の同意が得られていること（同意調達や全員合意、総意など[(31)]）を要件として認定し、④任意のまちづくり協定や地区計画に展開するという自主条例（いわゆる「まちづくり条例」）が定めるまさに住民や利害関係者による「自制的な規制」の仕組みである。

⑵　変化がみられる事項

変化がみられる事項には次のようなものがある。

第1は、都市づくりのあり方に関する事項である。具体的には、地区計画創設時には、地区計画で対応すべき主な課題としてあげられていたのは、「道

(27)　本分析は、城絵里奈・依田真治・内海麻利「地区計画制度の評価と運用実態に関する研究――アンケート調査による制度創設時と今日との比較分析」都市計画論文集50－3、2015年、464－471頁および前掲注(6)内海ほかを要約したものである。

(28)　有効回答に対する該当回答の割合。以下、割合を示す数値は同様。

(29)　調査では「届出・勧告の規制力の弱さ」が238（50.4%）と最も多く、次いで「合意形成が図れない」150（31.8%)、「スタッフ不足」120（25.4%）であった。

(30)　2017年調査で、意向の反映の方法について尋ねた結果である。これを見ると、「住民への意見聴取」という法定手続に続き、住民や利害関係者等の「同意調達」、「協議会による検討」を選択する市町村が多い。具体的な仕組みの実態については、内海麻利『まちづくり条例の実態と理論』第一法規、2010年を参照。

(31)　本章でいう「全員合意」とは、意向を反映する対象の全員が合意をしている状況をいい、「総意」とは、反対者がいない状況をいう。

路・公園・下水道等の根幹的な都市施設の整備」が91.0％と圧倒的に多く、次いで「区画整理等による新市街地の計画的開発」が41.8％と続いていた。このように、新市街地の開発が主な課題とされていた。また、地区計画の使い方については、地区計画創設時には、「地区計画は区画整理地区の上ものの誘導に有効な手段である」と回答する市町村が60.7％であった。この回答は、当初から地区計画が、市街地開発事業の維持・管理に有効であったことを表している。これに対して、今日では、同様の傾向を示しているものの、地区計画が既成市街地に対する地域管理や維持に有効であるとも考えられている。例えば、「地区計画は景観や歴史、自然環境の保全に有効な手段である」61.0％、「地区計画は地区の管理（マネジメント）や維持に有効な手段である」53.0％、「地区計画は規制手法と事業手法を一体的に運用するのに有効な制度である」46.2％という回答がされている。以上のことから、地区計画策定の動因が事業型から保全型へと変化し[(32)]、求められる対応も多様化しているといえる。

第２は、分野間の総合性にかかわる事項である。創設時には、地方自治法に基づく総合計画[(33)]と地区別計画との連携により、他分野との総合的な運用が地区計画に期待されていたが、今日、その役割は「都市計画に関する基本的方針（都計法18条の２。以下、「市町村 MP」という）」（1992年）に移行している。調査によれば、総合計画との「整合を図り、上記の２つの計画は一貫している」市町村と「整合を概ね図っている」市町村を合計しても19.3％であるのに対して、一方、市町村 MP は95.8％であった。また、組織間の横断的な連携が希薄になり、地区計画を取り扱う所管範囲が狭小化している傾向も明らかになっている。

---

(32)　本調査において、区画整理事業等の事業を地区計画策定の動因・契機とするものを「事業系」、環境や景観・歴史・自然の保全や維持管理を動因とするものを「保全系」と定義しその内訳を尋ねたところ、全地区計画のうち、3,050（60.6％）が事業系、1,464（29.1％）が保全系であった。近年（2007～11年度）策定されたものだけでみると、事業系が578（57.0％）へと僅かではあるが減少し、保全系が365（36.0％）に増加していた。その後５年（2012～16年度）もほぼ同様の値である。

(33)　自治法２条４項に規定され、議会の議決を要していた「基本構想」を含む計画。ただし、この基本構想に関する規定は、「地方自治法の一部を改正する法律（平成23年法律第35号）」により削除されている。

第３は、地区計画の実効性に関する事項である。1980年代と比較して、計画案の合意形成も地区計画運用の問題の上位に位置することは上で述べたが、それにも増して届出・勧告などの実効性の欠如が問題とされ、その解決が期待されている。もっとも地区計画は開発許可や建築確認と結合することで実効性を確保することが可能であるが、届出・勧告部分について履行担保手段の規制力を高めたり、建築条例の枠組みを緩やかにしたりするなど、市町村の自主性が発揮できる柔軟な仕組みづくりが期待されていると考えられる。

4　地区計画の課題と可能性

以下では、以上の地区計画創設の経緯と運用実態をまとめ、複合的土地利用秩序の維持形成、法律で定める一定の枠組みのもとでの地方公共団体の決定、そして、従前の都市計画とは異なる主体の位置付けという視点から「管理型」都市計画法制としての地区計画の課題と可能性を考えてみたい。

⑴　複合的土地利用秩序の維持形成

地区計画の対象区域は、当面市街化区域、将来は都市計画区域外の農山村、その他地域とし、都市農村計画法への発展も視野に入れられていた。市街化調整区域での適用も想定していたが、農地保全を求める農水省からの反対もあり市街化調整区域は除外されることとなった。そして、新市街地を中心とした市街化区域内となったが、「計画なければ開発なし」という考えから、全域にわたって策定することが要請されていたものの、全域にわたって策定するとの文言は削除されてしまった。

また、地区計画の目的は、住宅局は建築確認による建築行為の統制、都市局は整備・開発・保全の方針という２つの目的が混在していた。しかし、これらを実現する手法は、制限は市町村の要請や内閣法制局の指摘により、原則「届出・勧告制度」と緩やかな規制となり、但し書きとして、特に必要と認められるものについては、強制力のある規制措置を講じることとなった。こうした目的と手法の調整結果について、調査研究期、原案検討期に関与していた日端は、「最終的には、従前の都市計画法制を前提とした上で、そこで抜け落ちている部分を地区という局面で拾い上げ、所定の手続を経た上で建築基準法による個別的な規制に結びつける形[34]」で結実させたとしている。

これらの規定を今日の運用実態からみれば、「届出・勧告制度」には実効性に限界があり、他方、建築条例などによる強制力のある仕組みには、合意形成が図れないという課題が存在しており、地域の状況に応じてこれら課題に柔軟に対応する方策が期待されている。

以上の経緯を複合的土地利用秩序の維持形成という視点から整理すると、複合的とされる２つの内容から考察できる。１つは、領域・機能の複合性である。この点については、地区計画は農地を含まず、市街地に限定された。持続可能な都市型社会、さらには、縮退の時代の「管理型」都市計画においては、市街地と農地の関係は重要であり（第２部第６章）、地区計画についても、国土交通省と農林水産省という省庁の垣根を越えて、「管理型」都市計画を検討することが必要である。ただし、地区計画は地区レベルの対応にとどまる。とりわけ所管範囲が狭小化している運用実態が確認できるなかで、広域レベルの検討が可能となる枠組みづくりが課題となろう。

２つに、目的の複合性である。この点については、特定の地区において、規制と事業、建築行政と都市計画行政を一体的に運用する土地利用秩序が生み出されたといえよう。ただし、その目的はあくまで整備・開発・保全にとどまっている。運用実態の分析で明らかにしたように、地区計画の運用は、整備・開発から保全へ、さらには、地区の維持・管理、価値を高めるマネジメントへの期待が高まり、求められる対応も多様化している。したがって、「管理型」都市計画における地区計画は、これまでの都市計画が実現してきた整備・開発・保全を超えて、新たな空間秩序を求めるものであるといえる。

(2) 法律で定める一定の枠組みのもとでの地方公共団体の決定

「地区整備計画」では、公共施設の配置や建築物の規制を設け、市町村が必要に応じて選択可能なメニューを準備すべきと明記された。このメニューは、枠組み法で検討されるインフィル規定[35]に該当するものである。建築確認等の事項に限定されるものの、条例（建築条例）によって法律で定める一定の枠

(34) 前掲注(24)47－65頁。

組みのもとでの地方公共団体の決定が尊重されたといえる。他方、都市計画決定手続に加えて、市町村が条例を定めて利害関係者の意見聴取を行うこととされた都計法16条２項も、市町村の決定に誰をどのように参加させるかという計画に関与する主体と関与の方法を決定できるという意味でもインフィル規定に該当する。

以上の枠組み法の方策は、「管理型」都市計画において、住民や民間事業者等の民間主体が協働の法主体として合意ないしコンセンサスを形成していく枠組みを市町村が決定していくという方向性を提示するものであるといえる。今後は、民間主体間の合意を市町村の決定としてどのように受け止め、正当化するかが課題となろう。

(3)　従前の都市計画とは異なる主体の位置付け

「地域住民に密着度の最も高い市町村が（地区計画の運用に）当るのが適当」という考え方は、法案成立まで貫かれた考え方であった。当時、機関委任事務が存在していたなかで、地方分権を先取りした試みであったといえよう。また、住民参加の充実が制度化されたこと、住民の合意が強調されたこともこれまでの都市計画法にはないものであった。これらが、都計法16条２項として法制化されるが、その運用をとおして、協議会の位置付けなど、参加主体に一定の権力を付与する仕組みが展開されることとなった。これは、従前の都市計画とは異なる主体を生み出す契機となったと捉えることができ、「管理型」都市計画の主体を位置付ける手法の可能性を示唆するものであるといえる。

5　おわりに

本章では、地区計画の創設の経緯、運用実態を複合的土地利用秩序の維持形成、法律で定める一定の枠組みのもとでの地方公共団体の決定、従前の都市計画とは異なる主体の位置付けという視点から検討してきた。これらの検討から、地区計画が「管理型」都市計画としての可能性を持つことがわかった。現行都

---

(35)　インフィル規定とは「法で定める一定の枠組みにおいて、実質的に当該自治体が定めることができる規定」。亘理格・生田長人編集代表、縮退の時代における都市計画制度に関する研究会編『都市計画法制の枠組み法化――制度と理論』土地総合研究所、2016年。

市計画法において、その目的・機能・手法は運用上の課題を克服しつつ維持されるべきであろう。しかし、縮退の時代に対応するには、次のような地区計画の拡大が必要であろう。

第1は、目的の拡大である。これまでの整備・開発・保全を超えて、維持・管理を目的とすることが求められている。第2は、対象の拡大である。市街地と農村の関係を踏まえつつ国土全体の計画体系のもとで、その領域を再考すべきであろう。第3は、未規定事項への対応である。これまで定められてきたインフィル規定の内容、すなわち、現行法で示される建築確認事項を中心とした事項である。今後は、例えば、空き家の管理、防犯、災害・減災対策、コミュニティの形成、空間の価値を高めるためのマネジメントなどを規定することが必要であろう。第4は、手法の展開である。第3のような規定を民間の共助により実現するための手法として、民間間、公民間の協定や契約によって実現していく手法などが必要であるといえよう。第5に、上記の制度の正当性を担保する仕組みの充実である。例えば、現行法に定める計画策定手続の充実や都市計画審議会への諮問に加え、マスタープランへの適合、諮問制度なども考えられよう。第6に、市町村への支援、あるいはそのための組織の構築である(この点については、第3部第2章参照)。以上の6つの展開の詳細は、別稿で紹介しているのでそちらを参照されたい(36)。

(内海麻利)

---

(36) 内海麻利「地域の実態からみた枠組み法化の考えと仕組み――インフィル規定を中心に」前掲注(35)85－116頁。

第３章　景観法における「管理型」の法的仕組み

１　はじめに——景観法の２つの側面

景観法は、「良好な景観の形成を促進するため」（景観法１条。以下、法律名が付されていないものは「景観法」を指す）制定された法律であり、この意味で、目的と内容に着目すると景観保護を目的とした我が国で初めての法律である。他方、景観保護のため同法が採用する方法に着目すると、景観法は、第１に、都市計画法・建築基準法のみならず公物管理諸法及び農業振興特別措置法などの多様な法分野を横断的に規制する法律であり、第２に、地方公共団体の条例による景観保護の可能性を大きく拡げる法律であり、第３に、計画提案、協議、協定等、合意形成を主にしたソフトな手法を採用する点でも注目すべき法律である。

本章は、景観法が定める諸制度を、「管理型」法制度の先行例という側面から検討することを主目的としており、それ故、上述第３の仕組みの検討が中心的なテーマとなる。しかし、第１及び第２の視点からの分析も不可欠であるように思われる。特に第２の「枠組み法」という視点からの景観法分析は、同法が何よりもまず、地方公共団体の条例による景観保護を助長・補強するという目的で制定された法律であり、そのような主たる法目的を無視した法制度分析には正確さが欠けるのではないかと考えられる。しかしそれ以上に重要なのは、景観法のような規制法の分野で、拘束的基準の設定、認定制度及び違反行為に対する是正措置命令等の権力的法手段から計画提案、協議、協定等のソフトな非権力的手段までのバラエティに富んだ法的手段を定める可能性をあらかじめ想定し、法目的実現のため最適な一個又は複数の法的手段を自律的に選択しその根拠を定めるには、その前提として、特段の事情がない限り法律は制度の大枠を定めることに自己限定し、詳細な規定や仕組みは地方公共団体の条例制定や現場の合意形成に委ねるという国の態度決定が、必要不可欠だと考えるからである。この点で、景観法は、以下にみるように、「枠組み法」に向かって限定的ながら一歩踏み出した法律たる性質を有すると考えられる。

2　景観法の「枠組み法」的側面

(1)　景観法制定の主目的――景観条例の限界の克服

小泉内閣の下での「景観緑三法」制定の基となった「美しい国づくり政策大綱」（国土交通省、2003年７月）は、法制化を含む景観形成のための取組みが必要となった背景（「景観形成の取り組みを取り巻く情勢」）について、以下のように論じていた。「近年、良好な景観形成に対する関心やニーズが一層高まる中、景観形成の取り組みを取り巻く情勢に様々な動きが見られる。眺望・景観をめぐる紛争が各地で発生していること、地域の景観問題への対応のため独自の条例を定める地方公共団体が増加していること、住民団体・NPOによる公共事業や公共的施設管理への参画が進んでいることなどが挙げられる。」

つまりここでは、①良好な景観形成への国民の関心やニーズが高まるという中で、②各地での眺望・景観紛争の発生、③地域の景観問題に対応するため制定される独自条例の増加、④公共事業や公共施設管理への住民団体やNPOの参画の進展等の事態が生じていることが、景観保護法制化を含む取組みが必要な背景として語られていた。なかでも③の独自条例の制定について周知の事実を付言するならば、景観法制定の直前（2003年３月末）での景観条例の制定状況について、全国の市町村3,218中、447市町村が景観条例を制定済みであり、その比率は14％、全国の都道府県47中、27都道府県が景観条例を制定済みであり、その比率は57％に達していたとされる(1)。

ところが、当時の景観条例は、そのほとんどが、都市計画法や建築基準法等国の法令への抵触可能性や条例に基づく財産権制限に対する批判を免れるべく、次のように自己抑制的な規制に止まっていた。まず建築その他の土地利用行為の実体面については、条例で定めた基準の遵守義務を定め違反行為に対しては

（１）　なお、後掲の国土交通省都市・地域整備局都市計画課（監修）・景観法制研究会（編集）『概説景観法』（ぎょうせい、2004年）２頁では、450市町村において合計494条例、27都道府県において合計30条例とされている。

是正措置や原状回復措置等を命ずるという仕組みまでは採用せず、届出義務を課した上で指導勧告程度の規制に止め、場合によっては違反行為の公表によって対処するというものであった。他方、手続面では、条例所定の基準への適合性に関する審査や審議等の手続面での規定整備を主とするものであった(2)。したがって、条例による景観規制に、財産権行使に対する制約を含む実体的な土地利用規制を可能ならしめるため法律による裏付けを付与することが、景観法の制定に期待される主たる役割であったと考えられるのであり、そのような認識は、今日景観法を観察する論者にほぼ共通する認識である(3)。

以上のような景観法制定の背景故に、同法には、以下にみるように、条例による景観保護を助長・補強するための諸規定が何か条か盛り込まれた。

(2)　景観法における「枠組み法」的諸制度

景観法には、景観保護のための諸制度の大枠のみをこの法律で定め、詳細な規定を景観行政団体又は市町村の条例に委ねている規定がある。また、その中には、法律で設定された枠組みの中で景観行政団体たる地方公共団体の条例への包括的な立法委任がなされるものがある一方、「政令で定める基準に従い、条例で」定めることを委任する規定もいくつか存在する。紙幅の制約故に詳細に論じることはできないが、以下、主な規定の項目と関係条文を挙げる。

(a)　規制対象行為指定の条例委任

景観保護のための規制の対象となる行為の範囲を条例で定める旨の委任規定として、景観行政団体の長への事前届出を義務づけられる行為に関する条例委任規定（16条１項４号）、及び、特定届出対象行為として設計変更等の必要な措置命令や原状回復命令等の対象となる行為の指定に関する条例委任規定（17条１項）がある。

（２）　西村幸夫「序説――景観法の意義と自治体のこれからの課題」社団法人日本建築学会編『景観法と景観まちづくり』（学芸出版社、2005年）７頁、北村喜宣「景観法が拓く自治体法政策の可能性」同書24頁。

（３）　西村幸夫氏によれば、「志は高いものの、実際には有効な規制力を持たないお願い条例でしかない」当時の景観条例に実効性を付与し、景観を軽視し「目一杯容積率を使ってマンション建設を敢行しようとするような」「確信犯」的な事業者に対抗するには、「景観条例が根拠法を持つ以外にはない。それが景観法の眼目である」とされた。西村・前掲注（２）７～８頁。

(b)　景観地区等における工作物の設置等に関する規制の条例委任

景観地区、準景観地区及び地区計画等の区域について、「政令で定める基準に従い、条例で」詳細な規制を定めることを委任する旨の諸規定がある。景観地区について、景観法は、建築物の建築とその他の行為（工作物の設置と都市計画法上の開発行為）とを区別し、建築行為に対しては都市計画法・建築基準法に基づく建築確認や是正措置命令等の諸規制及び特に建築物の形態意匠に関する制限に限っては市町村長による認定の制度を設けたが、いずれも条例が関与する余地は認められていない。これに対し工作物の設置及び開発行為に対しては、条例に基づく拘束的基準設定、市町村長による認定、違反是正のための措置命令等に関する規定を条例に委任している（72条・73条）。準景観地区、及び地区整備計画等で建築物又は工作物の形態意匠の制限が定められている地区計画の区域についても、ほぼ同様の立法が条例に委任されている（75条・76条）。

(c)　計画策定手続や認定審査手続に関する規定の条例委任

具体的には、景観計画策定手続に関する委任規定（61条２項１号）、景観地区に関する都市計画で建築物の形態意匠に関する制限が定められている場合において、当該制限への適合性に関して市町村長が行う認定審査の手続に関する委任規定（67条）、景観地区内の工作物の設置に関する適合認定の審査手続に関する委任規定（72条３項）、地区計画等での建築物や工作物に適用される形態意匠の制限への適合認定の審査手続に関する委任規定（76条４項）がある。

(d)　罰金刑規定の条例委任

条例で定められた制限に違反する行為に対する刑事制裁として、50万円以下の罰金刑を課す規定を条例に委任する規定（108条）がある。

以上の諸規定を中心に景観法を観察すると、「枠組み法」的法制度の先行例として同法を参照すべきであることには異論の余地がない。特に上述の(a)と(b)の諸規定は、地方公共団体が景観保護のための権利制限の対象を条例で自主的に定め又は追加する可能性をもたらした。この点で、景観法を「枠組み法」の先行モデルとして捉えることは可能である(4)。しかし、特定届出対象行為として条例で指定できる行為の範囲が、法律で建築物の建築等と工作物の建設等に限定されており、また形態意匠の制限に違反する特定届出対象行為に対してなし得る対抗措置も、是正措置等の措置命令や原状回復命令等として法律ですべて規定され（17条各項）、また景観地区における建築物の建築等については、法律が条例に基づく独自規制の可能性を排除している点（61条〜71条）等に鑑みると、同法は、法律に基づく従来型の都市計画決定方式と条例への立法委任方式との組合せを志向する法律であり、その意味では、むしろ、北村喜宣氏の表現に従い、「『枠組法』的方向に、一歩踏み出した」(5)といった留保付きで捉えるべき法律だと思われる。

3　横断的規制法としての景観法

(1)　分野横断的な保護対象としての景観

景観保護には、地域や「まち」の空間次元での景観の保護が課題となる場合と、一定の建築物、公共施設、樹木等、個々の「もの」次元での景観の保護が課題となる場合とがある。後述のように、空間次元での景観保護が課題となる場合には、都市計画制度や建築基準法における集団規定及び農協振興地域整備

---

(４)　景観法を枠組み法と捉える見解として、松本昭「分権最前線に見るまちづくり条例――多元的土地利用規制における法律と条例の新しい関係」大西隆編著『人口減少時代の都市計画――まちづくりの制度と戦略』（学芸出版社、2011年）181〜182頁及び松本昭「地方分権による都市・まちづくり法制の環境変化と今日的課題」都市問題109巻（2008年）11月号57頁参照。

なお、都市計画法及び建築基準法からなる従来の都市建築法と景観法間に存する法構造論的差違を、松本昭氏は、「敷地主義」対「街並み主義」の対置により論じている。すなわち、従来の都市建築法は、「都市計画の地域地区と建築基準法の集団規定を根拠に、周辺環境や街並みなどの不確定・不安定な要素を全て排除して、敷地と前面道路の関係だけで建築物の形態制限を規定した制度」であり、「個の敷地から建築を着想する『敷地主義』である」。これに対し、景観法は、「制度の基本的枠組みを法律で定め、その内容や実効性の確保水準を条例に委ねる『枠組み法＋実施条例』という分権志向の法律」であり、「建築物の形態・意匠・デザイン等のルールを環境や景観という地域固有の価値観から規定するもの」であるため、「地域の景観から建築を着想する『街並み主義』」に基づく法律であるとされる（松本前掲・都市問題109巻11月号57頁）。正鵠を射る指摘だと思われる。何故なら、景観保護という事柄の性質故に、景観法は、個々の建築物や工作物を周辺街並み全体の中で捉え、その景観保護のための法手段を提供する法律でなければならないからである。「枠組み法」の考え方の前提には、法目的（例えば、景観法が掲げる「良好な景観の形成」という法目的（１条））自体が正当であり、かつそれを具体化した到達目標を地方公共団体が自律的に設定可能であることが要求される、と解すべきであろう。

(５)　北村・前掲注(２)26〜27頁。

計画等との関係で接点が生まれる。他方、「もの」次元での景観保護が課題となる場合には、建築基準法における単体規定や公物管理法・公共施設法との間に接点が生まれる。

しかし、空間の次元であれ「もの」の次元であれ、景観は、土地利用や建築物や施設に関わる分野であればいかなる法制度とも関係し得る、分野横断的に保護・形成されてしかるべき法益である。したがって、景観保護は、都市計画法と建築基準法を主とした都市・建築法分野と特に密接不可分の関係にあるが、同時に、都市・建築法に止まらず様々な法制度との関係で横断的な保護法益性を有する制度である。

⑵　都市・建築法との関係

まず都市・建築法分野との関係で、景観法は、地域や「まち」という空間次元での景観の保護を課題とする範囲では、都市計画法及び建築基準法における集団規定との間で課題を共有する。したがって、都市・建築法の中で景観保護のための包括的な法制度を定めることができるならば、景観法という別途の法律を定める必要はないはずである。しかし、景観法は、都市計画法及び建築基準法とは基本的に別立ての法制度として制定された[6]。景観法に定められた法制度の中で都市計画法及び建築基準法の中に正式に位置づけられたのは、景観地区のみに止まる。

すなわち、景観地区は、都市計画法上の地域・地区として制度化されたが、これは景観法の中ではむしろ異例である。その意味では、景観法の制定が都市計画法に及ぼす影響は、一面ではきわめて限定的である。

景観地区という形で、部分的にせよ既存の都市計画法・建築基準法の中に景

(6)　景観保護法の確立に都市計画法及び建築基準法の改正により対応することができなかったのは、何故か。それは、建築基準法に基づく規制の対象が、「建築物の敷地、構造及び建築設備」に限定され、都市計画法も、そのような建築規制概念を暗黙の前提としているのに対し、景観保護の法制度は、建築物等（景観計画の場合は「建築物又は工作物」、景観地区の場合は「建築物」）の「形態又は色彩その他の意匠（以下「形態意匠」という。）」（景観法８条４項２号イ）の保護を主目的としなければならないからだと思われる。景観法は、①形態意匠の制限以外に、②高さの最高限度又は最低限度、③壁面の位置の制限及び④建築物の敷地面積の最低限度を規制対象としており、このうち②〜④は建築基準法による規制の対象と共通するが、景観保護のコアな対象である形態意匠の制限（①）は、従来の建築基準法及び都市計画法が想定してきた規制の対象外である。

観保護の要素を待ち込んだこと自体には、確かに大きな意味がある。しかし、景観法は、「色彩その他の意匠」については、既存の都市計画法及び建築基準法の枠外に留め置くという選択を行った。景観法は、景観地区の導入により、都市計画法・建築基準法という既存の法律の中に景観保護の制度を部分的に嵌め込ませたが、それは景観法の一部を既存法制度に接合したに止まった。景観計画区域と景観計画、景観重要建造物、景観重要樹木、景観重要公共施設、景観協定等々、景観法の本体部分を構成する諸制度は、都市計画法等の既存法律から切り離し、景観法独自の法制度として整備されたのである。

(3)　公物管理諸法との関係

他方、景観法は道路、河川、港湾等の公物管理に関する法分野とも関連する多くの規定を定めている。なかでも景観計画を定める際には、景観重要公共施設の整備及び使用等の許可基準について定めるものとされている（８条２項)。したがって、景観計画区域内に、道路、河川、都市公園その他の「政令で定める公共施設」であって「良好な景観の形成に重要なもの」が存在すれば、当該公共施設の整備や使用・占用の許可の基準等を、景観保護の視点から定めなければならない。より詳細にみると、以下の通りである。

景観法では、個々の景観区域内に存在する道路法上の道路、河川法上の河川、都市公園法上の都市公園、海岸保全区域等（海岸法２条３項に規定する海岸保全区域等）に係る海岸、港湾法上の港湾、漁港漁場整備法上の漁港、自然公園法上の公園事業に係る施設、「その他政令で定める公共施設」（８条２項４号ロ）を「特定公共施設」と呼び、「特定公共施設」であって「良好な景観の形成に重要なもの」を景観重要公共施設と呼ぶ（８条２項４号)。景観計画には、以上のような景観重要公共施設の整備に関する事項及び占用や使用の許可基準等を、景観保護の視点から定めることとなる。

景観法において景観重要公共施設をこのように位置づけたことは、景観保護の視点を公物法分野に拡張したことを意味する。何故ならば、まず景観重要公共施設の整備は、景観計画にその整備に関する事項が定められている場合、当該景観計画に即して行われなければならない（47条)。また景観重要公共施設の占用等の許可に関しても、景観保護のための占用許可基準が定められると、道路法等に基づく「政令で定める基準」（道路法33条・36条）を満たすことに加えて、景観計画に定めた基準を満たすことが要求される（49条）。つまり、景観計画に定められた景観保護のための基準が、道路法・河川法等の占用許可基準に上乗せされる。したがって、「例えば、景観行政団体である市町村が、景観計画に基づき、国や都道府県が行う公共施設の整備や占用等の許可に関し、景観に配慮することを求めることが可能にな」る(7)のである。さらに占用許可の際に、「円滑な交通を確保するため」（道路法87条１項）に付すことができる附款に関しても、「良好な景観を形成するため」の附款を付する可能性も開かれることとなる。以上により、市や都道府県等の景観行政団体は、景観への配慮要求という視点から、国や地方公共団体の道路や河川の整備過程に関与することが可能となる。

⑷　農業振興地域の整備に関する法律との関係

景観計画区域内に農業振興地域が存在する場合、農振地域整備計画を達成するとともに、景観と調和のとれた良好な営農条件を確保するために、景観農業振興地域整備計画が策定される（景観法55条１項＋農振法13条の６）。景観農業振興地域整備計画が策定されると、農地等の土地の所有者には、当該計画の内容に従って土地を利用する義務が生じ、これに従わない場合、当該土地の所有者等に対して、景観農業振興地域整備計画の内容に従って土地を利用すべき旨の勧告がなされる（56条１項）。また、土地の所有者等が当該勧告に従わない場合、市町村長は、当該所有者等に対して、当該土地を景観農業振興地域整備計画に従って利用するため所有権その他の権利を取得しようとする者で「市町村長の指定を受けたもの」との間で、「協議をすべき旨を勧告することができる」（同条２項）。さらに、景観整備機構による当該土地利用の代行制度もあり（57条１項）、耕作放棄地等、上記計画に従った適切な利用がなされていない場合、「農業生産法人ではない景観整備機構も」土地所有者に代わって耕作等を行うことが可能となる。

（７）　前掲注（１）『概説景観法』12頁。

4　「管理型」法制の先行例としての景観法

⑴　景観利益の特殊性――公共性と主観性

良好な景観を享受する利益は、本来、特定の者のみに帰属すべきものではなく、地域ないし社会の誰もが適正な範囲で享受してしかるべき共通の利益であり、そのような意味で公共財としての性質を有する。

また、景観利益には、個々の場における景観の質や中身に応じて、安定的で客観的な価値を認め得る景観利益から、個々人の美意識に応じて様々な評価が成り立ち得るような、その意味で不確定で主観的な価値を有するに止まる景観利益まで様々なものがあり、多様である。したがって、景観利益を保護するため財産権の制限を定めようとする場合、保護対象として想定される場の景観がいかなる程度の客観的価値を有するものであるかに応じて、異なった対応方法が求められることとなる。

⑵　合意形成手続の重要性

この点について、上述の「美しい国づくり政策大綱」（国土交通省）は、景観形成のための具体的施策を講ずるに当たっては「コンセンサスの形成」が重要であるとした上で、①＜悪い景観（景観阻害要因）とだれもが認めるものへの対応＞、②＜優れた景観とだれもが認めるものへの対応＞、③＜普通の地域（コンセンサスがないところ）での対応＞という典型的な３つの場合に分けた対応を促す考え方を提起していた。このうち①については、「これらの除却・改良について……行政は積極的に対応すべきである」とし、また②については、「行政と国民の責務として保全すべきである」とする一方、③については、「歴史性、風土性、文化性など地域の個性を規定するものがはっきりせず、どのような地域としていくかという点についての住民のコンセンサスが形成されにくいというのが現状である」と性格付けた上で、「コンセンサスを形成するプロセスを経る住民主体の地道な取り組みが重要である」として、コンセンサスを図るための住民主体の合意形成過程の重要性を強調していた。

また同様の問題について、国立マンション紛争に関する民事訴訟上告審判決も、以下のように述べていた。「景観利益の保護は、一方において当該地域における土地・建物の財産権に制限を加えることとなり、その範囲・内容等をめぐって周辺の住民相互間や財産権者との間で意見の対立が生ずることも予想されるのであるから、景観利益の保護とこれに伴う財産権等の規制は、第一次的には、民主的手続により定められた行政法規や当該地域の条例等によってなされることが予定されているものということができる」（最一小判平成18・３・30民集60巻３号948頁）。公共財である景観の利用や管理をめぐる利害調整や決定は、第一次的には民主的な立法手続により解決すべきものであるという点で、異論の余地はない。また、確かに、保護の必要性や方法について地域や社会のコンセンサスが成立していない普通程度の景観の場合、民主的手続を通してその保護を図る以外に、現実的な選択肢は見出し得ないであろう。

したがって、良くも悪くも客観的に評価が確定している場の景観以外の、その意味で普通の景観の場合、地域や社会のコンセンサスを形成するための制度的仕組みの構築が優先的課題となることは自明であり、そのための制度化が要求されることとなる。

以下にみるように、景観法が定めた多くの法制度は、以上の意味でのコンセンサスの形成のための仕組みを組み込んだものであるといえよう。

(3)　「管理型」計画法としての具体的仕組み

(a)　多様な関係法主体の関与システム――景観計画策定・変更における計画提案等

景観計画の策定・変更の主体は景観行政団体（８条１項）であり、景観行政団体とは、指定都市、中核市、その他の市町村にあっては原則として都道府県である（７条１項）。他方で、景観行政には、景観行政団体以外にも、様々な法主体の関与が認められる。

第１に、景観計画の策定・変更に関しては、景観行政団体以外の者による計画提案が認められる。

土地所有者等が１人で又は数人が共同して、景観計画の策定又は変更を提案することができる（11条１項）。また、まちづくりの推進を目的に設立された「特定非営利活動法人若しくは一般社団法人若しくは一般財団法人又はこれらに準ずるものとして景観行政団体の条例で定める団体」も、景観計画の策定又は変更を提案することができる（同条2項）。ただし、以上のような「計画提案」に際しては、区域内の土地所有者等の3分の2以上の同意が必要であり、また、土地の所有者が所有する土地の総地積と借地の総地積との合計についても、3分の2以上であることが要求される（同条3項）。

なお、計画提案とは別に、特定公共施設の管理者による要請制度がある。景観計画区域内にある道路、河川、都市公園、港湾等の特定公共施設について、当該施設の管理者は、景観重要公共施設として指定する等、必要な事項を定めるように「要請」することができる（10条1項）。

第2に、景観の形成・管理に関する様々な業務遂行の主体として、民間団体である景観整備機構の存在が予定されている。

景観整備機構は、一般社団法人、一般財団法人又は特定非営利活動法人（NPO法人）であって良好な景観の形成促進に必要な業務をなし得る団体の中から、景観行政団体が、申請に基づき指定するものである（92条1項）。景観整備機構には、以下のような幅広い業務の遂行が認められる（同法93条）。

① 良好な景観の形成に関する事業を行う者に対し、当該事業に関する知識を有する者の派遣、情報の提供、相談その他の援助を行うこと。

② 管理協定に基づき景観重要建造物又は景観重要樹木の管理を行うこと。

③ 景観重要建造物と一体となって良好な景観を形成する広場その他の公共施設に関する事業、若しくは景観計画に定められた景観重要公共施設に関する事業を行うこと、又はこれらの事業に参加すること。

④ 前号の事業に有効に利用できる土地で政令で定めるものの取得、管理及び譲渡を行うこと。

⑤ 景観農振地域整備計画（55条2項1号）の区域内にある土地を同計画に従って利用するため、委託に基づき農作業を行い、並びに当該土地についての権利を取得し、及びその土地の管理を行うこと。

⑥ 良好な景観の形成に関する調査研究を行うこと。

⑦ 前各号に掲げるもののほか、良好な景観の形成を促進するために必要な業務を行うこと。

以上により、景観整備機構は、「景観重要建造物と一体となって良好な景観を形成する広場その他の公共施設に関する事業の実施、管理協定に基づく景観重要建造物又は景観重要樹木の管理、景観農業振興整備計画の区域内の土地についての権利の取得及びその土地の管理等の業務」を担うこととなる（前掲注(1)17頁）。

第３に、景観計画区域における良好な景観形成を図るための多様な主体間の協議のための組織として、景観協議会が組織される（15条１項）。景観協議会は、「景観計画区域における良好な景観の形成を図るために必要な協議を行うため」に、景観行政団体、景観重要公共施設の管理者、景観整備機構等により組織される。また、これらの主体に加えて、必要に応じて、関係行政機関、観光関係団体、商工関係団体、農林漁業団体、電気事業、電気通信事業、鉄道事業等の公益事業を営む者、住民等を加えることができるとされている。「協議会の構成員は、その協議の結果を尊重しなければならない」（同条３項）と定められており、景観協議会の構成員には、いわば尊重義務が課されているといえる。

(b)　景観重要建造物・景観重要樹木の指定の提案（景観法20条１項・29条１項）

景観行政団体は、計画区域内にある建造物又は樹木の中で、「景観計画区域内の良好な景観の形成に重要な」ものを、景観重要建造物又は景観重要樹木として指定することができる（19条１項・28条１項）。指定に際しては、あらかじめ所有者（複数名のときは全員）の意見を聴かなければならない（19条２項・28条２項）。

他方、景観行政団体以外の者による指定の提案制度もある。第１に、当該建造物又は樹木の所有者による提案が可能である（20条１項・29条１項）。また、民間団体である景観整備機構による提案も可能であり、この場合、あらかじめ所有者の同意を得て提案しなければならない（20条２項・29条２項）。

景観重要建造物又は景観重要樹木に指定されると、その効果として、所有者に対して、以下の様々な制約が及ぶこととなる。

①　増改築等の建築行為や木竹伐採等に関する許可制（22条１項・31条１項）

②　無許可の原状変更行為等に対する原状回復命令等（23条１項・32条１項）

③　所有者及び管理者の適切な管理義務（25条１項・33条１項）

④　条例による「管理の方法の基準」の制定

⑤　必要な措置の命令又は勧告（26条・34条）

景観重要建造物又は景観重要樹木に指定された建造物又は樹木が適切に管理されていないため、「滅失若しくは毀損するおそれ」や「滅失若しくは枯死するおそれ」があると認められるときには、景観行政団体の長は、是正のために必要な措置の命令又は勧告を行うことができる。

⑥　建築基準法の改正により、「外観を保存するため」、道路内の建築制限、容積率、建ぺい率、斜線制限等に関する規制を条例で緩和することも可能となった（前掲注(1)10頁）。

このうち、④と⑤は、景観重要建造物又は景観重要樹木に関する景観管理のプロセスにおいて、条例が果たす役割の重要性を示す制度である。まず④について、景観行政団体は、景観重要建造物について、「条例で……良好な景観の保全のため必要な管理の方法の基準を定めることができる」とされており（25条２項）、また景観重要樹木について、「条例で……管理の方法の基準を定めることができる」とされている（33条２項）。その上で⑤については、条例で定めた管理方法の基準に従った適切な管理が行われていないと認められる場合にも、是正措置を執らせるための命令又は勧告をなし得ることとなる。

(c)　協定

景観法は、関係法主体間の合意に基づく景観の形成・管理を図るため、協定制度を重視している。

第１に、景観重要建造物及び景観重要樹木の指定に伴って、景観行政団体又は景観整備機構は、必要に応じて所有者との間で管理協定を締結することが可能となる（36条１項）。

このうち、景観整備機構と所有者間で締結される管理協定の場合は、景観行政団体の長の認可を受けなければならない（36条３項）。そして、管理協定の締結ないし認可（38条）の公告（39条）には、いわゆる承継効が生ずる。具体的にいえば、景観行政団体と所有者間で締結された管理協定が公告され、又は景観整備機構と所有者間で締結された管理協定の認可が公告されると、それ以降当該協定建造物又は協定樹木の所有者になった者に対しても、当該管理協定の効力が及ぶこととなる（41条）。

なお、景観重要樹木に関しては、緑地管理機構（都市緑地法68条１項）に指定され緑地保全地域等の管理のための管理協定を締結している団体も、景観重要樹木に関する管理協定を締結し、当該樹木の管理業務を行うことができる（42条１項・３項）。

第２に、建築基準法上の建築協定や都市緑地法上の緑地協定と同様の協定制度として、景観協定の締結が可能である。

景観協定は、「建築物、工作物、緑、看板、農用地など、景観に関する様々な事柄を、土地所有者等の合意による自主的なルールとして締結するもの」である（前掲注(1)17頁）。景観協定の締結には所有者等全員の合意が必要とされ（81条１項）、また景観行政団体の長の認可を必要とする（81条４項）。ただし、借地権の目的となっている土地については、当該土地の借地権者の合意は必要だが、所有者の合意を要しない（同項但し書き）。景観協定にも承継効が認められており、認可（83条１項）が公告される（同条３項）と、それ以後に区域内の土地所有者等となった者に対してもその効力が及ぶ（86条）。

(d)　景観重要建造物・景観重要樹木に関する情報の共有化と助言・援助

以上のように、景観法は、計画の策定に関する提案、景観重要建造物・景観重要樹木の指定の提案や管理協定制度、景観協定締結等の制度を通して、関係主体間の合意やコンセンサスの形成を図ろうとする諸制度を意識的に組み込んでいるが、同時に、そのようなコンセンサス形成のためのフォーマルな制度と並んで、関係主体間における円滑な情報流通と意思疎通を支援するための仕組みをも定めている。

第１に、情報の共有化のために、景観行政団体の長には、台帳の作成及び保管の義務があり（44条１項）、また、景観行政団体の長は、所有者に対して景観重要建造物又は景観重要樹木の現状について報告を求めることができる（報告徴収権限）（45条）。第２に、景観重要建造物の所有者は、景観行政団体又は景観整備機構に対して助言又は援助を求めることができ、また景観重要樹木の所有者は、景観行政団体又は景観整備機構若しくは緑地管理機構に対して、助言又は援助を求めることができる（46条）。

景観法は、以上の諸制度を通して、景観行政団体、景観整備機構、所有者間における情報の流通と共有化の確保を意図していると解される。

5　おわりに

景観法には、①景観計画区域の指定と同区域内における建築・建設行為や開発行為に関する届出・勧告、特定届出対象行為に関する変更命令・原状回復命令、景観地区等のように、行政と私人間の上下秩序を前提とした計画制度や権力的措置制度が定められているが、それと並んで、②景観計画制度の運用過程への多様な法主体の関与と協議、景観計画策定に関する申出や計画提案、景観重要建造物・景観重要樹木の指定の提案やその管理のため締結される管理協定、景観保護のため土地所有者等間で締結される景観協定等、多様な法主体間の水平的関係を前提とした諸制度も豊富に揃っている。①の中でも、条例による届出対象行為の拡張や特定届出対象行為の指定及び景観地区等における工作物設置や開発行為に対する独自規制の創設等々の諸制度は、条例による権力的規制を法律により根拠づけようとするものであり、景観法制定前の景観条例には欠けていた財産権制限を含む効果的な規制の可能性に途を開くものであった。その意味で、①の諸制度は、都市計画の一環としての景観地区の制度創設とともに、景観法制定の眼目たる立法理由に応えるためのものであった。他方、良くも悪くも一定の評価が未だ確立していない景観、その意味で「普通の」良好な景観の保護には、主観的評価を異にする多様な主体間におけるコンセンサスの形成を中軸にした取組み方が必要とされる。その意味で、②のタイプの諸制度、すなわち計画提案、協議、合意形成や協定等々、水平的関係を前提にネットワーク型のコミュニケーション形成を図るための諸制度の活用を図ることも、また不可欠である。

景観法は、結局、以上のように異質なタイプの法制度を併有することにより一個の法システムとして成り立つ法律である。したがって、景観法が良好な景観の形成という法目的を達成し得るか否かは、①のように権力的措置も含む計画制度と、②のようなネットワーク型コンセンサス形成のための諸制度とを、整合的かつ有機的に組み合わせた運用をなし得るか否かにより、決せられることとなる。そうすると、この法律の中には、ここに至るまで想定してきた意味での管理型とは異なる意味での「管理型」のイメージが包摂されているように思われる。ひとことでいえば、それは、良好な景観形成という目的の実現に向かって、拘束的基準設定や適合認定及び是正措置命令等の権力的規制を主としたハードな仕組みと計画提案や協議・協定等を主としたソフトな仕組みとを、適時かつ適切に組み合わせつつ調整するというスタイルに外ならない。

（亘理　格）

第４章　空家法の実施と条例対応

1　空家法と空き家条例の現在

2014年11月に成立した「空家等対策の推進に関する特別措置法」は、直近の数年間に急増した市区町村（以下、「市町村」という）の空き家条例の延長線上に位置する。この「空き家条例ブーム」の火付け役となったのは、空き家対策のみを目的とする「所沢市空き家等の適正管理に関する条例」であった。所沢市条例が2010年７月に制定されて以降、空き家条例は、まさに燎原の火のごとく全国に伝播した。

その要因は種々考えられるが、ひとつには、地域を問わず、地域社会に対して外部性を与えるような不適正管理状態の空き家が多く存在し、市町村がその対応に長らく苦慮していたことがある(1)。各地において、まさに臨界点に達するような状況であったところに、所沢市条例制定の情報がもたらされた(2)。

空き家条例の大波に押される形で制定された空家法は、2015年５月に施行された。同法は、それまでの空き家条例の内容を相当程度吸収していたために、施行にあわせて空き家条例を廃止する市町村もあった。しかし、全体としてみれば、それは少数派であった。従来からある空き家条例を一部・全部改正したり、新たに空き家条例を制定したりする市町村が多く現れた。空家法だけでは対応に不十分と考えるところが多かったのである。

筆者は、2017年12月の時点で、空家法後に制定された243条例を分析したこ

（1）　国土交通省土地・水資源局『外部不経済をもたらす土地利用状況の対策検討報告書』（2009年）は、同時期における全市区町村へのアンケート結果を収録する（回収率67％）。外部不経済をもたらす土地利用が発生していると回答した自治体が72％あり、抜きんでている対象は、「管理水準の低下した空き地」「耕作放棄地」「管理水準の低下した空き家や空き店舗」「廃屋・廃墟等」の４つである。

（2）　空家法以前の空き家条例に関しては、北村喜宣「空き家対策の自治体政策法務」同『空き家問題解決のための政策法務』（第一法規、2018年）２頁以下、同「条例による空き家対策をめぐる法的論点」同前書53頁以下参照。

とがある[(3)]。そこでは、筆者の条例論の分類枠組みを利用して[(4)]、そうした条例の内容を整理し、地域特性を踏まえた条例対応の多様性を確認した。その後も、空き家条例の制定は継続している。そこで、本章では、2017年11月～2019年10月の期間に公布された条例のうち筆者が確認できた204本を対象にして、同様の作業を行う。検討対象とした条例は、本章の最後に添付している（〔**図表－2**〕）。

国土交通省の空家法実施調査によれば、対象となる建物を除却するなどの行政代執行が、2020年3月31日までの間に、全国で260件実施されている[(5)]。同法は、行政法のなかでも、突出した執行実績を持つ法律である[(6)]。空き家対策の推進にあたって、市町村は、空家法と空き家条例をどのように使おうとしているだろうか。空き家条例は進化しているのだろうか。最近制定された条例をみることにより、その実像に迫りたい。本章は、2020年1月現在における、市町村空き家条例の定点観測である。

2　空家法の概要

空家法の仕組みは、大要以下の通りである[(7)]。概ね通年にわたって利用されていない建築物等及びその敷地が「空家等」（2条1項）とされる。そのうち放置すれば倒壊等著しく保安上危険となるおそれがある状態等にあるものが「特定空家等」（2条2項）とされる。

市町村長は、特定空家等の所有者等に対して、助言・指導（14条1項）、勧告（同条2項）、命令（同条3項）ができる。借地上の建築物の場合、土地所有者に対しても措置は可能であるが、除却の権原がないため、命令以外のみ可能であ

（3）　北村喜宣「空家法制定後の条例動向」行政法研究24号（2018年）1頁以下参照。
（4）　北村喜宣『自治体環境行政法〔第8版〕』（第一法規、2018年）34頁以下参照。
（5）　調査結果は、国土交通省ウェブサイトに掲載されている。解説として、国土交通省住宅局住宅総合整備課住環境整備室「空家等対策の推進に関する特別措置法の施行状況等について」市街地再開発594号（2019年）64頁以下参照。
（6）　北村喜宣「学界の常識は現場の非常識？：空家法のもとで活用される代執行」同『自治力の挑戦：閉塞状況を打破する立法技術とは』（公職研、2018年）52頁以下参照。
（7）　空家法については、北村・前掲注（2）書のほか、立案関係者によるものとして、自由民主党空き家対策推進議員連盟（編著）『空家等対策特別措置法の解説』（大成出版社、2015年）参照。

る。命令不履行の場合には緩和代執行（同条９項）により、受命者不明の場合には略式代執行（同条10項）により、それぞれ除却ができる。空家法に基づくこれらの事務は、義務的自治事務である。

3　空き家条例の枠組み

(1)　条例制定権の法的根拠

市町村は、地域における行政を進めるにあたって、議会の議決に基づき、条例を制定できる。日本国憲法94条は、「地方公共団体は、……法律の範囲内で条例を制定することができる。」と規定する。空家法前の空き家条例は、この規定を根拠に制定されていた。

もっとも、空家法以前においては、著しい保安上の危険のある老朽空き家を除却しようとすれば、建築基準法10条３項に基づく除却命令を発出し、不履行があれば、同法９条12項に基づいて、行政代執行によりこれをなすことが可能であった。この権限は、特定行政庁（実際には、同法を担当する建築指導課）にある。

ところが、同庁は、権限行使にきわめて後ろ向きであり、全国的にみても、実施例は、近年、数件にとどまっていた。小規模市町村域においては、特定行政庁は都道府県知事となるが、同様の状況にあった。事実上、建築基準法による対応は「封印」されていたのである。そこで、以前から問題視していた老朽危険空き家に独自に対処できる法的権限を創出すべく、憲法94条に基づいて制定されたのが、空き家条例であった。「担当行政にやる気がない」という点が立法事実のひとつとなっている珍しい事象である(8)。

空家法後に制定・改正された空き家条例も、同じく憲法94条を根拠にしている。空家法だけでは地域の事務である空き家対策を実施するには十分でないと考える市町村が、独自の内容を規定している。

（８）　空家法の下で行政代執行をしている部署が建築基準法も所掌しているという興味深い現象がある。建基法10条３項の権限が使用されない事情については、北村喜宣「老朽家屋等対策における都道府県と市町村の協働：特定行政庁に着目して」同・前掲注（２）書77頁以下参照。

⑵　法律実施条例と独立条例

空家法との関係で整理すると、そうした条例には、性質を異にする２種類がある。同法と融合して作用するもの（法律実施条例）とそうでないもの（独立条例）である。

法律実施条例とは、法律と対象を同じくしつつ（例：特定空家等）、地域特性に応じて法律を適用できるようにして、法律の目的を自治体においてより一層効果的に実現する内容を持つ条例である。比喩的にいえば、「法律の枠内にある条例」である。

これに対して、独立条例は、法律とは対象を異にする（例：全部が非居住となっていない三軒長屋）。法律と連携することはあるにしても、それと融合的に作用することはない。「法律の枠外にある条例」である。

空家法との関係でこれらを図示すれば、〔**図表－１**〕のようになる。原則として、個々の作用内容を規定する条例部分を指して「条例」と整理している点に注意されたい。「容れ物」としての条例のなかに、①～④の機能を持つ条例が規定される。なお、それぞれの項目ないし指摘事項に該当する条例は多数あるため、３条例を上限に例示する。

〔図表－１〕空家法と条例の関係

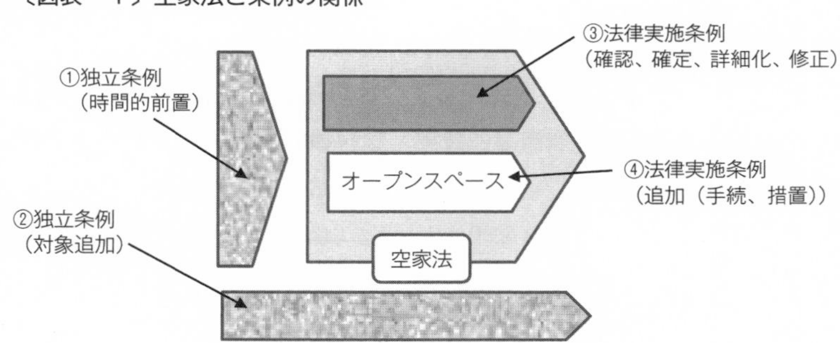

4　最近の空き家条例の分析

(1)　総則部分

(a)　空家法との関係

たとえば、萩市条例１条は、「空家等対策の推進に関する特別措置法……に定めるもののほか、空家等の適正な管理等について必要な事項を定めることにより、市民生活環境の保全を図り、もって安全安心のまちづくりの実現に寄与することを目的とする。」と規定する。このように、市町村の空き家施策の法的根拠として空家法を位置づけ、さらに独自の規定を設けるとする条例は多い。横出し的ないし追加的に独自内容を規定するというのであるから、空家法だけでは不十分であるという認識が前提にある。条例の大きな傘のもとに、空家法のもとでの事務及び条例による独自対応を並置しているといえる。

空家法の目的規定には、「空家等の活用の促進」という文言がある。今回検討対象とした条例のなかで同旨の文言を持つ例としては、水戸市条例、松川町条例、六ヶ所村条例などがある。もっとも、目的規定にはないものの、飯山市条例や萩市条例のように空家等の所有者等の責務として規定するもの、上野原市条例やさくら市条例のように、活用に関して独立した条文を置くものがある。一方、同法の目的規定にはない「地域コミュニティの活性化」を規定するものが、丹波篠山市条例、宍粟市条例、出水市条例など散見された。

(b)　対　　象

空家法の対象である特定空家等に対して独自の取組みをしたいのであれば、条例の対象を「特定空家等」である趣旨を明確にしなければならない。ところが、その意思を持ちつつも的確に規定しないがゆえに、独自対象に対する独立条例となっているものがある点は、以前に指摘した(9)。こうした傾向は、継続している。

丸亀市条例には、「空家等」「特定空家等」という定義規定があり（２条１項・２項)、空家法の定義を引き写した内容になっている。そのほかの規定も、空

（9）　北村喜宣「「空家法」を含まない条例の「真意」」北村・前掲注（２）書294頁以下参照。

家法の内容を市条例にそのまま落としたものが多い。市民に対して空家法をわかりやすく伝えたい意図は理解できるが、空家法との関係が規定されていないために、「空家法の横にもうひとつ同じような空き家条例を作った」ような結果になっている。無意味な二重規制状態が発生している。

それを回避するには、「この条例において使用する用語は、空家法において使用する用語の例による。」「空家法第２条第１項にいう空家等をいう。」という規定を設ければよい。あるいは、空家法の規定を引き写したうえで、「……として空家法第２条第１項に定めるものをいう。」とすればよいのであるが、それがされていない。このミスを犯している条例は、きわめて多い。七尾市条例、八峰町条例、北栄町条例などは、空家法に言及しつつも「空家等」の定義に同法を引用しないため、同様の結果になっている。上野原市条例、朝木市条例、吉備中央町条例は、定義にかかる建築物等に対して空家法14条を適用すると規定されている。これならば、何とか善解できる。

⑵　独立条例

⒜　時間的前置条例（〔図表－１〕①）

時間的前置とは、保安上の危険性の程度が低いために空家法２条１項が規定する空家等と認定されない建築物について、いわば未然防止の観点から、一定の措置を規定するものである。結城市条例は、調査により空家等と認められなかった建築物等を「準空家等」と称し、それに対して指導ができると規定する。指導には法的根拠を要しないが、条例上の措置とすることにより、同条例施行規則に規定される様式が利用できる。文書番号が付され、市長名・市長公印が押印された公式文書の効果は、それなりにはあるだろう。

⒝　対象追加条例（〔図表－１〕②）

国土交通省は、いわゆる長屋やアパートの場合、すべての住戸部分が不使用になっていなければ空家法のもとでの「空家等」とみなせないと解釈している。しかし、現場においては、ある住戸部分の管理状態が悪化して保安上危険になっている場合もある。こうしたケースに対しては、空家法は適用できないため、独自の措置を講じるほかない。

嘉麻市条例は、空家法と同様の目的のもとで、同法の対象にならない「老朽空き家等」に対する措置を規定している。命令は規定されていないのは、制度的には、建築基準法に委ねるという趣旨だろうか（特定行政庁は、福岡県知事となる）。「空き家等」という定義を設け、そこに空家法２条１項の空家等と長屋等を含める方式をとるものとして、長岡京市条例がある。富田林市条例及び淡路市条例は、「法定外空家等」「法定外特定空家等」として、それぞれの状態にある長屋や共同住宅を対象にしている。名称は異なるが、同様の工夫をしているものとして、府中市条例、淡路市条例、米子市条例などがある。「空住戸等」「特定空住戸等」としてこれらを定義する倉吉市条例は、14条を含む空家法の規定の読替えにより、これを実質的に準用する。敦賀市条例も同様であり、同法の対象を条例で拡大して同法を適用しているのである。注目される対応である。ただ、「建物の区分所有等に関する法律」の対象となる長屋の場合、建築物全体のなかに区分所有部分と専有部分があるため、どの所有者に対してどのような内容の命令が出せるのかの判断は、必ずしも容易ではない。

北区条例は、「居住建築物」に対して勧告ができる旨を規定する。建基法10条は、こうした物件に対する行政指導措置を規定していないため、空家等に加えて対象に追加している。

⑶　法律実施条例

⒜　確認、確定、詳細化、修正条例（〔図表－１〕③）

「確認」とは、「市町村」「市町村長」と規定される空家法の関係条文を、たとえば、「市は」「市長は」として条例に二度書きする対応である。そのほかの独自規定を含めて、住民は、条例をみるだけで、市が実施する空き家法規制を理解できる。ワンストップ的条例といえる。銚子市条例、野辺地町条例、川越町条例などがこれである。なお、この方式をとる大野町条例は「指導どまり」、芦北町条例は「勧告どまり」となっている。それを超える措置はしないという趣旨だろうか。美浦村条例は、空家法14条９項の代執行に公益要件を復活させている。「コピーミス」だろうか。

「確定」とは、「……ことができる。」というように、空家法が任意としている項目の採用を条例で決定する対応である。典型的なのは、６条の空家等対策計画の策定及び７条の協議会の設置である。西東京市条例、府中市条例、松川町条例などは計画を「定めるものとする。」と規定し、羽後町条例、南九州市条例、新座市条例などは協議会を「置く。」と規定する。稚内市条例、釜石市条例、吉野ヶ里町条例などは、両者の採用を規定する。八頭町条例及び三芳町条例のように、計画策定に関して空家法の条文を明示しないものもあるが、空家法６条２項各号が規定する内容が盛り込まれていればよいので、問題はない。

「詳細化」とは、空家法に規定される文言を解釈し、より具体化して規定する対応である。浅口市条例、総社市条例、三豊市条例は、同法14条に基づく措置を決定するにあたっての配慮事項を規定する。大刀洗町条例は、対象を決定するにあたっての基準を規定する。

「修正」とは、空家法の規定を上書きする対応である。典型的なのは、同法３条が「……適切な管理に努めるものとする。」と規定する空家等の所有者の責務を、「……適切な管理を行わなければならない。」とするものである。鶴ヶ島市条例、銚子市条例、矢板市条例など、例は多い。実際の法律効果はないけれども、上書きといえば上書きである。上牧町条例及び智頭町条例は、命令を前提とする代執行について、行政代執行法２条に規定される公益要件をわざわざ復活させている。真意は不明であるが、権限行使のハードルを高くする上書きである。法制執務のミスかもしれないが、空家法の制定趣旨に鑑みると、合理性の説明が難しい。

(b)　追加（手続、措置）条例（〔**図表－１**〕④）

空家等・特定空家等に対して、空家法に定めのない内容を追加的に規定する条例は多くある。手続と措置に分けて整理しよう。

(i)　追加的手続

「手続」としては、第１に、特定空家等の認定がある。高山市条例、南あわじ市条例、智頭町条例などは、認定手続に関する規定を置く。奥州市条例、津別町条例、出雲崎町条例などは、状態改善時の認定取消しについても規定を設けている。亀岡市条例及び吉備中央町条例は、市長に対して、認定基準の策定と公表を義務づけている。

第２は、特定空家等の認定や空家法14条の下での措置の決定に先立って、附属機関の意見聴取を義務づけるものである。狛江市条例、玄海町条例、高千穂町条例など、例は多い。

第３は、同法14条２項勧告に先立つ意見陳述機会の保障である。長岡市条例、矢巾町条例、新座市条例などに規定がある。勧告に処分性を認めているのかもしれない。そうであるとすれば、勧告書には教示文を付す必要がある。津別町条例は、状態改善時の勧告取消しについて規定する。住宅用地特例の適用除外と関係するため、この手続は重要である。釜石市条例は、状態改善時における勧告の撤回規定を設ける。

(ii)　追加的措置

「措置」としては、第１に、特定空家等未満の空家等に対するものがある。特定空家等とは、一定の基準を適用して「一線越え」をした空家等である。そこまでとは評価できない空家等は、空家等のままとなり、同条の適用対象外となる。しかし、保安上の危険度において、それほど大きな差はない場合もある。そこで、稚内市条例のように、特定空家等未満の空家等に対して、措置を講じうると規定するものがある。同条例は、空家法２条１項の空家等に対して、条例に基づき助言・指導、勧告、命令、行政代執行法による代執行ができると規定する。空家法があえて措置を規定していないと解される対象に対して、行政指導を超えて命令までを規定するのは、独立条例ではあるものの、実質的には上書きであり、「修正」と分類できるかもしれない。きわめて貴重な実例であるが、どのような解釈でこれを適法と解したのだろうか。常陸太田市条例及び坂東市条例も同様の状況になっている。南知多町条例は、緩和代執行も可能としている。比例原則の観点からは、独自条例に基づく勧告がせいぜいではないだろうか。「管理不全な状態の空家等」というカテゴリーを設ける南伊勢町条例は勧告まで、「特定空家等候補」というカテゴリーを設ける橿原市条例、「準特定空家等」というカテゴリーを設ける古平町条例は、指導までと規定している。

第２は、空家法14条１項指導又は２項勧告を受けた所有者等から実施困難との申出を受けた場合の対応である。君津市条例、豊橋市条例、宮古島市条例などは、行政による代行措置を規定する。一種の請負契約であろう。袖ケ浦市条例は、同３項命令の場合に、こうした措置を規定する。

第３は、空家法14条に規定される措置に従わなかった場合のサンクションである。命令不服従の公表が、多くの条例に規定されている。命令の履行確保手段として空家法が規定するのは過料のみであるが（16条１項）、おそらくこれらの市は、過料を求めて地方裁判所に申し立てることはしないために、独自の手段を創設したのだろう。法律とリンクする措置であり、これが一般化している点を確認しておきたい。

第４は、即時執行である。「緊急安全措置」「緊急時の管理行為」「応急代行措置」「応急措置」など表現は一様ではないが、空き家条例の必置規定といってよい内容である。行政が支出した費用については、対象となった空家等ないし特定空家等の所有者等に請求できる旨の規定を置く条例が多い。しかし、はたして債権として成立しているのか、疑問がある(10)。

第５は、不在者財産管理人ないし相続財産管理人の選任申立てである。空家法を実施する立場の市町村が民法25条１項又は952条１項にいう「利害関係人」になりうるかは、家庭裁判所の判断に委ねられるが、選任されれば管理人との協議及び同裁判所の権限外行為許可により特定空家等に認定された建築物の除却も可能となる。銚子市条例、豊頃町条例、大桑村条例に例がある。条例に規定がなければなしえない措置ではないが、これを積極的に検討するという意思の表れであろう(11)。

第６は、追加的義務づけである。岩内町条例は、建築物の所有者に対して、未登記の場合に登記の義務づけを規定する。

5　空家法との並行規制状態の存置

空家法施行後に改正されたにもかかわらず、同法の存在を「無視」するかのように、独立条例を制定している市町村が、引き続きみられる。たとえば日野町条例、椎葉村条例、新宿区条例がそうである。これら条例には、「空家法」

(10)　北村喜宣「「する」「できる」「しない」「沈黙」：空き家条例にもとづく即時執行の費用徴収」同『自治力の挑戦：閉塞状況を打破する立法技術とは』（公職研、2018年）122頁以下参照。

(11)　利用実績がある自治体が作成した資料として、川口市空家問題対策プロジェクトチーム『所有者所在不明・相続人不存在の空家対応マニュアル：財産管理人制度の利用の手引き』（2017年３月）参照。

という文言はみられない。それぞれの空き家対策にとって、同法は不要と考えているのだろうか。用語法の不適切さにより、結果として独立条例になっているケースとは異なるのであり、それなりの「意思」を感じる。それはそれで、卓見ではある。

しかし、現に法律は存在し、事務は義務的となっている。浜中町条例及び坂祝町条例は、おそらくは空家法の対象となるものに対して、行政代執行に関して、公益要件のある行政代執行法によるというように、ハードルの高い規定を設ける。なぜ空家法の緩和代執行を利用せずに高いハードルをわざわざ規定するのだろうか。住民の安全にとって不利になるような条例をなぜ議会は議決したのだろうか。理解に苦しむ。

6　全体的な印象

⑴　前回調査時との比較

何よりも印象的なのは、空き家条例の制定が継続している点である。そして、その内容には、きわめて多様性がある。市町村が、地域の実情を十分に認識した上で、空家法のほかに自らに必要な措置を選択して規定している。法制執務の観点からは問題がある内容も散見されるけれども、全体としてみれば、空き家対策は、自治体政策法務の対応が積極的にされている珍しい政策分野といえる。

内容については、前回調査時と比較して、それほど大きな変化はみられなかった。国においても法改正が検討されている登記の義務づけは、新しい内容である。条例による義務づけというより、啓発とみるべきだろう。

⑵　「点」から「面」へ

空き家に対する自治体の取組みに関しては、「立地に関係のない「点」としての対応がメインで「面」としての誘導につながっていない。今後は、限られた開発需要の立地をまずは重点区域に適切に誘導し、人口密度を維持できるよう重点区域の内外で助成等の支援施策の差（補助金の差など）をつけていく、つまり住宅政策と都市計画の密な連携施策は必要不可欠」という指摘がある(12)。現状はまさにスポット対応であり、エリア管理の観点からの思考に欠けているということであろう。

たしかに、都市計画との連携は、空き家対策にとっては重要な課題である。しかし、現状では、これを地域空間管理のなかに位置づけるという視点からの取組みはみられない。保安上の危険除去が、最優先課題にされている。それ以外の施策として空家法６条に基づく空家等対策推進計画に記載されているのは、除却後の跡地利用であるとか戸建て空家等の利活用といったスポット対応が中心である。都市計画担当部署が空家法を所管していない市町村が多い点は、そうした傾向の一因であろう。

老朽危険空き家問題は、縮小社会における典型的事象である。居住空間のコンパクト化が大きな社会的課題となっている現在、集約化の候補地として空家等を考える可能性は否定できない。ただ、行政にとって都合のいい場所に空家等が存在するわけではないし、存在したとしても強制的に使用することはできない。もとより空家法は、そこまでの射程を持つものではないため、管理の観点を実現するには、より大きな枠組みを創出する法制度が必要になる。

〔追記〕　より最近における空き家条例の検討として、北村喜宣「空家法の実施と市町村の空き家条例」都市問題111巻11号（2020年）92頁以下参照。

〔図表－２〕最近の空き家条例の制定・改正（204条例）

条例名	改正・新規	公布日
志賀町空き家等の適正な管理に関する条例	新規	2017年10月16日
新座市空家等の適切な管理に関する条例	一部改正	2017年11月30日
板倉町空家等対策の推進に関する条例	新規	2017年12月５日
明和町空家等対策の推進に関する条例	新規	2017年12月７日
吉野ヶ里町空家等の適切な管理に関する条例	全部改正	2017年12月11日
中津市空家等対策条例	全部改正	2017年12月15日
知内町空家等の適切な管理に関する条例	新規	2017年12月18日
二戸市空き家等の適正管理及び活用促進に関する条例	新規	2017年12月18日

(12)　野澤千絵「都市のスポンジ化を防ぐ自治体の都市政策へ」月刊ガバナンス196号（2017年）20頁以下・22頁。災害リスク管理の観点からの指摘として、姥浦道生「水害リスクに対応した空間計画」地方自治職員研修731号（2020年）１頁以下参照。

韮崎市空家等対策の推進に関する条例	一部改正	2017年12月20日
海津市空き家等の適正管理に関する条例	新規	2017年12月20日
南部町空き家等の適正管理に関する条例	一部改正	2017年12月20日
田川市空家等の適正管理に関する条例	全部改正	2017年12月20日
狭山市空家等の適正管理に関する条例	新規	2017年12月21日
久慈市空家等対策条例	新規	2017年12月22日
長井市空家等の適正管理に関する条例	一部改正	2017年12月22日
匝瑳市空家等対策の推進に関する条例	新規	2017年12月22日
宇佐市空家等対策条例	新規	2017年12月22日
長門市空家等対策の推進に関する条例	全部改正	2017年12月25日
長岡市空家等の適切な管理に関する条例	全部改正	2017年12月27日
養父市空家等の適正な管理に関する条例	新規	2017年12月27日
南九州市空家等の適正管理に関する条例	一部改正	2018年２月20日
阿波市空家等対策の適正管理に関する条例	新規	2018年２月27日
松川町空家等対策の推進に関する条例	新規	2018年３月２日
香美町空家等の適正な管理に関する条例	新規	2018年３月２日
雫石町空家等の適切な管理に関する条例	新規	2018年３月６日
北秋田市空家等の適切な管理に関する条例	全部改正	2018年３月６日
三島町空家等の適正管理に関する条例	新規	2018年３月６日
長野原町空家等の適正管理及び有効活用に関する条例	新規	2018年３月６日
一宮町空家等の適切な管理に関する条例	新規	2018年３月13日
椎葉村空き家等の適正管理に関する条例	新規	2018年３月９日
湯川村空家等の適正管理に関する条例	一部改正	2018年３月13日
木古内町空き家等の適正管理に関する条例	一部改正	2018年３月14日
釜石市空家等の適正管理に関する条例	新規	2018年３月14日
津幡町空家等の適正管理に関する条例	新規	2018年３月14日
倉吉市空家等の適正管理に関する条例	一部改正	2018年３月15日
土庄町空家等対策の推進に関する条例	一部改正	2018年３月15日
川越町空家等の適正管理及び有効活用に関する条例	新規	2018年３月16日
新宿区空き家等の適正管理に関する条例	一部改正	2018年３月16日
熱海市空家等対策の推進に関する条例	新規	2018年３月16日
山江村空き家等の適正管理に関する条例	新規	2018年３月16日
山添村空家等対策の推進に関する条例	新規	2018年３月19日
野辺地町空家等対策の推進に関する条例	新規	2018年３月19日

南知多町空家等の適正な管理に関する条例	一部改正	2018年３月19日
枕崎市空家等の適切な管理に関する条例	一部改正	2018年３月20日
高千穂町空家等対策の推進に関する条例	新規	2018年３月20日
朝倉市空家等の適切な管理に関する条例	新規	2018年３月20日
飯南町空家等の適正管理に関する条例	新規	2018年３月20日
江津市空家等の適正管理に関する条例	新規	2018年３月20日
甲州市空家等対策の推進に関する条例	新規	2018年３月20日
川越市空家等の適切な管理に関する条例	全部改正	2018年３月20日
桜川市空家等の適正管理に関する条例	新規	2018年３月20日
総社市空家等の対策の推進に関する条例	全部改正	2018年３月22日
美濃市空家等の適正な管理及び利活用の促進に関する条例	新規	2018年３月22日
矢板市空家等の適正管理に関する条例	新規	2018年３月22日
村田町空家等の適正管理に関する条例	新規	2018年３月22日
福井市空き家等の適正管理に関する条例	一部改正	2018年３月22日
蒲郡市空家等適正管理条例	一部改正	2018年３月22日
八頭町空き家等の適正管理に関する条例	一部改正	2018年３月23日
伊万里市空家等の適正管理に関する条例	一部改正	2018年３月23日
出水市空家等対策の推進に関する条例	一部改正	2018年３月23日
明和町空家等の適正管理に関する条例	新規	2018年３月23日
能美市空家等の適正な管理及び活用の促進に関する条例	新規	2018年３月23日
銚子市空家等の適切な管理に関する条例	新規	2018年３月23日
美浦村空家等対策の推進に関する条例	新規	2018年３月23日
佐伯市空家等の適切な管理及び活用促進に関する条例	全部改正	2018年３月26日
赤穂市空家等の適正管理に関する条例	全部改正	2018年３月26日
若狭町空家等対策の推進に関する条例	新規	2018年３月26日
高浜町空き家等対策の推進に関する条例	新規	2018年３月26日
加東市空家等の適切な管理に関する条例	新規	2018年３月27日
亀岡市空家等対策の推進に関する条例	新規	2018年３月27日
茨木市空家等の適切な管理に関する条例	新規	2018年３月27日
美浜町空家等適正管理条例	新規	2018年３月27日
沼田市空家等対策の推進に関する条例	新規	2018年３月27日
市川町空き家等の適正な管理に関する条例	新規	2018年３月27日
朝来市空家等の適切な管理及び有効活用の促進に関する条例	一部改正	2018年３月27日
八尾市空家等の適正管理に関する条例	一部改正	2018年３月27日

大刀洗町空家等の適切な管理に関する条例	全部改正	2018年３月28日
豊橋市空家等の適切な管理及び活用に関する条例	新規	2018年３月28日
川口市空家等対策に関する条例	新規	2018年３月29日
平戸市空家等対策の推進に関する条例	全部改正	2018年３月30日
南あわじ市空家等の適正管理及び有効活用に関する条例	新規	2018年３月30日
狛江市空家等の適切な管理及び利活用に関する条例	新規	2018年３月30日
鳥栖市空家等の適正管理に関する条例	一部改正	2018年３月30日
浜中町空家等の適正管理に関する条例	新規	2018年６月８日
常陸太田市空家等の適正管理に関する条例	一部改正	2018年６月18日
富加町空家等の適正管理に関する条例	新規	2018年６月19日
魚津市空家等対策の推進に関する条例	一部改正	2018年６月22日
高岡市空家等の適切な管理及び活用に関する条例	全部改正	2018年６月25日
古平町空家等の適切な管理に関する条例	新規	2018年６月26日
嘉麻市老朽空家等の適正管理に関する条例	一部改正	2018年６月26日
宮崎市空家等対策の推進に関する条例	一部改正	2018年６月26日
人吉市空き家等対策の推進に関する条例	新規	2018年６月27日
敦賀市空き家等の適切な管理に関する条例	新規	2018年６月27日
神戸町空家等対策の推進に関する条例	新規	2018年６月28日
浅口市空家等の適正管理に関する条例	新規	2018年６月28日
むつ市空家等の適正管理に関する条例	全部改正	2018年６月29日
臼杵市空家等の適正管理に関する条例	一部改正	2018年６月29日
山中湖村空家等対策の推進に関する条例	新規	2018年７月１日
赤磐市空家等の適切な管理の促進に関する条例	新規	2018年７月２日
北栄町空家等の適正管理及び有効活用に関する条例	一部改正	2018年７月２日
高萩市空家等対策の推進に関する条例	新規	2018年７月４日
諫早市空家等対策の推進に関する条例	新規	2018年７月５日
岩内町空き家等対策の推進に関する条例	新規	2018年９月13日
津山市空家等の適切な管理及び活用の促進に関する条例	一部改正	2018年９月19日
勝山市空家等の適切な管理に関する条例	全部改正	2018年９月20日
共和町空家等対策の推進に関する条例	新規	2018年９月21日
坂祝町空き家等の適正管理に関する条例	新規	2018年９月21日
大野町空家等対策条例	新規	2018年９月25日
坂東市空家等の適正管理に関する条例	新規	2018年９月25日
上野原市空家等対策の推進に関する条例	新規	2018年９月26日

熊谷市空家等の適切な管理に関する条例	新規	2018年９月27日
袖ケ浦市空家等対策の推進に関する条例	全部改正	2018年９月28日
奥州市空家等の適正管理に関する条例	新規	2018年９月28日
田布施町空家等対策の推進に関する条例	一部改正	2018年９月28日
長岡京市空き家等対策の推進に関する条例	新規	2018年９月29日
高山市空家等の適切な管理及び活用の推進に関する条例	新規	2018年10月１日
外ヶ浜町空家等の適切な管理に関する条例	新規	2018年10月１日
栗東市空家等対策条例	新規	2018年10月２日
綾町空家等対策の推進に関する条例	新規	2018年10月４日
佐賀市空家空地等の適正管理に関する条例	一部改正	2018年10月５日
飯塚市空家等の適切な管理に関する条例	新規	2018年10月９日
笛吹市空家等対策の推進に関する条例	新規	2018年10月10日
中野区空家等の適切な管理、利用及び活用の推進に関する条例	新規	2018年10月19日
浦幌町空家等の適正管理に関する条例	一部改正	2018年12月５日
浜頓別町空家等の適正管理に関する条例	新規	2018年12月12日
矢祭町空家等の適正管理及び活用促進に関する条例	新規	2018年12月13日
稚内市空家等の適正管理に関する条例	一部改正	2018年12月13日
深谷市空家等対策の推進に関する条例	新規	2018年12月14日
和水町空家等の適正管理に関する条例	新規	2018年12月17日
鯖江市空家等の適正管理に関する条例	一部改正	2018年12月18日
七尾市空き家等の適切な管理及び活用の促進に関する条例	新規	2018年12月19日
田原市空家等の適正管理に関する条例	新規	2018年12月20日
上牧町空き家等及び空き地の適切な管理に関する条例	新規	2018年12月20日
上松町空家等の適正管理に関する条例	新規	2018年12月21日
白岡市空家等の適切な管理に関する条例	新規	2018年12月21日
龍ケ崎市空家等の適正な管理に関する条例	新規	2018年12月21日
大垣市空家等の適切な管理及び活用の促進に関する条例	新規	2018年12月21日
五島市空家等対策の推進に関する条例	一部改正	2018年12月21日
君津市空家等の適切な管理に関する条例	新規	2018年12月25日
山陽小野田市空家等対策の推進に関する条例	一部改正	2018年12月25日
かつらぎ町空家等の適正管理に関する条例	一部改正	2018年12月26日
丸亀市空家等対策の推進に関する条例	一部改正	2018年12月27日
飯山市空家等対策の推進に関する条例	一部改正	2018年12月28日
芦別市空家等対策条例	全部改正	2019年２月７日

丹波篠山市空き家等の適正管理及び有効活用に関する条例	一部改正	2019年２月27日
藤岡市空家等の適正管理に関する条例	一部改正	2019年２月28日
八峰町空家等の適正管理に関する条例	一部改正	2019年３月１日
豊頃町空家等対策の推進に関する条例	新規	2019年３月５日
中山町空家等の応急措置に関する条例	新規	2019年３月５日
飯豊町空き家等の適正管理に関する条例	一部改正	2019年３月７日
播磨町空家等の適正管理に関する条例	新規	2019年３月８日
宍粟市空き家等の対策に関する条例	一部改正	2019年３月11日
玉村町空家等の適正管理及び活用の促進に関する条例	新規	2019年３月14日
喜界町空き家等対策の推進に関する条例	新規	2019年３月15日
出雲崎町空家等対策の推進に関する条例	新規	2019年３月18日
泰阜村空家等の適正な管理及び活用に関する条例	新規	2019年３月19日
茂原市空家等の適切な管理に関する条例	新規	2019年３月19日
富田林市空家等の適正管理に関する条例	新規	2019年３月19日
三好市空家等対策の推進に関する条例	新規	2019年３月19日
西都市空家等対策の推進に関する条例	新規	2019年３月19日
日野町空き家等の適正管理に関する条例	新規	2019年３月19日
府中市空家等の適正管理に関する条例	一部改正	2019年３月19日
取手市空家等の適正管理に関する条例	一部改正	2019年３月20日
上板町空き家等の適正管理に関する条例	一部改正	2019年３月20日
知立市空家等の適切な管理に関する条例	新規	2019年３月20日
新地町空家等の適正管理に関する条例	新規	2019年３月20日
六ヶ所村空家等の適切な管理に関する条例	新規	2019年３月20日
平生町空家等対策の推進に関する条例	新規	2019年３月20日
宝達志水町空家等の適正管理に関する条例	新規	2019年３月22日
北区空家等及び居住建築物等に係る緊急措置に関する条例	新規	2019年３月22日
阿見町空家等対策の推進に関する条例	全部改正	2019年３月22日
羽後町空家等の適切な管理に関する条例	全部改正	2019年３月22日
犬山市空家等の適正な管理に関する条例	新規	2019年３月22日
智頭町空家等の適切な管理に関する条例	新規	2019年３月22日
佐賀市空家空地等の適正管理に関する条例	一部改正	2019年３月22日
美咲町空家等の適正管理に関する条例	一部改正	2019年３月22日
浅川町空き家等対策の推進に関する条例	新規	2019年３月25日
曽於市空家等の適切な管理等に関する条例	新規	2019年３月25日

鶴ヶ島市空家等の対策に関する条例	一部改正	2019年３月25日
宇陀市空家等の適切な管理に関する条例	一部改正	2019年３月25日
水戸市空家等対策の推進に関する条例	新規	2019年３月26日
三芳町空家等の適正管理に関する条例	新規	2019年３月27日
吉備中央町空家等の適正管理に関する条例	新規	2019年３月27日
芦北町空家等対策に関する条例	新規	2019年３月27日
米子市空家等及び空住戸等の適切な管理に関する条例	全部改正	2019年３月28日
結城市空家等対策推進条例	全部改正	2019年３月28日
西東京市空き家等の対策の推進に関する条例	新規	2019年３月28日
島田市空家等の適切な管理に関する条例	新規	2019年３月28日
橿原市空家等対策の推進に関する条例	新規	2019年３月29日
三豊市空家等の適正な管理に関する条例	一部改正	2019年３月29日
宮古島市空家等の適切な管理に関する条例	新規	2019年３月29日
矢巾町空家等の適切な管理等に関する条例	新規	2019年６月７日
長沼町空家等対策の推進に関する条例	新規	2019年６月12日
淡路市空家等の適切な管理に関する条例	新規	2019年６月19日
山武市空家等の適正管理に関する条例	新規	2019年６月25日
南伊勢町空家等の適正管理に関する条例	新規	2019年７月３日
萩市空家等対策の推進に関する条例	一部改正	2019年７月10日
千代田町空家等対策の推進に関する条例	新規	2019年９月４日
大多喜町空家等対策の推進に関する条例	新規	2019年９月10日
津別町空家等の適切な管理に関する条例	新規	2019年９月17日
大桑村空家等の適正な管理に関する条例	新規	2019年９月17日
玄海町空家等の適正な管理及び活用の促進に関する条例	新規	2019年９月20日
あま市空家等の適切な管理に関する条例	新規	2019年９月27日
尾鷲市空家等及び空地の適正管理に関する条例	新規	2019年９月30日
さくら市空家等対策の推進に関する条例	新規	2019年10月１日

（注）「一部改正・全部改正」とは、直前の改正の内容を示している。空家法前に制定されていた条例を全部改正したものを直近の改正が一部改正した場合には、「一部改正」と表記している。

（北村喜宣）

第５章　超高齢社会・人口減少社会における　マンション管理問題

1　はじめに

近時、分譲マンションにおける「２つの老い」がしばしば語られている。「建物の老い」＝老朽化と「住民の老い」＝高齢化である(1)。

「建物の老い」に関して多少の数値を挙げると、国土交通省の調査によれば、2018年末の時点で、分譲マンションのストック数は654万７千戸、国民の１割を超える約1,525万人が居住している。このうち、築後40年超のマンションは、81万４千戸（全体の12％強）であるが、10年後には197万８千戸、20年後には366万８千戸になると予想されている(2)。高経年マンションの急増である。このような「建物の老い」の下で、建替えあるいは区分所有関係の解消に向けての法制度整備の必要性が強調されるとともに、他方ではむしろマンション長命化への努力の必要性が強調されている。

「住民の老い」については、2018年度の数値で、マンション居住の世帯主年齢は、70歳代以上が22.2％、60歳代が27.0％で、両者でほぼ50％を占める。約20年前の1999年度の数値は、それぞれ7.3％と18.4％であったから（合計で25％程度）、マンション世帯主の高齢化の進展は明瞭である。また、当然のことながら、完成年次が古いマンションほど高齢化の進展が顕著である。完成年次が1979年以前のマンション（築年数が40年を超えるもの）では、70歳代以上の世帯主割合は47.2％に登るのである(3)。マンション世帯主の高齢化の進行の下で、

（１）　この２つの老いを前面に出して、今日のマンション問題の現実をリアルに描く近時の労作として、山岡淳一郎『生きのびるマンション――〈二つの老い〉をこえて』（岩波書店、2019年）がある。

（２）　以上の数値は、国土交通省『平成30年度マンション総合調査結果』（平成2019年４月26日公表）（https://www.mlit.go.jp/jutakukentiku/house/jutakukentiku_house_tk５_000058.html）とともに同じサイトに公表された「分譲マンションストック戸数」及び「築後30、40、50年超の分譲マンション戸数」による（なお、本稿におけるインターネット情報の最終アクセス日は、2019年10月31日である）。

管理組合は、その管理機能低下の危険に曝されている。理事不足、総会成立の困難性、管理費・修繕積立金徴収の困難性などである。管理組合はまた、その反面で、一人暮らしの認知症居住者に対する見守り機能の発揮、専有部分における「共同の利益」に反する行為や管理の不十分性（ゴミ屋敷化）への対処など、その機能の拡大・強化を要請されてもいる。

日本社会は、高齢社会・超高齢社会からさらに人口減少社会に突入している。人口減少社会の影響は、社会のすべての領域にさまざまな形で及んでいく。マンションとの関連で重要なのは、大きな地域的格差を伴いつつも、不動産需要の減少を背景に、不動産価値が下落し極端な場合にはマイナスにすらなっていくことである（不動産の負財化）。これが、不動産の事実的管理不全と法的管理不全とをもたらしている。空き家問題と所有者不明土地問題である[(4)]。マンションもこれらの問題を免れない。東京など一定の大都市都心部を除いて、マンションの需要減少と中古マンション住戸の価格の下落が目立つようになっている。そして、とりわけ相続を契機として、マンション住戸の空き家化と所有者不明化が進行しているのである[(5)]。それは、マンション全体の管理不全とスラム化の危険をもたらす。それはまた、建替えや区分所有関係の解消を困難にするとともに、大規模修繕等による建物の長命化を図る上でも大きな困難をもたらすことになる。

本章では、以上のような大きな問題状況を踏まえつつ、今日のマンション管理に関する基本的論点を検討する。具体的には、２つの論点を取り上げる。第１は、マンションの建替え又は区分所有関係解消の意思決定をどのように行う

（３）　以上の数値は、いずれも前掲注（２）の『マンション総合調査結果』に収録された「平成30年度マンション総合調査結果からみたマンション居住と管理の現状」による。

（４）　空き家問題と所有者不明土地問題については、本章では立ち入ることはできない。多くの文献があるが、筆者自身のものとしては、吉田克己『現代土地所有権論――所有者不明土地問題と人口減少社会をめぐる法的諸問題』（信山社、2019年）を挙げておく。

（５）　前掲注（３）の資料によれば、空室ありとの回答が35.3％、空室なしが47.9％、回答なしが16.8％である。空室ありのうち、所在不明・連絡先不通の空室があるマンションの割合は3.9％であり、そのうち総戸数に対する所在不明・連絡先不通の住戸の割合が20％を超えるマンションが2.2％存在する。数字を挙げることは省略するが、完成年次が古いマンションほど所在不明・連絡先不通の住戸があるマンションの割合が高くなる傾向がある。

かという論点である。第2は、マンションの長命化をどのように図るかという論点である。この2つの論点は、「建物の老い」に向き合うための車の両輪ともいうべき関係にある。しかし、両者の間には、基本理念における鋭い緊張関係が存在していることにも留意しなければならない。

2　マンションの建替えと区分所有関係の解消

(1)　問題の法的枠組み

「老朽化」等を理由としてマンションを建て替えようとする場合、その意思決定はどのようにすればよいのであろうか。また、区分所有関係を解消して建物を取り壊して土地を売却したり、土地建物を一括して売却したりする場合にはどうであろうか。

まず、民法上の共有における考え方を確認すると、民法は、広義の管理を、①保存行為、②管理に関する事項（典型的には改良行為）、③変更の3種に分けた上で、①については各共有者が単独で行うことができ（民法252条但し書き）、②は持分と頭数に基づく多数決で決め（同条本文）、③については全員一致が必要（251条）というルールを定めている。③は、共有持分が所有権の性格を持ち共有物の全部に及ぶという理解から必然的に導かれる解決である（所有権の論理）。①は、保存行為がすべての共有者の利益になることを根拠とする（利益共通性の論理[(6)]）。②は、所有権の論理に基づいて変更と同様に全員一致を要するという考え方もありうるが[(7)]、そのような考え方を採用すると、管理行為（改良）を望む所有者（持分者）の自由が確保されないことになる。一方の権利利益の実現が他方の権利利益の実現を阻むという関係にあるわけである（権利利益の相互制約性）。他方で、管理行為実施による他の共有者の所有権（持分）制約の程度は，変更ほどではない。そこで、両者の利害を調整する方法として、多数決による決定が導入されたと捉えることができる。

---

(6)　ボワソナードによる旧民法に関する説明。Gve Boissonade, *Projet de Code civil pour l'Empire du Japon accompagnie d'un commentaire*, nouvelle ed., tome1, 1890, p.99.

(7)　現に、フランス民法の原始規定はそのような考え方であった。ボワソナードによって起草された旧民法も、フランス民法典の影響の下で、そのような考え方を採用していた。旧民法財産編38条1項。

区分所有建物においては、共用部分が区分所有者の共有に属する（区分所有法（以下、単に「法」という）11条１項）。しかし、共用部分における共有は、民法上の共有とはさまざまな点で異なる。主要な差異を列挙してみると、①区分所有建物においては、専有部分所有権が区分所有者の主要な権利となるので、共用部分の変更の論理だけで区分所有建物建替えを考えることはできない。建替えは、共用部分というよりも、専有部分について重大な影響をもたらすからである。②共有の場合には、共有者間の意見の一致が得られない場合には、共有物分割が何時でも認められる。これに対して、区分所有関係の場合には、共用部分分割の自由が認められない。③共有関係においては、共有者間の団体的結合は、定義上排除されている。これに対して、区分所有建物の場合には、建物とその敷地等の管理を行うための団体が当然に構成される（法４条１項）。もっとも、区分所有間に団体的な結合関係が実際に形成されるかは、また別の問題である。

問題は、このような特質を踏まえつつ、マンション建替えと区分所有関係終了の意思決定をどのように行うべきかである。

⑵　マンションの建替え

(a)　建替え決議の容認と客観的要件の必要性

1962年に制定された区分所有法は、建物建替えに関する規定を持っていなかった。この時点では、いまだ区分所有建物老朽化の問題は意識されていなかったのである。区分所有建物の建替えは、共用部分の変更どころか、専有部分自体の変更をもたらす。そうであれば、民法の論理によるならば、関係者全員の同意が当然に必要である。特別の規定が存在しない結果、建替えが企画される場合には、この原則に従って、区分所有全員の同意が必要だということになる。

この考え方を修正して、建替え決議に多数決原理を導入したのが、区分所有法の1983年改正である。同改正によって、５分の４の特別多数決によって、建替えの決議が可能とされたのである（法62条）。ただし、そのためには、「老朽、損傷、一部の滅失その他の事由により、建物の価額その他の事情に照らし、建物がその効用を維持し、又は回復するのに過分の費用を要するに至ったとき」

という限定が付されていることに注意を要する（同条１項）。この要件は、客観的要件と呼ばれる。また、建替えに反対の区分所有者に対する措置が講じられたことも指摘しておく必要がある。①建替えに参加するかどうかの意思確認（法63条１項～３項）。②不参加区分所有者に対する区分所有権および敷地利用権の売渡請求権（同条４項以下）などである。

この改正によって、少数の反対者がいても建替え決議が可能になり、建替えに反対する区分所有者は、建替え決議成立後に意見を変えてそれに賛成しない限り、売渡請求を受けてその区分所有権を意思に反して失うことになる。この措置に対しては、少数権利者や社会的弱者保護さらには憲法上の財産権保護の観点からの批判が提示されることになったが、それはある意味で当然であった(8)。

しかし、民法の原則に基づいて全員の合意を必要とする場合には、建替えの必要性がある場合にその要請を満たすことが、現実的には不可能である。それは、建替えを望む区分所有の所有権行使の自由を制約する。区分所有関係においても、先に共有について指摘した権利利益の相互制約性が存在するのである。このようにして、２つの権利を調整するために、多数決による決定を導入することは、ありうることである(9)。

他方で、相互制約関係にある２つの権利利益は、一方が消極的・防衛的なものであるのに対して、他方は積極的・現状変更的である。さらに、ここでの防

（８）　この改正の国会審議においてはさらに、法案起草前の要綱試案の段階では、特別多数決要件が10分の９であり、さらに堅固建物について60年等の築年数要件が構想されるなどしていたのに、それが緩んでしまっているのは不当だという批判も提示された。林百郎委員発言：第98回国会衆議院法務委員会議録第７号（1983年４月15日）３頁。これに対して、政府側は、次のように法案の考え方を擁護した。すなわち、要綱試案の段階では、建物の効用を高めるためにも建替えを認めるという考え方であった。そのような緩やかな要件で建替えを認めるのであれば、特別多数決の要件も厳格に10分の９と絞るべきであろう。しかし、効用増のために建替えを認める考え方に対しては消極的見解も有力であったので、今回は、慎重を期し、要件を厳格化して、建替えを認めるのは、「やむを得ない場合」又は「建物が効用を失ってしまった場合」に限定した。そうであれば、多数決要件は５分の４でよいだろうと考えた、と。中島一郎政府委員答弁：第98回国会衆議院法務委員会議録第７号（1983年４月15日）３頁、同第８号（1983年４月26日）６頁。

（９）　実際に、法案の審議においても、この権利調整の必要性から多数決による決定が正当化された。中島一郎政府委員答弁：第98回国会衆議院法務委員会議録第６号（1983年４月12日）14頁。

衛的な権利行使が否定されると、その者は、自己の権利を失う危険にさらされる。これらの点を考慮すれば、建替え実施のためには単なる多数決では足りず、特別多数説が必要というべきである。その先は政策判断であるが、５分の４という判断は十分にありうるであろう。

とはいえ、建替えに多数決原理を導入した上で、建替えに賛成しない区分所有者に対する売渡請求を認めることは、「やはり、所有権を意思に反して取り上げる」ことを意味する(10)。つまり、ここでは、事実上の私的収用が問題になっているのである。そうであれば、公用収用の場合に公益事由が必要であるように、ここでも客観的要件が必要であると考えるのは自然な発想である。実際、この段階では、客観的要件の内容、すなわち建物の効用を高めるためでも建替えを認めてよいかについての議論はあっても(11)、客観的要件の必要性自体については、異論はまずなかった。

(b)　客観的要件の撤廃

(i)　2002年改正による客観的要件の撤廃とその正当化

しかし、この客観的要件は、区分所有法の2002年改正によって削除される。この改正過程は、異例ともいえるものであった。改正案の提示に責任を持つのは法制審議会とその答申を受ける法務省であるが、法制審議会は当初、客観的要件の撤廃に消極的であった。ところが、中間試案から法案作成に至る過程で、外在的な機関である総合規制改革会議等の力が大きく作用して、客観的要件の撤廃が打ち出されたのである(12)。マンション建替えについては、大手不動産業界や建設業界が大きな利害関係を持つ。1983年改正にもかかわらずマンションの建替えが遅々して進まないことに対するこれらの業界の不満も、このような外圧の背景にあったようである。

(10)　後の2002年建物区分所有法改正の国会審議における房村精一政府参考人答弁：第155回国会衆議院国土交通委員会議録第３号（2002年11月12日）23頁。

(11)　前掲注(８)参照。

(12)　そのリアルな状況については、山岡淳一郎『あなたのマンションが廃墟になる日――建て替えもひそむ危険な落とし穴』（草思社、2004年）23頁以下参照。中間試案から法案に至る過程で構想が変わった事実については、国会でも多くの質問（追及）が行われた。例示すると、井上和雄委員発言：第155回国会衆議院国土交通委員会議録第３号（2002年11月12日）３頁、谷林正昭委員発言：第155回国会参議院国土交通委員会会議録第５号（2002年11月26日）７頁など。

改正に際して強調されたのは、客観的要件である過分費用要件が不明確であり、不明確性の故に訴訟が提起され建替え手続が大幅に遅延するなど(13)、建替えが阻害されているという点であった(14)。もっとも、現行法の客観的要件の不明確性が問題だというのであれば、その明確化を図るのが本筋である。実際、法務省も、その努力は行ったと弁解している。しかし、法務省によれば、30年あるいは40年という年数を法律で示すことについては、その年数が経過したら老朽建物だということを国が法律で認めることになってしまうのではないか、それは、マンションの長期利用を志向する動向に水を差すことにならないか、などが指摘された。また、建物の価値と復旧費用とを比較して過分費用を判断するという考え方（価値費用比較方式）については、それでは現在裁判所で採用されている基準よりもきつくなってしまうのではないかという点が指摘され、いずれも採用が困難であるとされた(15)。このようにして、多数決に一本化することが基準の明確化という観点から望ましいものとされて(16)、客観的要件を撤廃する改正に至ったのである。

ここでは、客観的要件と多数決要件とが基準の明確化という観点からだけ比較されており、客観的要件がこの論点にとって持つ意味がほとんど無視されていることが特徴的である。また、過分性要件の明確化の採用が困難である理由についても、価値費用比較方式が不可であるとするところは、十分には説得的ではない。

(ii)　学説における議論

この論点は、学説においても議論の対象になった。まず客観的要件の撤廃についての慎重論として山野目章夫の議論を見ると(17)、そのポイントは、次の

---

(13)　明示されているわけではないが、阪神・淡路大震災被災後の建替えに際して、過分性要件不充足を理由として訴訟になった「六甲グランドパレス高羽」ケースなどが念頭にあるのかもしれない。山岡・前掲注(12)145頁以下、神戸地判平成11年６月21日判時1705号112頁参照。

(14)　政府参考人は、国会審議において何度もこの点に言及している。一例だけ挙げておくと、房村精一政府参考人答弁：第155回国会衆議院国土交通委員会議録第３号（2002年11月12日）３－４頁。

(15)　とりわけ、房村精一政府参考人答弁：前掲注(14)15頁。

(16)　松野仁政府参考人答弁：前掲注(14)５頁。

(17)　山野目章夫「マンションの建替えをめぐる法律改正の評価」ジュリスト1249号（2003年）44頁以下。この論文の参照頁は、本文に直接に記す。

ようにまとめることができる。①区分所有権も個人の財産である以上、本人の意思に反し多数決で収奪する結果を認めることには躊躇を感じる（46頁）。②マンションの所有権には、「住居を起点として形成している社会的人間関係の継続・発展」を追求することの安定的な法律的基盤を保障するという意味がある（47頁）。それは、憲法的価値でもある（憲法29条だけでなく、25条、13条にも関連する。49頁）。③共有物分割における全面的価格賠償に関する判例(18)は、「特段の事情」が存するときに限定して全面的価格賠償による共有物分割を認めている。この「特段の事情」は、当該共有物を共有者のうちの特定の者に取得させることの相当性や分割方法についての共有者の希望及びその合理性の有無などの事情を総合的に考慮して判断される。これは、全面的価格賠償が許容されるためには、客観的事情が必要とされるということにほかならない。これが建替えにおける客観的要件の議論に直結するわけではないが、その趣旨は、参照されるべきである（49－50頁）。

ここには、客観的要件の意義と、それを撤廃することの問題性とが的確にまとめられている。筆者もこの議論に左袒する。

これに対する積極論としては、森田宏樹の議論を挙げておく(19)。そのポイントは、次の点に見出すことができる。①５分の４の多数決は、客観的要件の不要化ではなく、その「プロセス化」ないし「手続要件化」を意味する。すなわち、過分費用要件を誰が認定するかが問題であり、これまでは、要件充足の有無を裁判所が判断していた。それを変更して、要件充足を区分所有者の団体自身が判断する。裁判所は、そのような合意形成がきちんとなされていたかの手続的な瑕疵の審査だけを行う。これが改正法の趣旨である（９－11頁）。②建替え決議は、区分所有関係の解消を内容とする。解消の場面で、各区分所有者がその意思に反して奪われない絶対的所有権を観念することはできない。改正法は、団体的な意思決定によって区分所有関係を解消するという判断をより尊重するようにした（15頁）。

(18)　最判平成８年10月31日民集50巻９号2563頁。

(19)　座談会「区分所有法の改正と今後のマンション管理」ジュリスト1249号（2003年）における森田宏樹発言。発言の参照頁は、本文に直接に記す。

この議論は、客観的要件撤廃の法的正当化として最も洗練されたものといってよい。しかし、そこには次のような問題性を感じる。まず、①の「プロセス化」については、特別多数決による建替え決議の基礎には建替えの合理性があるといっても（11頁）、本当にそうであるかを審査する可能性は開かれていない。「プロセス化」自体は、どのような実体的価値に基づく決定でも正統と認める。「プロセス化」を一定の実体的価値で正当化するというのは、ジレンマに陥らざるをえない論法である。次に、②については、たしかに共有関係解消において現物分割ができない場合には、競売を経た代金分割となり、所有権（持分）を価値的にしか回収することができない。しかし、それは、全共有者について適用される解決である。区分所有建物建替えの場合には、たしかにいったんは区分所有関係が解消されるが、新築建物における住戸に係る権利は、マンション建替組合の構成員となった建替え賛同者である区分所有者に与えられ（権利変換手続）、それらの者は、新たに区分所有者の団体を形成する。したがって、ここでは、区分所有関係は、実質的には連続しており、建替え反対者は、これらの建替え賛成者の利益において権利の価値化を強制されたことになる。そうだとすれば、共有物分割における代金分割との類似性ではなく、全面的価格賠償との類似性を語るべきである。山野目が説くように、ここでは、客観的事情を重視する先の判例の趣旨が参照されるべきである。

⑶　区分所有関係の解消

(a)　区分所有関係解消論の提示

法理論的には以上のような問題を含みつつ、区分所有法の2002年改正は、ともあれ客観的要件を撤廃した。また、それとともにいわゆる「マンション建替え円滑化法」が制定され、建替えに当たるマンション建替組合や権利変換手続の制度化などが実現した。

しかし、積極論者の期待に反して、マンション建替えは、相変わらず遅々として進まなかった。その原因として、ある論者は、合意形成の困難性、建替え費用負担の重さ、居住者の高齢化（永住志向の増大）、既存不適格の問題（建て替えるともともとの住戸面積が確保されなくなる）があり、また、仮移転が負担になる、などを指摘している[20]。特に重要なのは、費用負担の問題である。実際、建替えが成功するのは、区分所有者の費用負担がないか、少額で済む場合に限られている。多額の費用負担が生じると、５分の４の特別多数決要件を満たすのが難しくなるのである。したがって、容積率の余剰が建替え後の住戸増加を可能にし、かつ、その増やした住戸を高額で販売しうる好立地のマンションであることが、建替え成功の条件となっていた[(21)]。そうであれば、建替えの成功例が少数に止まったのは、当然のことであった。そして、今後については、そのような好条件のマンションは、ますます少なくなってくる。さらに、人口減少の流れの中で、都市郊外部におけるマンション需要が減退し、地価とマンション価格も低迷する中で、建替えの条件は、さらに厳しさを増している。

そのような中で、かつての建替え推進論者は、建替えに事実上見切りをつけ、区分所有関係の解消論に軸足を移すに至っている。区分所有関係の解消は、区分所有建物を解体して敷地を、あるいは建物と敷地とを売却して金銭を区分所有間で分配して区分所有関係を解消する手続である。現行制度では、そのためには全員同意が必要であるが、そこに多数決原理を導入して、その実現を容易にしようというわけである。

そのような立場を鮮明に打ち出した初期の文書である老朽化マンション対策会議の『老朽化マンション対策への提言骨子――区分所有関係解消の一般制度の創設を』（2013年９月10日）[(22)]は、「容積率の関係等で建替えにより区分所有者に大きな負担が生ずる場合、建築計画への合意形成が容易でない場合はもち

(20)　規制改革会議「公開ディスカッション」（2013年11月28日）における宮原義昭（再開発コーディネーター）発言。同議事録（http://ortho.w3.kanazawa-u.ac.jp/topic/img/ 000056_main_file_1.pdf）41頁。

(21)　小林秀樹「管理不全からみた終活のあり方」浅見泰司＝齊藤広子編『マンションの終活を考える』（プログレス、2019年）25－26頁。また、小澤隆「マンション老朽化への対応に向けた課題」レファレンス797号（2017年６月）30頁も参照。

(22)　https://www.index-consulting.jp/roukyu/teigenkossi130910.pdf. なお、これに先立って学術論文レベルの議論も存在した。最も早く解消制度の必要性を説いたのは、小澤英明「アメリカのマンション法（下）――建替えおよび復旧についてのヒント」判例タイムズ999号（1999年）67－69頁であろうか。同「建物区分所有関係の解消――建替え方式を廃止して売却方式を導入することについて」マンション学９号（2000年）89頁以下も参照。また、村辻喜信「マンション建替え法制とその問題点及び建替え実現のための実務上の留意点」浅見泰司ほか編『マンション建替え』（日本評論社、2012年）184－185頁もある。ただし、これらは、制度の導入の必要性自体に重点を置くもので、本文の『提言骨子』のような緩和された要件での制度導入を主張するものではない。

ろんのこと、建替えのための仮住居への引越し等の負担を考えると、区分所有関係の解消及び土地売却による金銭給付が区分所有者の生活再建にとって合理性が高い場合も多い」ことを理由に、「多数決による区分所有関係解消制度を創設すべきである」との提言を行っている。多数決要件は３分の２とされ、さらに、同文書は、売渡請求制度は設けないこと、抵当権者の同意を不要とすること（解消に伴う分配金への物上代位を認める）、借家権消滅の明示などの事業推進策を提言している。

(b)　耐震化と敷地売却制度

敷地売却による区分所有関係の解消が立法化されたのは、被災マンションと耐震性不足マンションについてであった[23]。大規模な耐震改修について従来は４分の３の多数決要件が定められていた。2013年施行の建築物の耐震改修の促進に関する法律（いわゆる「耐震改修法」）は、耐震改修の必要性の認定を受けた建築物について、大規模改修の決議要件を緩和して２分の１にした。この方向を受けつつ、マンションの建替え等の円滑化に関する法律（いわゆる「マンション建替え円滑化法」）の2014年改正は、耐震性不足マンションについて５分の４の特別多数決による敷地売却制度を創設したのである。もっとも、後に触れるように、マンション存続を前提とする耐震改修と、マンション除却を前提とする敷地売却制度とでは、政策理念において方向がまったく異なっていることに注意を要する。

法案の国会審議において、政府は、建替え制度と敷地売却制度とでは性格が異なることを強調した。すなわち、政府によれば、マンション建替え円滑化法

(23)　実は、以前にも国会で売却による区分所有関係解消の可能性が問題とされたことはあった。そこでは、アメリカ法が参照された。しかし、この段階では、「これはわが国の国民の意識には必ずしもマッチしない。多くの区分所有者は同じ場所に再建をする……ことを希望しておるというのが実態ではなかろうか」ということで、その採用は否定された。中島一郎政府委員答弁：第98回国会衆議院法務委員会議録第６号（1983年４月12日）22頁参照。また、濱崎恭生『建物区分所有法の改正』（法曹会、1989年）379頁も参照。なお、この２つの敷地売却制度の基本的問題状況は共通しているので、以下では、耐震性不足マンションだけを取り上げる。被災マンションの敷地売却制度については、秋山靖浩「被災マンションの復興をめぐる３つの観点――法改正における議論を手がかりとして」論究ジュリスト６号（2013年）35頁以下、同「老朽化マンションをめぐる現代的問題――区分所有関係の解消制度に関する一考察」吉田克己＝片山直也編『財の多様化と民法学』（商事法務、2014年）562頁以下を参照。

による建替えは、権利変換が実施されて、新しくはなるけれども、マンションからマンションに置き換わる事業である。これに対して、今回の敷地売却制度は、お金に変わることになる。その意味では、従来の建替え制度よりも「少し踏み込んだ仕組みになって」いるというわけである(24)。

この「踏み込んだ」制度を正当化するのは、「耐震性不足のマンションに関し、国民の生命身体の保護を図るとの公共性の観点」である(25)。したがって、この制度の適用範囲を、安全性を満たしている建物にまで広げることには慎重であるべきことになる(26)。その意味で、この制度は、耐震性不足という客観的要件を前提に制度化されている。

ここで語られている安全性は、当該マンションの住民にとっての安全性というだけではない。それは、むしろ耐震性不足の故に大地震の際に倒壊するマンションによって被害を受ける危険のある国民一般の安全性を意味する(27)。つまり、ここでは、耐震性不足マンションの外部不経済が問題になっている。この観点から重視されるのは、耐震性不足の危険なマンションの除却それ自体であって(28)、マンション住民の新築マンションへの再居住ではない。実際、建物除却から敷地売却後の事業によってマンションが建築される保障はないし、仮にマンションが建築されたとしても、旧住民がそこに入居しうる保障はないのである(29)。

そこで、旧住民の新しい住宅確保と生活保障をどうするのかが国会審議における重要な論点となった。これに対する政府の基本的立場は、代替住宅のあっせんとともに、住民が受け取る分配金の額をできるだけ大きくするというもの

(24)　井上俊之政府参考人答弁：第186回国会参議院国土交通委員会会議録第22号（2014年６月17日）６頁、第186回国会衆議院国土交通委員会会議録第17号（2014年５月21日）７頁。

(25)　井上俊之政府参考人答弁：衆議院会議録・前掲注(23)１頁。また、16頁も参照。

(26)　井上俊之政府参考人答弁：「現状では、耐震性を有するマンションは、なかなか対象にはできないのではないかというふうな結論に至りました」。衆議院会議録・前掲注(23)８頁。

(27)　太田昭宏国務大臣答弁：大地震の際に「他にも被害が及ぶことであ」ることが重要視されている。衆議院会議録前掲注(23)９頁。

(28)　したがって、この制度の下では、敷地だけでなく建物も加えた形の売却による区分所有関係の解消は、そもそも問題になる余地がない。

(29)　井上俊之政府参考人答弁：衆議院会議録・前掲注(23)７頁、穀田恵二委員発言：衆議院会議録・前掲注(23)20頁等参照。

であった(30)。売却された敷地上の事業について認められる容積率の特例も、分配額の増加という観点から正当化された(31)。

(c)　敷地売却制度の拡大・一般化をめぐる議論

マンション建替え円滑化法の2014年改正は、このように、敷地売却制度を導入したが、それは、耐震不足マンションに限定してであった。敷地売却制度によって区分所有者の権利が制限されることを認めつつ、それを国民の生命身体の安全を保護するという公共性によって正当化するという改正の論理は、筋の通ったものといえる。しかし、それは、敷地売却制度を「老朽化マンション」対策の一般的な制度として創設しようとする論者（たとえば先の「老朽化マンション対策会議」）からすると、不徹底なものであった。そこで、この改正に対しては、その限定的態度を批判し、制度の拡大・一般化を求める議論が提示されることになった。

この解消一般化論の特徴は、耐震性不足建物に制度適用を限定するという考え方を否定して制度の一般化を要求するとともに、解消の要件を多数決に絞り客観的要件を不要とするところにある。そこでは、そうしないと制度がうまく動かないという必要性の論理(32)のほか、ほぼ次の２点の理論的根拠が挙げられた。第１に、耐震性だけでなく、荒廃化等の外部不経済にも対処する必要がある(33)。これは、制度の拡大・一般化を根拠づける主張である。第２に、基本的には財産権の問題であるから、私的自治で決めたことを優先する。したがって、客観的要件は不要ということになるわけである(34)。

この議論に対しては、当然に批判も提示されている。もっとも、批判論も、制度の一般化自体に反対するわけではない。その必要性は認めた上で、客観的要件を要求するのである。あるいは、この議論は、耐震性以外の事由について

(30)　坂井学国土交通大臣政務官答弁：衆議院会議録・前掲注(23)20頁。

(31)　井上俊之政府参考人答弁：衆議院会議録・前掲注(23) 3 頁。

(32)　パネルディスカッション「区分所有権解消・敷地売却制度の運用と今後の課題」（司会：福井秀夫）日本不動産学会誌109号（2014年）10頁以下における参加者の発言の多くは、この点を論拠とする。

(33)　折田泰宏ほか座談会「マンションの解消制度」日本不動産学会誌110号（2014年）における福井秀夫発言（88頁）参照。

も、特別多数決による解消制度を拡大するものと表現することもできる。たとえば、都市計画研究者である小林秀樹は、「居住者の生命安全や周辺地域への悪影響等の観点から、区分所有関係の解消が適切（少数反対者の権利に制限を加えることがやむをえ得ない）と判断されるマンションについて、特定行政庁が解消要件を認定することで、特別多数決による解消決議が成立する」との改革案を提示している(35)。これは、先の一般化論の第１の論拠を要件化する議論と位置づけることができる。外部不経済の発生によって多数決に基づく解消措置を根拠づけるのは正当と考えられるが、そうであれば、それを要件化するのが自然であろう。

私的自治に基づく客観的要件不要の正当化に対しては、私的自治は管理の問題であって、処分は私的自治の対象ではないという批判が提示されている(36)。簡潔な指摘ではあるが、これはまことに正当な観点である。所有権の法的構造に関して、筆者は、別の機会に、①それは、帰属と支配の両側面から把握すべきこと、②この２つのうちでは帰属が基本的重要性を有すること、③不動産所有権に基づく支配（使用収益権能）は、外部不経済抑止の観点からの制約に親しむが、これに対して、帰属については、正当な理由及び適正手続と正当な補償なしにそれを奪うことは、憲法上の財産権保障の観点からして認められないことを指摘した(37)。この観点からしても、私的自治（団体における多数決）だけで所有権の帰属を奪うことは認められないと考えなければならない。私的自治の観点だけで多数決による区分所有関係の終了を認めることには、法理論上の

---

(34)　前掲注(33)座談会における福井秀夫発言（88頁）参照。さらに、５分の４という特別多数決要件については、少数者の投票価値を多数者のそれよりも４倍も高く評価するもので不当だという批判が提示されていた。老朽化マンション対策会議『国民ニーズに応えるマンション解消制度の実現を（提言）』（2013年12月16日）２頁（https://www.index- consulting.jp/roukyu/pdf/teigen%20131216.pdf）この『提言』は、３分の２の多数決を提案しているが、上記の正当化論理からすると、２分の１まで要件を緩和しないと平仄が合わないということになろう。

(35)　小林秀樹「団地型マンションの再生に向けた法制度に関する課題と提言」（国土交通省「住宅団地の再生のあり方に関する検討会（第２期）第４回〔2018年６月８日〕資料５頁）（http://www.mlit.go.jp/common/001238463.pdf）

(36)　折田泰宏ほか座談会・前掲注(33)における折田泰宏発言（88－89頁）。

(37)　吉田克己「所有権の法構造」、同「不動産所有権の今日的課題」吉田克己編著『物権法の現代的課題と改正提案』（成文堂、2021年）。

無理がある。

今後のマンションの高経年化と老朽化を踏まえれば、耐震不足以外についても特別多数決に基づく区分所有関係の解消制度を認めることは必要である。しかし、そこでは、少数権利者の権利利益に配慮するために、外部不経済の存在を具体化した客観的要件を求めるべきである。この点に関する制度の今後の展開を注視したい。

3　マンションの長命化と大規模修繕

(1)　問題の所在

「建物の老い」に対処するためには、建替えや解消だけがその手段であるわけではない。大規模修繕や改修などによって建物の不具合を補修しつつその長命化を図ることも、重要な課題となるはずである。しかし、日本のマンション政策は、伝統的に建替えに偏重した形で展開してきた。この方向は、建物の長命化とは緊張関係にある。端的にいえば、建替えが現実の課題となる場合には、大規模修繕は不要という発想になりやすいからである。また、区分所有関係の解消と建物長命化との間にも、同様の緊張関係が内在している。

ところで、世紀が変わる頃から、建替えではなく改修と建物長命化を重視すべきではないかという議論が次第に勢いを増すようになっている。たとえば、建替えのための客観的要件を撤廃した2002年の法改正に関する審議においても、そのような方向ではなく、「何とか建てかえしないで長寿化する、本当に大事に大事に修繕しながらそこに住み続けられるということを最大限援助する制度がやはり必要だ」というような議論が有力に説かれるようになっているのである[(38)]。このようにして、この法改正の附帯決議には、「環境保全、高齢者・障

---

(38)　引用は、瀬古由起子委員発言：第155回国会衆議院国土交通委員会議録第４号（2002年11月13日）32頁。同旨の発言は少なくない。たとえば、谷林正昭委員発言：第155回国会参議院国土交通委員会会議録第５号（2002年11月26日）12頁など。また、阿久津幸彦委員は、この改正の趣旨が「初めから建てかえありきではないこと」の確認を法務大臣に求め、森山真弓法務大臣から、「個別の事情を離れて一律に建てかえを推進しようとするものではありません」との答弁を引き出している。第155回国会衆議院国土交通委員会法務委員会連合審査会議録（2002年11月15日）９頁。論壇でこの立場を明瞭に提示している初期の議論として、藤木良明『マンションにいつまで住めるのか』（HEIBONSHA、2004年）がある。14頁、176頁などを参照。

害者居住等の視点から、マンションの長寿命化を図るための必要な措置を講ずるよう努めること」が盛り込まれた(39)。

このような動向の背景には、高度経済成長から経済停滞の時代への移行、スクラップ・アンド・ビルド型の都市政策の転換、環境保全の重要性の認識の高まり、高齢者・障害者等の社会的弱者の居住問題への配慮の増大などの事情がある。高齢化社会・人口減少社会の到来の下で、これらの事情を踏まえた法的課題・政策的課題の追求が重要であることは論を俟たない。そうであれば、「建物の老い」に対処するためにも、その長命化を追求することが重要な意義を持つ。問題は、建物の建替えや区分所有関係解消との緊張関係を踏まえつつ、長命化の課題をどのように追求するかである。

⑵　マンション長命化への法的・政策的課題

(a)　マンション長命化への法的課題

マンション長命化のためには、大規模修繕を十数年程度の間隔で定期的に、確実に行っていくことが不可欠である。①大規模修繕の具体例として通常挙げられるのは、外壁塗装工事、屋上防水工事、給排水管工事である。これらは、基本的にはマンションを分譲時に近い状態に回復・維持する工事である。しかし、②大規模修繕は、より広く、社会環境の変化や居住者のニーズの変化に対応し、マンションの機能と性能の陳腐化を阻止して居住性を向上させる内容の工事（改修）(40)も含むと考えるべきである。大規模修繕は、この意味において改修も含めた広義で捉えられるべきである(41)。他方で、大規模修繕は、日常的に発生し、その都度行われる一般修繕とは区別される(42)。その意味で、大規模修繕は、修繕のすべてをカバーするものではない。

---

(39)　このような方向を受けて、2004年６月には、国土交通省によって、『改修によるマンションの再生手法に関するマニュアル』が作成・公表されている。http://m-saisei.info/ horei/enkatsuka/manual/kaisyu.pdf

(40)　例示的に挙げれば、エントランスのグレードアップ、オートロック機能の付加、防犯カメラによるセキュリティの強化、各戸のドアにおけるピッキング対策、共用廊下の照明や非常灯の変更、バリアフリー化、マンション周囲の緑化・植栽など。以上については、伊藤洋之輔『まちがいだらけの大規模修繕』（ダイヤモンド社、2010年）102－107頁を参照した。

(41)　篠原みち子「マンションの大規模修繕や建替え実務の現状と法的課題」ジュリスト1532号（2019年）29頁も参照。

一般修繕は、共有法理における保存行為に該当する。その実施の責任は、管理組合が負う。しかし、保存行為である以上、管理組合が実施しない場合には、共用部分の共有者である区分所有者が必要に応じて単独で実施しうるものと考えられる。そして、その費用は、必要費として他の区分所有者からの償還を受けることができると考えるべきである。

これに対して、大規模修繕は、先の①という狭い意味で捉える場合であっても、その額の大きさからして、保存行為と位置づけることは難しい。また、大規模修繕を先の②という広義で把握する場合には、一般的には変更と見るべきである。そうすると、民法法理に従うと、全員の同意が必要になることになる。しかし、区分所有法制は、この決定についても多数決原理を導入し、その要件を緩和する傾向にある。

すなわち、区分所有法は、1962年の原始規定の段階で、「共用部分の改良を目的とし、かつ、著しく多額の費用を要しない」軽微変更についてはすでに４分の３の多数決による実施を認めていた（法12条１項）。同法の1983年改正は、これを変更一般に拡大した（法17条１項）。軽微変更の範囲を超えると考えられる大規模修繕についても、全員一致要件を緩和して４分の３の多数決による実施を認める趣旨である(43)。その上で、「共用部分の改良を目的とし、かつ、著しく多額の費用を要しない」軽微変更については、この特別多数決の規定の適用対象外としたから（法17条１項本文括弧書き旧規定）、軽微変更は、通常の管理事項として過半数での決定（法18条１項）ができることになる。さらに、この「軽微変更」の内容が、同法の2002年改正によって、「その形状又は効用の著しい変更を伴わないもの」に改められた（法17条１項本文括弧書き現行規定）。費用の多額性を問わないことにされたわけである。この結果、多額の費用を要するとはいえ「その形状又は効用の著しい変更を伴わない」一般的な大規模修繕については、過半数で決定しうるようになったのである。

---

(42)　軽度な漏水の補修、軽度なコンクリート欠損の補修、故障した錠の取替え、照明灯の取替えなど。週間東洋経済『マンション大規模修繕完全マニュアル』（東洋経済新報社、2013年）６頁など参照。

(43)　伊藤栄寿『所有法と団体法の交錯――区分所有者に対する団体的拘束の根拠と限界』（成文堂、2011年）153頁。

区分所有者は、建物等の管理のために団体を構成する（法３条。管理組合）。建物の不具合を補修してその性能の維持・充実を図る大規模修繕は、この「管理」のための典型的な活動の１つである。そうであれば、一般的な大規模修繕については、変更に当たる内容をある程度含んでいても、その決定について団体法理に即して多数決原理を導入することは、当然に可能というべきである。また、大規模修繕は、関係者全員の利益になる可能性が大きい（利益の共通性）。そうであれば、特別多数決ではなく、過半数での決定を導入することも可能と考えるべきである。また、「その形状又は効用」について「著しい変更」を伴う場合には、利益の共通性が必ずしも確保されないから、特別多数決（４分の３）を要求することにも、正当性がある。このようにして、大規模修繕に関する法制度の展開は、理論的にも積極的に評価しうるものである。

なお、以上の大規模修繕に関する意思決定については、客観的要件が特に必要とされていない。しかし、それが大きく問題視されることはない。その意味で、客観的要件の必要性の有無が激しい議論の対象になる建替えや区分所有関係解消とは、問題状況が大きく異なっている。マンションの取壊しと住民の立退きを伴う事業と、マンションと住民の維持・存続を前提とする事業とでは、事業の社会的意味が顕著に異なる。この差異が、問題状況の差異を生む原因であろう。あるいは、大規模修繕は、その定義自体に必要性という客観的要件を含んでいるといってもよいのかもしれない。

⒝　マンション長命化への政策的課題

以上のように、大規模修繕に関する法制度の整備は、確実に進展している。しかし、法制度の整備だけで現実に大規模修繕等を通じたマンション長命化が実現するわけではない。そこには、いくつかの政策的課題がある。以下では、特に重要な課題を２つに整理しておこう。

(i)　管理組合によるマンション管理に対する方向づけ

前述のように、区分所有者は、全員で、建物等の管理を行うための団体を構成する（法３条）。これが管理組合である。もっとも、この規定だけで管理組合活動の活性化が期待できるわけではなく、そのためには、さまざまな環境整備と支援措置が必要となる。そのような立法の１つが、「マンションの管理の適正化の推進に関する法律」（2000年）であった。

この法律は、具体的措置として、マンション管理士制度の創設（同法第２章）とマンション管理業者の登録制度の導入（同法第３章）を定めた。とりわけ後者の措置は、マンションの現実の管理にとって管理会社が果たしている役割の重要性を考慮すると、大きな意味を持つ。しかし、管理組合と管理会社間で最も問題となる利益相反行為の禁止規定が存在しないことなど、その規制内容は必ずしも十分なものではない(44)。

同法は他方で、国土交通大臣が、マンション管理の適正化を図るために、管理組合による「マンション管理の適正化に関する指針」を公表するものとしている（３条）。この規定に基づいて2001年８月１日に『指針』が公表された(45)。そこでは、①マンション管理の主体がマンションの区分所有者等で構成される管理組合であることが再確認され、②区分所有者は、管理組合の運営に関心を持ち、積極的に参加するなど、その役割を果たすように努める必要性が説かれ、③専門的知識を必要とする事項については、管理組合が専門的知識を有する者の支援を得ながら主体性をもって適切な対応をするようこころがけることが重要であるとされている。要するに、専門家の支援を得つつ、管理組合が自主的・主体的に管理に取り組むというのが、『指針』の打ち出したマンション管理のあるべき姿である。

マンション管理の適正化については、近時は、条例による方向づけも試みられている。その嚆矢となったのは、東京都豊島区の「豊島区マンション管理推進条例」である（2012年12月21日）。その特徴は、管理不全の予防のために、一定の事項を管理組合等の「マンション代表者等」に義務づけるところにある。義務づけられるのは、管理規約等の作成及び保管・閲覧（12条）、総会及び理事会議事録の作成及び保管・閲覧（13条）、名簿等の作成及び保管（14条）、設計図書及び修繕履歴等管理に関する図書の適正保管（15条）、連絡先の明確化

(44)　たとえば、「マンション管理適正化法の限界」と題するインターネット上の記事を参照（http://www.mansion.mlcgi.com/reno_c3.htm）。

(45)　『マンションの管理の適正化に関する指針』2001年８月１日国土交通省告示第1288号（http://www.mansion.mlcgi.com/law19.htm）。

(16条)、法定点検及び設備点検・清掃の適切な実施（18条)、長期修繕計画の作成及び適切な見直し（19条）などである。これらについての違反がある場合には、指導・勧告等を経て、最終的にはマンション名の公表を行う可能性が認められる（27〜28条)。義務化の正当性は、マンションの老朽化・放置は、所有者だけの問題ではなく、地域に大きな影響を与えるところに求められている[(46)]。要するに外部不経済の存在である。

これらの義務の内容は、「適切に管理がなされる通常のマンションでは当たり前」のものともいえる[(47)]。しかし、それが義務的なものとして条例で定められることの意味は小さくない。条例で義務を定めることは、区分所有者間の合意形成を進める上で効果的であることが指摘されており、また専門家派遣や助成措置等の支援措置を講じることによって効果を高めることができるとされている[(48)]。他方で義務違反に対する公表などの制裁の発動は、最後の手段として位置づけられている。このようなソフトな義務による誘導は、管理組合の自主性を尊重しつつ、その活動を一定の方向に導くという観点から、望ましいものである。

条例によるマンション管理の誘導は、東京都の他の区にも広まっている[(49)]。さらに、東京都もマンション管理適正化条例を制定するに至っている（2019年３月29日東京都条例第30号)[(50)]。管理状況に関する届出を義務づけ（15条)、必要がある場合には、助言・指導や支援を行うという仕組みである。その基礎にあるのは、管理不全に陥るマンションが増加すると、「居住環境はもとより、防災や防犯、景観など地域の生活環境や市街地環境にも影響を及ぼすことが懸念されるため、管理組合等の求めを待つことなく、行政として積極的に改善に向けた働きかけを進めていく必要がある」という認識である[(51)]。ここでは、管

---

(46)　宿本尚吾「東京・豊島区のマンション管理推進条例について」浅見＝齊藤編・前掲注(21)175頁。

(47)　宿本・同上175頁。

(48)　宿本・同上175頁。

(49)　墨田区、板橋区など。北村喜宣「自治体の役割と条例のあり方」浅見＝齊藤編・前掲注(21)185頁。

(50)　北村喜宣「マンションの不適正管理に対する最近の条例対応」ジュリスト1532号（2019年）45頁。

理不全マンションの増加を阻止することは、単なる私的問題ではなく、公共的な意味合いを持つという正当な認識が表明されている(52)。

以上は、マンション管理の責任は管理組合が負うという考え方を基本としつつ、それを公共団体が誘導するという考え方に立つ施策の展開である。これに対して、管理組合が自主的管理能力を喪失する場合について「マンション後見制度」を構想しようとする見解もある。たとえば、理事会なしで総会において管理者を選任するとか、理事会に区分所有者以外の専門家が入ることを認めるというような方向である。さらに進むと、マンションの管理信託を認めるという発想になる(53)。これは、言い換えるとマンションの第三者管理方式である。先に挙げた「マンション管理の適正化に関する指針」は、2016年３月の改正によって、外部専門家の理事就任を前提とする注意事項を規定した。これは、同時に行われた「マンション標準管理規約」の改正が第三者に理事就任の可能性を認めたこと(54)を受けた改正である。上記の発想を一部取り入れたものであるが、全面的取入れまでにはまだかなりの距離がある。

第三者管理方式は、これまでの区分所有建物法制を貫いてきた管理組合主体・住民主体のマンション管理という考え方を大きく変更するものである。住民主体のマンション管理は、マンションにおけるコミュニティ形成を促し、さらに地域コミュニティの形成にも寄与する。それは、住民主体のまちづくりの基礎ともなる。第三者管理方式は、このような方向と対立する。第三者管理方式の下では、「管理人」となった管理会社などによって、区分所有者が蓄積してきた修繕積立金などの資金が安易に支出されないかも危惧される。管理会社等とマンション住民との間には、鋭い利害対立と利益相反関係も存在するのである。あくまで管理の主体は住民という原則を守りつつ、必要がある場合には

---

(51)　マンションの適正管理促進に関する検討会『東京におけるマンションの適正な管理の促進に向けた制度の基本的枠組みについて、最終まとめ』（2018年11月26日）11頁（http://www.mansion-tokyo.jp/pdf/07mansionkanri-kentoukai/07mansionkanri-kentoukai-08-01.pdf）

(52)　折田泰宏「マンションの管理不全の現状」浅見＝齊藤編・前掲注(21)50－51頁にも、「マンションは準公的財産である」という指摘がある。

(53)　以上について、齊藤広子＝戎正晴＝浅見泰司「（座談会）マンションの終活を考える」浅見＝齊藤編・前掲注(21)217－225頁（戎発言）参照。

(54)　これについては、山岡・前掲注(１)40－41頁に批判がある。

専門家の支援を活用するという方向が望ましい。それは、先に触れたように、公表当初の『マンション管理の適正化に関する指針』が打ち出したあるべきマンション管理の姿である(55)。

(ii)　修繕積立金の確保

大規模修繕の確実な実施にとって決定的に重要なのは、適切な長期修繕計画の策定（及び必要がある場合の改定）と、それに見合った修繕積立金の確実な蓄積である。これは、管理組合の自主的な努力によるのが基本であるが、それに止まらず、先に見た東京都豊島区条例にあるような公的介入による誘導措置を講じることが望まれる。管理不全マンションの存在は、その外部不経済という形で地域に重要な影響を及ぼすがゆえに、公共の関心の対象になるべきなのである。

修繕積立金の額は、長期修繕計画の内容によることになるが、積立ての具体的制度設計の参考になるガイドラインの存在も有益である。これに関しては、国土交通省の『マンションの修繕積立金に関するガイドライン』が存在することを指摘しておく(56)。また、積立金の額に関しては、マンション分譲時に一定のまとまった額が修繕積立基金として徴収され、その結果、初期の修繕積立金月額が安価になっている場合がある。月々の修繕積立金が見かけ上安価になることは、マンションの販売戦略上有利だからである(57)。この方式が採用されている場合には、将来の修繕積立金増額が不可避であるが、その合意形成が難航することもある。合意形成が調わない場合には、修繕積立金が不足してしまう。修繕積立基金方式を違法とするわけにはいかないであろうが、分譲業者は、少なくともその点に関する説明を十分に行うことが求められる。

さらに、修繕積立金の徴収・管理を管理会社に委ねている場合には、分別管理を徹底することが重要である。管理会社の倒産リスクから修繕積立金を守る

---

(55)　この観点から『指針』の精神を高く評価し、第三者管理方式に対する批判的見地を打ち出す文献として、NPO日本住宅管理組合協議会・マンション管理総合研究所『マンション管理の「なぜ？」がよくわかる本』（住宅新報社、2015年）がある。とりわけ、18－23頁、203頁以下参照。

(56)　国土交通省『マンションの修繕積立金に関するガイドライン』（2011年４月）（https://www.mlit.go.jp/common/001080837.pdf）

(57)　長岡聡『小規模マンションの大規模修繕のカラクリ』（セルバ出版、2016年）14－17頁。

必要があるからである。このような点を含めて、修繕積立金に関する法制度の整備を進め、この点に関するマンション管理実務を充実させていくことが期待される。

4　おわりに

本章においては、マンションの建替え・区分所有関係の解消と大規模修繕の確実な実施によるマンション長命化の２つの問題領域に分けて、高齢社会・人口減少社会の下でのマンション管理の問題点を整理・検討してきた。本章は、この２つの方向の間に緊張関係があるという認識を前面に出した。その上で、現在求められているのは、マンション長命化であるというのが本章の認識である。

しかし、そのように述べることは、マンションの建替えや区分所有関係の解消に関する法制度を整備しなくてよいということではない。いかに大規模修繕や改修によってマンションの長命化を図ろうとも、最終的にはマンションの寿命が尽きることは不可避だからである(58)。その場合には、マンションの建替えや区分所有関係の解消が問題になる。このいずれを採用するかは、区分所有者の意思によって決められる。しかし、近年の、及びこらから予想される社会経済的状況の下では、建替えには相当の困難が伴い、多くの場合には解消が採用されることになろう。解消の実現は、全員の合意を要求する場合には、現実には不可能に近い。このようにして、区分所有関係解消制度の一層の充実が求められる。

他方で、多数決原理に基づいてこれらの事業を実施するためには、その必要性と正当性を表現する客観的要件が必要であるというのが本章の立場である。外部不経済の発生がそこでの中心的観点になる。また、それと表裏の関係にある居住環境の劣化も重要な観点となるであろう。そのような方向は、まずもって追求されるのはマンション長命化であるという認識とも整合的である。長命

(58)　この観点を強調する文献として、鎌野邦樹「居住者の高齢化と高経年マンション――法はどう向き合うか」浦川道太郎先生・内田勝一先生・鎌田薫先生古稀記念論文集編集委員会編『早稲田民法学の現在』（成文堂、2017年）119頁も参照。

化の努力が尽きたところで、解消等の必要性と正当性が生じるのである。

（吉田克己）

第６章　農業関係法における「管理」の制度と実態

まえがき

本章は2020年１月中旬に脱稿し、編者のもとに提出した。その後、2020年３月31日に新しい「食料・農業・農村基本計画」が閣議決定され、公表されたが、本章では、新基本計画の内容はもちろん、その策定過程での議論にもあえて触れていない。現時点で執筆するのであれば、当然それに言及することが必要となるが、いま本章を書き直す余裕はなく、本論文は提稿時のままで発表する。

とはいえ、本章で取り上げた問題・課題に関して新基本計画がどのような認識をもち、いかに対処していこうとしているかは、読者も関心のあるところかと思われる。そこで本論文の末尾に、その点にかかわる短い「追記」を付している。

１　本章の課題と目的

本章執筆の機縁は、本書編集のベースとなった研究会（「縮退の時代における都市計画制度に関する研究会」）において2016年末に本章と同じ表題で報告を行ったことである。しかし、当然にも同報告で触れえたことは、その表題から見れば大きく限られたものにとどまった。そこで、筆者はその後に、「農業関係法における『農地の管理』と『地域の管理』――沿革、現状とこれからの課題」と題する論文を土地総合研究誌上に連載執筆した(1)。また、同論文の（４）でも取り上げた相続未登記農地問題への制度的対処に関しては、その問題の性質と課題をより広い視野から掘り下げて分析した別稿も続いて執筆した(2)。それらを踏まえて改めて同じ表題で本章を纏めるようにというのが、編者からの要請のようである。

（１）　原田・同論文（１）～（５）、土地総合研究2017年夏号、2017年秋号、2018年春号、2018年夏号、2018年秋号。以下、「原田・前掲①論文（１）……（５）」として引用する。

しかし現実的には、それはもともと無理な相談である。農地と農村空間についても、都市の土地と都市空間に関してほどではないとしても、農地の所有と利用の「管理」（以下、単に「農地の管理」ともいう）にかかわる多種多様な問題が存在し、関係する制度や施策も広範・多岐にわたる。そして、これからの「縮退の時代」において新しい「土地・農地の管理」と「地域空間の管理」のあり方が求められることは、農村部についてもまた同様である。そのことは、近年の「農業構造改革」をめぐる諸議論や政策・立法動向、農業従事者の大幅な減少と極端な高齢化、遊休不耕作地の増大、中山間地域[(3)]をはじめとする農村全体の人口減少・過疎化・高齢化、空き家や放置森林、限界集落の増加、相続未登記・所有者不明化農地の広範な存在などを想起すれば、容易に理解できよう[(4)]。「縮退の時代」に伴う様々な事象と問題・課題は、むしろ農地・農業・農村において、都市部よりも早くから、かつ、より深刻な形で表出してきたともいえるのである[(5)]。

それ故、限られた紙幅の中でなにをどう書くか、相当に迷ったが、結局編者とも相談の上、上記一連の論文で扱った事柄の全体を見渡した上で、「農地の管理」にかかる基幹的な制度（以下、「農地管理制度」又は単に「農地制度」という）を中心にして、それがいま遭遇している問題・課題と、それへの対処における“現行制度の限界と綻びの表出”ともいうべき状況を概括的に論述する作業を行うことにした。「縮退の時代」の新しい問題も、それを踏まえてこそ、よく理解できるのである。なお、本章で論述する制度や実態（及び参考文献）の詳細は、上述した２つの論文の該当箇所を参照されたい。

（２）　原田純孝「相続未登記農地問題への制度的対応の経緯とゆくえ――2018年農業経営基盤強化促進法等の改正と残されている課題」土地と農業49号（全国農地保有合理化協会、2019年３月）。以下、「原田・前掲②論文」として引用する。

（３）「中山間地域」は、人口では11％だが、総土地面積では73％、耕地面積、農家総数、農業算出額では41～44％を占めている。

（４）　農業の状況に関する基礎的データは、筆者も参加した「『土地と農業』50号発行記念座談会――この50年間の農業構造の変化と農地政策を振り返って」土地と農業50号（全国農地保有合理化協会、2020年３月）所掲の図表を参照されたい。

（５）　もっとも、都市サイドの問題の研究者の目にはほとんど留まらなかったようである。このことは、今後の問題を考えるためにも留意しておかなければならない。

2　「農地の管理」の多層性と多面的な性質

(1)　「農地の管理」に着目してみた場合の概要

ところで、農業関係法における「農地の管理」という場合、その「管理」の内容と性質をどのようなものとして理解するか。簡単には整理できない問題だが、次の諸点は、あらかじめ押さえておく必要がある。いずれも、都市の土地の「管理」とは異なる特徴である。

①　第１に、それはまずもって、国民の食料生産基盤たる農地の管理である。そしてそこには、(ア)農地の所有（権）と利用（権）の法律面での管理（権利の内容及び帰属面の管理の双方を含む）と、(イ)農地それ自体の物理的な管理（整備・改良）とが含まれる。農地法の権利移動統制、農業経営基盤強化促進法（以下、「農業基盤強化法」という）の利用権設定制度、2009年まで存在した小作地所有制限などが前者＝(ア)の代表例、土地改良法による土地改良・基盤整備が後者＝(イ)の代表例である。さらにそれらに加えて、(ウ)いわば農地の総量を維持するための管理、すなわち農地の転用規制がある。そこでは、都市的土地利用の需要との調整をどう図るかが課題となる。

これらが、いわば「本来的もしくは狭義の農地管理」である。その「管理」を通じて農地の所有権と利用権（広義）は、他の土地一般とは異なる特別の公共的制約・規制の下に置かれ、農地はいわば本来的に「公共的性質」を具有するものとみなされてきた。2009年改正後の農地法２条の２が、農地の権利者に対して「農地の農業上の適正かつ効率的な利用」の責務を定めているのも、そのことの反映である。

上の３つの管理のうちでは、(ア)が、次の第２点で述べる事柄を実質的内容としながら、これまでの農地制度と農地政策の基幹的部分をなしてきた。2013年農地中間管理機構法（通称）もその中に位置する。また、近年クローズアップされた相続未登記農地（共有者不明農地を含む）の取扱いも、(ア)のコロラリーと位置づけることができる。

②　第２に、農地は農業生産活動の基盤であるから、農地の管理は、経営主体にかかわる管理の課題と密接不可分に結びついている。とりわけ戦後農地法

の権利移動統制は、農地についての権利の移動を権利取得者の主体的要件の面から行政上の許可にかからしめることにより、あるべき経営主体のあり方を枠づけることを主眼としたものであった。当初の理念的目標は「自作農主義」であったが、1970年農地法改正で「耕作者主義」の原則に修正された。そして、2009年同法改正と2013年農地中間管理機構法の制定を経た現在の農政では、農地を有効・効率的かつ高度に利用する経営主体（農政のいう「担い手」。その意味は後掲注(16)参照）に農地利用を集積・集約することが追求されている。

③　もっとも、第３に、日本農業の経営主体は、今日の農政上では「農業経営体」と呼ばれてはいるものの、基本的に「農家」であったし、今でも大部分はそうである。日本の農業経営は、＜農業集落（人々の集団的な生産・生活のつながりとしての集落）の構成員としての農家（世帯）による・家族労働力に依存した・生業としての家族経営＞として営まれてきたのである。その世代交代・経営の継承も、基本的には農家自身によって、その世帯内で実現されてきた。後に見る集落営農（集落ぐるみでの農業経営）による農地利用の維持確保や地域集団的な地域資源の保全管理の問題を理解するには、このことを押さえておく必要がある。

④　第４に、その農家が農地の耕作利用を止めたり離農しても別の受け手（耕作利用者）がいないことから生じる問題が、“耕作放棄地”（農林業センサスでの統計調査上の用語）――農地制度上では「遊休農地」（「荒廃農地」を含む）――の増大である[(6)]。この問題に対しては、2009年農地法改正で、前記の「適正かつ効率的な利用」の責務規定（２条の２）の新設とともに、従前の関係規定を再整備した「第４章　遊休農地に関する措置」が設けられ、2013年、2018年と更なる整備・強化が行われた。しかし、遊休不耕作地の発生と増大は、農村部での「縮退社会の趨勢」に直接的に起因するもの（集落に人＝耕作者がいなくなり、使われない農地が発生し、拡大する）であるから、それへの対処は極めて困難なのが実情である。

（６）「耕作放棄地」「遊休農地」「荒廃農地」等の概念の内容と異同の詳細は、原田・前掲①論文（３）（前掲注(1)2018年春号）81－82頁参照。なお、「耕作放棄地」という用語と調査項目は、2020年農業センサスからは用いられなくなる。

⑤　第５に、農家が保有し耕作する農地は、独立してあるわけではなく、連担して農地以外の様々な地域資源（地域農業資源）と結びつき、それに支えられて存在している。例えば、畦畔、農道、用排水路、溜池、各種の水利施設などである。農家による農地利用と農業活動は、それら地域資源の維持管理なくしては成り立たない。その維持管理は、伝統的に農業集落の構成員による共同出役作業＝「むら仕事」でなされてきたが、農業集落の脆弱化（高齢化、離農、人口減少など）の下でその継続が難しくなってきている。このような農地以外の地域資源の保全管理をどうしていくのかも、新しい大きな課題である。

⑥　第６に、しかも、農地利用と農地以外の地域資源の維持・保全管理は、単に当該集落や地域だけの問題ではなく、農業の有する多面的機能の発揮のあり方を通じて国土の全体、国民生活の全体に影響を及ぼす。それ故、2000年代に入ってから上の第５点の課題への対応（集落協定等を通じる集落機能の維持・活性化）をも意図して、中山間地域直接支払（以下、「中山間直接支払」という）、多面的機能支払などの支援措置が導入されてきたが、現状で十分かどうかは、EU 諸国などの場合とも比べつつ、さらに検討される必要がある。

⑦　第７に、農地及び農地以外の地域資源は、農業集落（ここでは物理的な意味）と隣接し、それを包摂する形で面的に連坦して存在する。遊休不耕作地の拡大、地域資源管理の不全（集落内の道路、水路等を含む）、集落人口・世帯数の減少、空き家の増加、放置森林の増加などの事象は、集落の生活・居住環境、景観、安全性などを損なわせ、鳥獣被害等も拡大させる。しかし日本では、農村地域空間の整備や管理にかかわる確たる制度は用意されていない。1969年制定の農振法（略称）による市町村「農業振興地域整備計画」の制度はあるが、その主眼は、農用地区域の指定による農地の転用規制の強化にあり、地域空間の管理を担う制度とはなっていない。

もとより農村部においても、集落を含む地域空間の近隣秩序調整的見地からする「公共的・共益的な管理」の要請が客観的所与として存在するはずだが、その「管理」は、集落の土地及び農林地利用に関する地域・集落の慣行・慣習的なルールによって実現されてきたものと見られる。それ故、特段の制度なくしても済んできたわけであるが、今日では、そのルールを担ってきた集落

（人々の集団的なつながりとしてのそれ）自体も脆弱化の度を深めている。将来に向けて農村地域空間の管理をどのように実現・確保していくのか、大きな課題が残されているように思われる。

⑵　若干の補足コメントと論述対象の限定

このように「農地の管理」の課題は、多層的で多面的な内容と性質を有している。本書の課題認識との関連づけを意識しつつ、大きく２つに区分して若干のコメントを付しておこう。

(a)「狭義の農地管理」の「公共性」

まず、①はもとより、②～④の点にかかわる「管理」は、本書にいう「大公共Ａ」（国家的見地から実現されるべき公共の利益）に属するものといえる。いずれも、一国の農業生産を全体として確保することを目的とするからである。ただし、①の㈦は、農地転用許可基準の定め方から見て、一方で「大公共Ｂ」（全国共通の最低基準の確保の見地を有する公共の利益）にかかわり、かつ、他方では「小公共Ａ」（地域的・近隣秩序調整的見地を有する公共の利益）にもかかわる要素を伴っている(7)。

また、①の㈠㈦を筆頭とする「農地管理」は、基本的には国による管理であるが、市町村の現場では、実質的には集落代表たる性格をもつ農業委員で構成される農業委員会が、「国家による農地管理」と集落レベルの「自主的な農地管理」とを繋ぎ合わせる役割を果たしてきた。同様に①の㈡においても、制度化された地域レベルの組織＝土地改良区がその「管理」の実現に重要な役割を果たしてきた。これらの点は、農地が地域農業の基盤であることに伴う「農地管理」の特徴である。1980年頃以降には、市町村が果たす役割も大きくなってきている。その意味では、国による管理は、ワンクッションを置いた“間接的な管理”であるともいえる。しかし、農村社会が「縮退」する今日では、農業委員会も、土地改良区も、市町村の農業関係部署も弱体化してきている。

なお、④の遊休不耕作地に関する対処策中には、当該不耕作地が近隣の農地・土地の利用に支障を生じさせる場合にその是正を強制しうるとする法規定

（７）　転用の許可・不許可の判断に際しては近隣の農地利用への影響の如何等も考慮される。

が、早くから盛り込まれていた。農地がもつ「公共的性質」を前提として、土地所有者の「近隣の土地利用への妨害除去の責務と責任」が他の土地法分野に先行して定められていたわけである[8]。これは、「大公共Ａ」の管理を前提として定められた「小公共Ａ」の管理の要素といえる。

(b)　農村の「地域資源及び地域空間管理」の新しい課題

それに対して、⑤～⑦の点は、農地及び農地以外の地域資源が地域農業の基盤をなし、その利活用と保全管理が地域（むら）の農家全体、つまりは農業集落＝地域コミュニティの構成員全体の活動によって実現・確保されてきたことに伴う問題である。その活動は、各農家の農業経営・生業の維持だけでなく、集落の生活・居住環境の維持や地域コミュニティの社会的共同性の維持とも結びついたものであった。ところが、今日、とりわけ中山間地域等においてその地域コミュニティ（むら・農業集落）が農地利用の低減・後退を伴いつつ脆弱化してきており、その結果、農地等の地域資源、さらには集落を含む地域空間の利活用と保全管理に様々な支障が生じている。この“地域コミュニティ・むらの管理機能の脆弱化”にいかに対処していくかという新しい「管理」の課題が⑤～⑦の点の基底にある。

その課題への対処施策においては、例えば中山間直接支払の集落協定におけるように、集落機能の補強・活性化のための地域コミュニティへの支援という要素が必要となる。その要素は、“地域おこし”の諸活動とも結びつきうるものであろう。混住化が進んだ地域では、そのような視点が不可欠になる。その意味では、この方向での「管理」の制度や施策は、本書の言う「小公共Ａ―ⅱ」（一定の地域で協定等によって確保される「共」的小公共）の実現を目指すものともいえそうである。

一方、その対処施策は、それが同時に農業のもつ多面的機能の維持・発揮に繋がること（前出⑥）に示されるように、国土の全体、国民生活の全体にかかわる「公共的な」要素をも有している。また、特に⑦の点を踏まえていえば、国土の大きな割合を占める農村部において農業集落を含む地域空間の保全管理

（8）「先行して」と記したのは、2014年空き家対策特措法や最近の土地基本法の見直し及び民法・不動産登記法改正をめぐる政府レベルの議論の内容を意識してのことである。

を目することは、「縮退社会」における国土全体の保全管理の重要な一環をなすべきものであり、「大公共Ａ」につながる性質をもつ。その課題に関わる確たる制度がない現状を踏まえつつ、今後に向けてどうしていくのかを考える必要がある。

(c)　２つの課題の関係と論述対象の限定

上の２つの課題は、大まかにいえば、(a)の「公共性」を前提とした「農地管理」の制度が十全の機能を発揮できなくなったところに、(b)の新しい「公共性」を具有する「管理」の課題が登場してきている、という関係にある。その意味では、後者こそが「縮退社会」での固有の課題ともいえるのだが、その課題の内容や性質を理解するためには、前者の課題をめぐる問題状況の推移と実態をまず押さえておかなければならない。そこで、次の３では、前者の問題の推移と現状の概略を見ておくことにする。

3　農地管理制度の展開の経緯と問題状況

農地管理制度（以下、「農地制度」という）は、いくつかのステップを踏んだ上で、今日の問題状況に対処している。その農地制度の内容は、歴史的な積重ねの上に形成されているので、現在の問題状況の実態と性質を理解するには、その沿革と経緯を確認しておくことが不可欠である。

(1)　戦時立法から農地改革、1952年農地法へ

現在に至る日本の農地制度の起点は、戦時立法にある。①1938（昭13）年農地調整法（賃貸借の第三者対抗力、法定更新、解約・更新拒絶等の制限）、②1939（昭14）年小作料統制令、③1941（昭16）年臨時農地等管理令（転用統制、1944年改正による権利移動統制）、④自作農創設維持事業は、いずれも戦後に継承され、農地改革を経て1952（昭27）年農地法の構成要素となる。

1952年農地法の農地統制・農地管理は、転用統制（許可制）を「外枠」として、その枠内での農地の権利移動（売買、賃貸借の解除・解約・更新拒絶等だけでなく、賃貸借の新規設定を含む）を行政庁の許可にかからしめ、都府県平均で0.3～３haの自作農をできるだけ広く維持することを目的とした。金納小作料額の統制、賃貸借の解約規制、賃貸借設定の許可主義、小作地所有制限等により、

地主制の復活も抑止された。その下で自作農の生産力は向上し、1955年のコメの大豊作も実現された。農地法による農地管理の構造的枠組みの基本点は、今日まで維持されている。

ただし、その農地管理は、自作農家の世帯を単位として行われた（農地法の世帯主義）。世帯内での農地の所有や利用関係は不問とされ、相続（遺産分割を含む）による所有権移転も権利移動統制の枠外（許可不要）とされた。世帯内での経営主の交替・経営継承の局面にも、農地行政は立ち入らない。このことが、相続未登記農地の発生の大きな要因の一つとなる。

⑵　農業構造政策の登場と農地制度の改正問題

(a)　農地流動化・規模拡大政策の登場

高度経済成長の開始は、農業・農村と農政の方向にも大きな変化をもたらした。1961（昭36）年農業基本法は、高度成長に伴う農家労働力の農外流出を背景に、「自立経営」（より規模の大きい近代的な自作型の家族経営）の育成により農工間所得格差を是正するという目的を掲げた。目的実現のためには、離農又は規模縮小する農家の農地を自立経営となるべき農家に取得させていくことが必要になるから、農地流動化・規模拡大政策が農業構造政策の一つの大きな柱となる。

農地流動化のためには農地法の一定の改正が必要なことも意識され、種々の検討が行われた。いわば“静態的な”農地管理の規律の中に、新しいタイプの経営主体の育成を目指す“動態的な”農地管理の規律を組み込むことが求められたわけであるが、結局自作農主義の原則を維持したこともあって、すぐには大きな制度改正はなしえなかった。

他方で、農地の基盤整備事業（圃場整備その他の構造改善事業）は、巨額の国費を投入して強力に推進され、生産の機械化・省力化の条件を用意していった。それは、規模拡大の前提となると同時に、高水準の米価支持とも相俟って農家の“総兼業化”の前提ともなる。そこに次の(b)の事情が加わって、一部の農家の規模拡大もヤミ小作（農地法３条の許可を受けない事実上の賃貸借）や請負耕作の形をとって進行した。

(b)　転用需要による農地価格の高騰と農地の資産保有化

一方、高度成長は、都市的土地利用の急速な拡大をもたらした。未だ旧都市計画法（1919年制定）の時代で、都市側からの適切な開発制御の仕組みがない下で、農地の開発規制を担ったのは農地転用統制であった。1959（昭34）年に農地転用許可基準が制定され、優良農地の保全と転用需要の充足との調整を図る上で重要な役割を果たしたが、しかしそこには、“農地の転用価格の抑制”という視点は欠落していた。その結果、転用価格ひいては農地価格は不断に上昇を続け、農地の資産保有化傾向を強めて行った（筆者のいう「農地の土地商品化の第二段階」）。そして、都市側・開発サイドからは、転用統制は開発事業の“邪魔者”で、供給不足による宅地価格高騰の主要因と批判され、その後の一貫した転用規制緩和の流れが形成されていく。1968年都市計画法による市街化区域の線引制度と同区域内農地の“転用の自由化”も、その流れの中で出てきたのである[9]。

(c)　農地管理事業団法案の流産と1968年の政策転換

新しい農地管理の態勢整備のため、漸く1965年に政府が打ち出したのが農地管理事業団法案であった。事業団は、全額政府出資の特殊法人で、当時年間で約７万 ha あった自作地有償移動へ介入して農地を任意取得し、それを自立経営たらんとする農家に特別融資付きで売り渡すことを業務とする。名称自体に＜農地は国が管理する＞という意識の反映を見られよう。法案は、1965・66年の２度にわたって国会提出されたが、流産する。その要因には、財政問題を含め種々のものがあったが、上で見た「農地の土地商品化」（高額で転用可能な、潜在的な土地商品）とそれを前提とした“農地所有権の尊重意識”が背景にあったことは間違いがない。

その結果、農林省は、1968年８月の「構造政策の基本方針」で農地政策の方向転換を行い、農家の兼業化と農地の資産保有化を所与の前提とした上で、借地での流動化・規模拡大の方向を農地政策の中に取り込むことになる。その帰

(９)　この時期の宅地価格、農地及び転用価格の上昇や“転用統制＝宅地供給抑制論”の誤謬等の問題と農地転用許可基準の制度的位置についての筆者の全体的な理解については、原田純孝「第２章　戦後復興から高度成長期の都市法制の展開」原田純孝編『日本の都市法Ⅰ』（東京大学出版会、2001年）81－86頁参照。

結が1970年農地法改正であった。

(d)　1970（昭45）年農地法改正

自作農主義の原則は維持しつつも、賃貸借規制の大幅緩和により借地での農地流動化・規模拡大への道を開いた改正で、“規制緩和型”農地政策の登場の画期となる。具体的には、①合意解約や②期間10年以上の賃貸借の更新拒絶の承認、③小作料統制の廃止・標準小作料制度への移行、④農地改革創設自作地の貸付けの承認、⑤上限面積制限の撤廃と⑥雇用労働力規制の撤廃などにより、借地と雇用労働力による“青天井”の規模拡大を容認した。また、⑦離農・離村者とその相続人の所有する貸付地を小作地所有制限の例外とした。

ただし、⑧他方で「農作業への常時従事要件」を権利移動の許可要件として明示し、取得農地を含む保有農地の「全部耕作要件」と併せて、日本の農家・農業者の一定のイメージを「耕作者主義」の原則として確立した。⑨同じ改正で設立要件の緩和がなされた農業生産法人にも、その原則（法人の役員等の農作業常時従事要件）が適用されている。また、⑩自作地売買や農地の貸し借りに任意的に関与して「農地移動の方向づけ」を行う農地保有合理化法人（県農業公社等）の制度も、創設された。

(3)　農用地「利用権」制度の創設とその発展

(a)　1975年農用地利用増進事業の創設――「所有から利用へ」の起点

しかし、この改正後も賃貸借の設定はさほど進まなかった。それを受けて、1975年の農業振興地域の整備に関する法律の改正で、「農用地利用増進事業」という、更新のない短期の定期賃貸借＝農用地「利用権」（以下、「利用権」という）の設定制度が導入された。この利用権（実体は賃貸借又は使用貸借）は、市町村が作成する「農用地利用増進計画」の公告で設定され、農地法の賃借権の存続保障と小作地所有制限は適用除外される[(10)]。期間満了時には確実に終了するから、安心して貸してよいというわけである。この規制緩和は、農地の資産保有化への妥協の産物であり、日本での「定期賃貸借」の嚆矢をなす。

---

(10)　なお、農地法の「耕作者主義」の原則にかかる要件は、利用権の取得者にも適用される。ただし、ここでは世帯主義の考え方は排され、利用権取得者自身（個人又は法人）がその要件を満たすことを要する。

この制度導入の根拠づけとして、一つには、①農地の「自主的・集団的管理」手法であることが挙げられた。一定地域内の貸し手・借り手の「自主的・集団的合意」に基づく貸し借りだから、農地法の一定の規定の適用を除外するという論理である。それ故、「利用増進計画」の公告＝利用権の設定には、関係する貸し手・借り手の「全員の同意」が必要とされた(11)。ただし、実際の「利用増進計画」は、個々の相対賃貸借の「束」（個別の利用権の同時的な設定）にとどまった。

農地法の適用除外のいま一つの根拠は、②市町村が行う「公的な事業」の枠内で設定される賃貸借であることであった。現実にも「集団的管理」が実質化することはほとんどなく、むしろこの段階で市町村が農地流動化政策の表舞台に登場したことの意味が大きい。そしてこの制度が、その後の法改正を経て、今日の農地流動化の大部分を担う制度に発展していく（後掲注(13)、注(19)参照）。それゆえ筆者は、この事業制度＝利用権設定制度の登場を「所有から利用へ」の起点と評している。

(b)　1980年農用地利用増進法の制定

利用増進事業は一定の成果を挙げたので、事業の位置づけの明確化と内容の拡充（「利用権設定等促進事業」へと名称変更。所有権移転も含む）を行うとともに、諸般の農地流動化施策を市町村の関与の下に総合化する新法律が、単独立法として制定された。農業委員会の位置と役割も再定置され（流動化政策への関与の明確化）、農地制度の「事業化」の方向が鮮明になった。また、事業の推進を地域レベルで下支えさせるため、農地権利者の団体＝「農用地利用改善団体」（実体は集落）による農用地利用改善事業という事業も、法律中に規定した。農地制度中に「集落」が規定されたのは、これが初めてである。

農地流動化・規模拡大政策を、市町村を中核に置いて“地域主義的に”推進していく一応の体制整備がここに出来上がった。この新法律により利用権設定等促進事業が独自の姿を大きく表出させたことから、農地法による権利移転との関係を説明するため、農地流動化政策のダブルトラック化とも評された(12)。

---

(11)　貸し手が共有者・共同相続人である場合にも、「その全員の同意」が必要となる。

なお、1980年代半ばから末期には、都市部で土地バブルが昂進する背後において、すでに中山間地域では農業従事者の高齢化と後継者不在、担い手不足、農地価格の下落、耕地利用率の低下と遊休不耕作地の拡大などの諸事象が一挙に顕在化してきていた。それ故、1989年利用増進法改正で遊休農地の利用促進のための手続規定が初めて登場し、その後逐次の改正・整備を受けていくが、それは、後の４の(b)でまとめて述べる。

(c)　1993年農業経営基盤強化促進法の制定

1992年策定の「新政策」＝「新しい食料・農業・農村政策について」を受けて、従来の関係法律を抜本的に再整備したのが、1993年農業経営基盤強化促進法である。大部の、多くの事項を細かく定める法律だが、特徴点のみを略記する。

①構造政策の目的が1961年農業基本法のそれから実質的に修正・転換され、「効率的かつ安定的な農業経営」が「農業生産の相当部分を担うような農業構造を確立すること」とされた（１条)。②市町村が策定する「農用地利用集積計画」(名称変更）による利用権設定等促進事業を中核として、③市町村が認定する「認定農業者」制度と④農用地利用改善団体が指定する「特定農業法人」制度を追加し、これらを利用権等の集積先と位置づけた。⑤市町村の定める農業経営基盤強化基本構想がその施策推進の枠組みとなる。以後においては、この体制下での利用権設定が農地移動の大部分を占めるようになっていく(13)。

また、⑥「農業経営の法人化」のスローガンの下に農業生産法人の要件緩和がなされ、具体的な推進施策も本格的に登場した。「地域に根差した」既存農家・農業経営の「法人化」がベースとされていたものの、その後の株式会社の農業参入許容論の強まりの契機となる。

---

(12)　ただし、両者の関係は、並列的なものではなく、あくまで農地法の一般的な規制（民法に対する特別法としての農地所有権についての特別の規制）が基礎にあり、市町村が行う特定の事業＝利用権設定等促進事業に乗った農地移動（所有権移転を含む）については、農地法の一定の規制を適用除外する、という制度的構造になっている。

(13)　例えば、2009年農地制度改正の前年である2008年では、耕作目的の権利移動面積＝約19万２千ha 中の15万 ha（78%）が利用権設定であった。所有権移転も、利用権設定等促進事業によるものが２万８千 ha（全移動面積中の14.6%）であり、農地法３条許可による所有権移転は１万１千 ha、賃貸借の設定は0.3万 ha にとどまる。

なお、以後2009年農地制度改正までの間に、1999年食料・農業・農村基本法（旧基本法に代わる新基本法）の制定があり、農地法等の一連の改正もあった（転用規制緩和に係る改正は省略。遊休農地対策は後述）。㋐2000年・2003年の農地法改正による株式会社形態（非公開会社に限る）の農業生産法人の許容と生産法人の要件緩和、㋑構造改革特区での企業参入を許容した「法人貸付事業」の創設（2003年４月施行）と、㋒2005年基盤強化法等改正によるその事業＝「特定法人貸付事業」の全国展開などであるが、詳細は省略する。

⑷　2009年農地制度改正

農地法については1970年以来の大改正で、戦後農地制度のベクトルを逆転させたとさえ評しうる内容をもつ。農業基盤強化法にも、農地法の改正を前提として、それに付随・対応する改正が加えられた。この改正内容の大部分が現行制度である。主要な点を主に農地法に則して見ておこう。

⒜　農地法の基本理念の修正

①１条の目的規定を改正して自作農主義を希薄化し、㋐生産資源としての農地についての権利を「農地を効率的に利用する耕作者」に取得させていくことを掲げた。同時に、㋑農地を「地域における貴重な資源」とも明記し、農地の権利取得や利活用に「地域との調和」への配慮を求めた。また、㋒転用規制の強化に向けた根拠づけの文言を置き、㋓「農地の農業上の利用を確保するための措置を講ずること」も明記した。②２条の２の「利用の責務」規定の新設も、１条の改正内容に対応している。これらが現在の農地管理の基本理念である。

⒝　「農地貸借の自由化」と権利移動統制の「二元化」

①　改正事項中の最重要なものは、上の①㋐を具体化した「農地貸借の自由化」に係る権利移動統制の改正・緩和である。

通常一般の農地貸借に加えて、農外法人企業等の参入のための「解除条件付き賃貸借又は使用貸借」（農地法上のものでも基盤強化法の利用権でもよい。以下、「特例貸借」という）を導入し、機械と労働力さえあれば、個人か法人かを問わず、誰でも、どこでも、貸借により自由に農業参入ができる（つまり農地法３条の許可を得られる）ようにした。貸借については「耕作者主義」を外したのである。この改正は、法律規定の形式上では権利移動統制の例外的緩和であるが、実体的には、農地を保有して農業を行う経営主体の自由化と多様化を可能にする措置である(14)。標準小作料制度の廃止、小作地所有制限の撤廃、20年超〜50年以下の長期賃貸借の許容も、新規借地主体の自由な参入と競争条件を確保するための改正といえる。

②　ただし、いま一方で改正法は、参入借地経営主体の経営が地域農業と調和して適正になされることを確保するため、一連の規制・報告義務・制裁措置（契約解除や貸借の許可取消し）等に係る規定を新設し、その管理権限と管理業務を農業委員会に与えた。その内容は、法律規定上だけでみると「地域的農地管理の新しい仕組み」の導入とも評しうるもので、それが現実に機能すれば、農地制度に“新しい法化現象”をもたらすことも予想されえた。しかし、その仕組みは実際には機能することなく、その後の農地中間管理機構の創設（県の機関）と2015年農業委員会等に関する法律改正の結果、現在では影の薄いものとなる。

③　通常一般の農地貸借と並んで、特別の規制を受ける特例貸借が導入されたことにより、農地貸借に係る権利移動統制は、本則と例外という形で「二元化」した。他方、農地所有権の移転については、「耕作者主義」を維持し、農作業常時従事要件を充たす個人又は農業生産法人に取得者を限定したから、ここでも統制の切り分け・分断が生じた。この状態は現在まで続いており、財界等からは一般の法人企業等の農地所有権取得も自由化すべきだという根強い主張がなされている。

(c)　その他の主要な改正点

既に触れた①標準小作料制度の廃止、②小作地所有制限の撤廃、③賃貸借の約定期間の50年以下への伸長のほか、④集落営農の法人化や農外企業の出資や経営参画を促進・助長するための農業生産法人の要件緩和（2015年農地法改正で「農地所有適格法人」に名称変更）、⑤面的集積を進めるための「農地利用集積円滑化事業」の創設（基盤強化法の改正）、⑥下限面積引下げの弾力化、⑦農地の相続の届出義務、⑧共有農地への利用権設定の容易化（持分の過半を有する者の

(14)　これに伴い、基盤強化法の「特定法人貸付事業」は不要となり、廃止された。

同意でよい。前掲注(11)参照。基盤強化法の改正)、⑨遊休農地対策の整備・強化、⑩転用規制の強化（内容は省略）などがある。⑦⑧⑨の内容は、後述する。

なお、改正法の附則には、5年を目途とする見直し規定が置かれた。これは、以後の制度改正や立法でも常態となり、農地制度の不安定化と政策実施手段化を示していた。

(5)　2013年農地中間管理機構法後の農地政策と制度改正

(a)　農地中間管理機構の特徴と政策目標

農地中間管理機構法（通称。以下、「機構法」という）に基づき2014年に各都道府県に設置された農地中間管理機構（以下、「機構」ともいう）は、農地制度に政策遂行のための新しいツール・道具を追加した[(15)]。機構は、多数の所有者から農地を賃借して中間管理し、農地の集約・集団化や簡易な基盤整備等を行った上、その農地を「担い手」たる経営者[(16)]に転貸する業務を行う。機構が取得する賃借権（原賃借権）は、農地法上のものでもよいが、通常は農業基盤強化法の利用権である。転貸相手は、公募に応じた借受け希望者の中から機構が所定の基準に基づいて選定し（民法612条は適用除外）、転貸借は、機構の定める「農用地利用配分計画」を知事が認可・公告することで設定される（特例貸借の場合と同様に「解除条件」等が付される）。借受け希望者＝転貸相手には特段の資格制限はなく、認定農業者等だけでなく農外の一般企業等も公募に応じることができる。実際、法人企業等の新規参入の促進が機構法の大きな目的の一つなのである（機構法1条）。

つまり、機構は、貸借による農地移動を公的関与の下で方向づけ、利用権での農地の集約・集団化・条件整備と「担い手」への農地集積を図るための道具である。機構への農地貸出しを助長するため、「機構集積協力金」という手厚

---

(15)　機構が行う「農地中間管理事業」の制度的内容と実際の機能に関しては、農水省が「農地集積バンク」と表現したこともあってか、都市サイドの研究者の間では必ずしも正確に理解されていない場合があるようである。以下の詳細は、原田・前掲①論文(2)(前掲注(1)2017年秋号) 111頁以下、原田・同前(3)93頁以下を参照されたい。なお、機構の創設に伴い、農地保有合理化法人の制度は廃止された。

(16)　農水省のいう「担い手」たる経営者は、①認定農業者（農業生産法人、農外からの参入法人を含む)、②認定新規就農者、③市町村基本構想水準到達者、④今後育成すべき農業者、⑤認定農業者等以外の農外からの参入企業、⑥その他、とされている。

い交付金も用意された。と同時に、「10年間で全農地の８割（2014年の期首では約５割）を担い手に集積する」という政策目標が打ち出された。

ただし、この制度の実質的な意義と機能については、さらに以下の点に留意しておく必要がある。

①　農水省は当初、地元・集落レベルで土地利用調整を行う「人・農地プラン」(17)をベースに機構を機能させることを考えたが、「競争力のある強い農業への構造改革」を説く安倍首相官邸の規制改革会議等はそれに強く反対し、機構による転貸相手の選定・農地利用（権）の再配分は、地域の自主的な利用調整・農地管理から切り離し、機構が自ら定める基準で独自にやれる仕組みを求めた。「農地は集落のものという考えを乗り越え」、「競争力のある者に優先的に貸し出すべきだ」としたのである。この考え方に基づく仕組みが機構法の本体（成立した政府提出法案である）となる(18)。

しかし、この考え方は国会で強い反発と批判を受け、機構法26条を追加する修正が入った。同条は、市町村が「人・農地プラン」のような地元協議の場を設けることを定めたもので、法成立後の農水省の指導方針も同条を踏まえたものとなる。実際、機構の事業の実務的な部分も、多くは市町村に委託されている。

②　とはいえ、機構が――農地流動化の３本目のルートとして――県段階で転貸事業を行う機関であることに変わりはない。地元とは距離のある機構はリスクを取ることを回避し、受け手＝転貸相手の目途のついている農地しか借り受けない（中間プール機能の不全）、共有農地は、明確な持分の過半の同意がなければ借り受けないなどの問題も生じた。後者は、相続未登記農地問題をクローズアップさせる要因の一つとなる。

③　農水省の当初の構想では、上述した中間保有・転貸機能と並んで、耕作放棄地対策の強化が機構創設のいま一つの狙いとされたが、しかし規制改革会

(17)　民主党政権下で導入された市町村の行う施策。集落等一定区域の圃場図面を前提として、関係する地権者・利用者間の話合いにより区域の農地利用を調整していくことを狙いとする。

(18)　2009年農地法改正では前面に押し出されていた「地域的農地管理」の方向が、ここでは明示的に排斥されたのである。

議等はこれに強く反対し、借り手のあてのない農地や耕作放棄地を機構が抱え込むことは厳に避けるべきだとした。その意見を容れた機構法では、機構には、耕作放棄地対策のアクティブな機関たる意義は与えられていない。後掲注(23)の実績数値は、そのことの端的な例証である。

(b)　農業委員会と機構との連携の制度化

2015年農業委員会等に関する法律の改正は、委員会制度自体を大きく変更・変質させると同時に、機構の事業のあり方に新たな転機を画する意味をもった。改正法は、農業委員の選任を公選制から市町村長の任命制に変えた上、「農地利用最適化業務」を委員会の重点業務とし、その業務内容を機構の転貸事業と直接リンクさせたのである。農業委員会が市町村レベルで農地管理の業務を担うことには変わりがないが、その管理は、機構の事業を補完するものに位置づけ直された。地元での利用調整をベースとしなければ農地は動かないという事実を認識した上での改正といえるが、2009年農地法改正に見られた「地域的農地管理」の方向は希薄化された。

(c)　2019年機構法の５年後見直し

機構法附則の「５年後見直し」規定に従い、2019年５月に機構法、農業基盤強化法及び農地法が改正された。見直しの前提には、「担い手」への農地集積も、機構の転貸事業の実績も、農水省が期待したほどには伸びていないという事実がある(19)。主要な改正点は、①地域における協議の場の実質化、②機構の事業の手続規定の簡素化、③農地利用集積円滑化事業の機構事業への統合一体化、④「担い手」の確保等のための改善措置（基盤強化法・農地法の改正）である。

①は、実際には「人・農地プランの実質化」であり、農地地図を活用して農業者の年齢別構成や後継者確保の状況等を踏まえ、新規就農希望者を含めた土地利用調整の話合いをすることが期待されている。その協議への農業委員会の

(19)　2018年度末の全耕地面積に占める「担い手」の利用面積のシェアは56.2%、実数では248万 ha（前年度から3.1万 ha の増加）で、機構の累積転貸面積は22.2万 ha（前年度から3.7万 ha の増加）にとどまる。なお、全体としての新規利用権設定面積（純増分）は2015年、2016年に急増し、それぞれ14.9万 ha、16.0万 ha であった（他に所有権移転が各年で3.2万 ha、2.9万 ha ある）。

情報提供と協力義務も明記された（機構法26条２、３項の新設）。地域での農地移動・利用調整の現実に即して、2013年の政府提出法案とは逆の方向に舵を切ったものともいえる。

4　農地管理制度の“限界・綻び”の表出と新しい課題

以上が農地管理制度の基幹的部分の展開経緯と現状であるが、それは現在いくつかの局面で、その機能の“限界もしくは綻び”ともいえるような事象を表出させている。筆者が認識している問題を簡単に摘示して、本章の結びとしたい。

(a)「担い手利用農地」（８割農地）とその他の農地

「2014年から10年間で８割の農地を担い手に集積」という政策目標は、現在でも維持されている。しかし、目標の実現に関しては、いくつもの問題がある。例えば、①現在の達成度と速度（前掲注(19)参照）からみて実現可能か。②現在の「担い手」（集落営農法人を含む）中にも高齢農業者が多数いるが、その経営の存続・継承は確保されるのか（確保されなければ、時とともに脱落する）。③「８割」は北海道を含めての数値であるが、県によっては目標率がもともと５～６割前後とされていることをどう考えるか[(20)]。

一方、④仮に「８割」という目標が達成されても、「２割の農地」（県によってはそれ以上）が「担い手利用外農地」として残る。この「担い手外の者の利用農地」は、近年の農地政策の対象から事実上抜け落ちているが、それでよいのか。⑤現在は高齢農業者、兼業農家等により農地利用が維持されていても、その一定部分はやがて遊休不耕作地化し、相続未登記ともなる可能性がある。安倍首相官邸が説く「攻めの農政」と並んで、「担い手外利用農地」を対象とした、いわば「守りの農政、守りの農地政策と農地管理」が要請されるのではないか[(21)]。後に(d)で見る問題も、その延長上にある。

ところで、この④と⑤の問題を視野を広げて捉えると、近年の都市・土地政

(20)　各県のＨＰに掲載された基本方針の集積目標によると、千葉県：51％、兵庫県：66％、鳥取県：52％、広島県：46％、高知県：58％などとなっている。東京都、神奈川県、大阪府では、３割前後以下である。

策をめぐる状況との類似性が改めて浮き上がる。東京都心部をはじめ一定の大都市では再開発による土地・都市空間の高度高密度利用が強力に押し進められている一方で、多くの中小都市の中心部や縁辺部では土地及び空間利用の低減・スポンジ化が進行するという事態と、まさに重なり合うからである。人口の減少と高齢化という条件が加重されているとはいえ、その根底には、経済のグローバル化がもたらす諸変化に対する政府の政策対応の一定のあり方（指向と特質）が横たわっていると見て間違いあるまい。事柄の内容や性質の違いはあれ、そこに生じるのは、いずれも格差拡大と「分断」の構造である。

(b)　遊休不耕作地対策の制度的整備と実効性(22)

この問題は中山間地域等では1980年代半ばにすでに顕在化し、1989年農用地利用増進法改正を皮切りに、漸進的に対応措置の整備と強化がなされてきた。すなわち、1993年農業基盤強化法での「遊休農地に関する措置」（指導、勧告、協議まで）、2003年同法改正での再整備（市町村長による通知と利用計画の届出義務、罰則など）を経て、2005年同法改正で抜本的な手続の強化と骨格の体系化が行われた。市町村が実施主体で、「要活用農地」の特定・通知、利用権の設定協議から知事裁定による期間５年以内の利用権設定、所有者不確知の場合の公告手続、近隣に支障を生じさせる場合の市町村長の措置命令と行政代執行などに係る規定を含む。遊休農地については、法律上ではつとにこの段階で強制的な介入手続が用意されたわけである。

2009年農地制度改正は、この措置を全体として農地法に移行させた上、措置の実施主体を農業委員会とし、最終の知事裁定による利用権設定までの流れをわかりやすいものにした。2013年機構法と同時になされた農地法改正は、①従来の「遊休農地」に加えて「耕作者不在となるおそれのある農地」も措置対象とし、②農業委員会が行う手続を簡素化・改善し、③手続全体の中に機構の役割を位置づけ（機構との協議勧告等）、④知事裁定による利用権設定（期間５年以

(21)　この「担い手外利用農地」の問題は、筆者も参加している全国農業会議所「遊休農地対策検討会」（高木賢座長）での議論から示唆を得たものである。その議論の当面の検討結果は、同検討会の取りまとめ報告「『担い手利用外農地』の多様な利用・管理について」（令和２＝2020年２月７日公表。農政調査時報583号（2020春号）43頁以下）を参照されたい。

(22)　詳細は、原田・前掲①論文（３）80頁以下を参照されたい。

内）の申請者及び取得主体を、所有者の確知・不確知を問わず、機構に一本化した。ただし、⑤所有者不確知の場合（持分の過半を持つ共有者が不確知の場合を含む）の農業委員会の公示を経る手続は、所有者が確知される場合（持分の過半を持つ共有者が確知される場合を含む）のそれとは別立てになっている。さらに2018年農地法改正では、“持分の過半を持つ共有者が不確知”と判断するための所有者探索手続を簡便化し、かつ、知事裁定で設定される利用権の期間を「20年以下」に伸長した。

このような制度整備の進展と予算措置を背景に、(ア)全国で遊休農地解消活動が進められ、近年では年１万 ha 前後（2018年は６千 ha）が再生利用されてきた。しかし、(イ)他方で新たな不耕作地が不断に発生するから、「荒廃農地」の総計（28万 ha 前後）は減少しない。しかも、(ウ)その中では、再生利用が困難な「Ｂ分類」の農地が増大してきた（2018年では18.8万 ha）。それ故、(エ)農水省は、2008年以降、そうした農地については積極的に「非農地判断」を行うよう農業委員会を指導しており、実際にも「非農地とされた元農地」が増加している。人口増加の時代に“開墾等で山から来たものの一部を山に返すこと”には一定の合理性があるが、その返し方にはそれなりの“作法”も必要であろう。

加えて、(オ)注意を要するのは、(ア)の再生利用面積のほとんどは地元農業者や農業委員会の努力と活動によるもので、機構が関与しうる場合を含め法律的な強制措置によるものは極めてわずかしかないことである[(23)]。つまり、強制的措置で遊休農地の大々的な解消を図ることは期待しがたく、要は、(カ)遊休農地の発生をいかに防止するかにある。その意味でも、(a)で述べた「守りの農地政策と農地管理」が求められるのではあるまいか。その際には、放牧などの粗放的利用や他業就業者・農村関係人口の利用を含む「多様な農地利用」も考慮されてよい（前掲注(21)参照）。

なお、(キ)農地の所有権放棄や相続放棄の問題にどう対応するかも、今後の課

(23)　農水省によれば、2019年１月時点で機構との利用権設定に関する「協議勧告」が継続している遊休農地は70ha、同年末までになされた知事裁定による利用権設定は、所有者不確知の場合にのみ事例があり、2018年改正前の旧制度で19件（計10.8ha）、改正後の新制度で２件（計1,761㎡）なされたに過ぎない。なお、近隣への支障・妨害を理由に是正命令や行政代執行がなされた事例はないと聞く。

題である。

(c)　相続未登記農地問題への制度的対応と残る課題[24]

2016年の時点で、94.3万 ha（全農地の20.8%）という膨大な相続未登記農地（相続未登記であるおそれのある農地を含む）がある[25]。ただし、その大部分は、共同相続人の一人によって耕作・利用・管理され[26]、固定資産税も納付されている。しかし、現在の自作者又は管理者は高齢者が多く、近い将来のリタイア・死亡の際にその農地の利用・管理がどうなるかが危惧される。

事実、昭和一桁世代の農業者のリタイア・死亡が始まった2000年頃から、相続未登記のまま耕作されていた自作農地の放出が増加し、それへの利用権設定をめぐる問題が大きく顕在化した。「共有者全員の同意」という要件を「持分の過半の同意」に変えた2009年農業基盤強化法改正（前述）は、その問題への最初の対応であった。しかし、例えば相続未登記が二世代続いて共有者の数が多く、不在村者も多数いるなどの場合は、持分の過半を持つ共有者を確知して同意を取り付けるには、多大の労力とコストが必要となる。それは、機構への利用権設定を助長しつつ「８割の農地」を「担い手」に集積するという政策の阻害要因である。そこでこの問題をクリアするため、2018年農業基盤強化法改正で、相続未登記農地について機構への利用権設定を行う特例手続が新設された。手続内容の軽減・簡易化と併せて、設定される利用権の期間も「20年以下」に伸長されている。また同時に、持分の過半を持つ者の同意で設定される利用権の上限期間も、「20年以下」に改められた。

しかし、問題はこれで解決されたわけではない。例えば、①膨大な農地の相続未登記状態をどう解消するのか。しかも、②多数の高齢一世代農家の存在、2015年農業センサスに表れた農家数の急速な減少と不在村農地所有者の増加の趨勢、農地価格の著しい低落などを考慮すれば、相続未登記農地はさらに増加することも見通される。もちろん、この①②の問題は、民法相続法や登記制度

(24)　詳細は、原田・前掲①論文（４）（前掲注(1)2018年夏号）150頁以下と、原田・前掲②論文参照。

(25)　この数値は、「所有者不明土地問題」で使われる「推計値」ではなく、農業委員会が調査した実数値である。

(26)　もっとも、94.3万 ha 中には、遊休農地が5.4万 ha（６%）ある。そのことが持つ意味については、原田・前掲①論文（４）155頁参照。

とも関わり、現に「遺産分割の期間の制限」「相続登記の申請の義務化」等を内容とする法改正の提案が法制審議会で審議中である。しかし、仮にその法改正が実現されても、現存の相続未登記農地が解消するのか、また、今後の発生は抑制されるのかは、不透明である(27)。実際、2009年農地法改正による“罰則（10万円以下の過料）付きの相続の届出義務”の場合でも、農業委員会の努力もあって届出件数（相続登記の件数ではない）は増加してきたものの（2015年は43,153件・28,394ha、2016年は42,595件・27,415ha）、それが相続による権利移転のどの程度をカバーしているかは、直ちにはわからない(28)。

③もう一つ、大きな問題がある。農家数の減少と相俟って不在村所有者・不在村地主が増加すれば、その小規模な農地所有と大規模経営による耕作利用とをどう安定的に結び付けていくのかという課題が登場する。このことは、相続未登記の場合はもとより、農地の相続登記・遺産分割登記等がなされた場合でも同様である。機構が一定の役割を果たすことが期待されるが、現在の機構は、その役割を担うような態勢を必ずしも備えていない。農業委員会も基本的に市町村の区域を活動区域とする。農地制度がこの問題にどう対応していくかが注目される。

(d)　農地及び地域資源と地域空間の地域集団的な保全管理(29)

以上のような狭義の農地管理上の問題の先に、２(1)の⑤～⑦及び同(2)の(b)で述べた、農地及び農地以外の地域資源と地域空間の地域集団的な保全管理の問題がある。例えば、農業従事者の減少と高齢化が進む一方、個別的な受け手の大型経営が成立しにくい中山間地域等で集落営農組織が多数設立されるのは、農地利用の継続と地域資源の保全管理をむらぐるみで維持しようとする防衛的対応である。2000年からの中山間直接支払も、農業活動の継続と地域資源の保全管理を目的・内容とする集落協定の締結・認定を交付金の要件とすることで、集落機能の維持活性化を支える意義を持った。2015年からの多面的機能支払

---

(27)　この一般制度上の問題については、原田純孝「所有者不明土地と日本民法相続法の問題点――登記制度も含め、フランス民法典相続法との対比の中での検討　上・中・下」土地総合研究2019年秋号、2020年冬号、2020年夏号を参照されたい（なお、「下」は校正時に追記した）。

(28)　なお、過料が課された例はないという。

(29)　詳細は、原田・前掲①論文（５）（前掲注(1)2018年秋号）129頁以下参照。

（中山間地域に限られない）も、非農業者をも含めた共同活動組織の結成と地域資源の維持・向上のための「事業計画」「活動計画」の作成・認定を交付金の要件とすることで、同様の意義（“地域集団的な地域資源管理組織”の助成支援機能）を有しうるものとなっている。

ただ、これらの交付金制度は、農水省予算（農村振興局）の枠内のものであるから、組織の共同取組み活動の目的や範囲には自ずから一定の限定がある。一方、本章の上記に引示した箇所で触れたように、中山間地域等の農地及び農地以外の地域資源と農業集落・農村の状況は、そのように限定された「共益的」活動の助成・支援だけでは対応し切れない状態になりつつある。農水省の農村地域振興政策がそこをもカバーできればよいのだが、国交省や総務省との縦割り行政の関係もあり、そう簡単なことではないようである。都市サイドの研究者の目も、なかなかそこまでは視野が及んでいない。そこで筆者は、前掲①論文の（５）において、農地・農業の側面からみても“農村地域資源保全管理政策”ともいうべき視点が必要であり、その先ではさらに、“農村環境空間保全管理・活性化政策とその制度的システム”ともいうべき仕組みを構想する必要があるのではないか、という問題提起を行ってみた。その仕組みは、市町村の関与と役割を要請しつつも集落・地域コミュニティの主体的取組みに依拠したものになるはずであり、本書が追求する「縮退する都市空間の新しい管理のあり方」とも共通する要素・特徴を少なからず持つものとなると考えられる(30)(31)。今後、更に検討を深めていきたい。

【追記】

食料・農業・農村基本計画は、1999年食料・農業・農村基本法15条に基づき、

(30)　以上の詳細は、原田・同前①論文（５）146～153頁参照。

(31)　2019年12月の地域再生法改正で、「農村地域等移住者」による「農地付き空き家」の取得又は賃借を助長・支援するため、認定地域再生計画に基づき市町村が作成する「既存住宅活用農村地域等移住促進事業計画」中にその促進区域＝「特定区域」を設け、農業委員会の同意を得た上で農地取得の特別の下限面積＝「特例面積」を定める制度が創出された（同法５条４項12号、17条の54参照）。対象事項は限定されているが、これも、上記のような視点からのアプローチの一例といえようか。

食料・農業・農村政策審議会の意見を聴いて「おおむね５年ごとに」策定されるが、2020年３月末に策定された新基本計画は、「中長期的な食料・農業・農村をめぐる情勢の変化を見通しつつ、今後10年程度先までの施策の方向等を示すもの」という（２頁。以下の引用頁も同様）。本章で取り上げた問題・課題に関して、新基本計画はどのような認識を示し、いかなる施策を講じようとしているか。主だった点について簡単なコメントを記しておこう。

①　安倍政権では、上記の審議会とは別に、首相官邸に総理を本部長とする「農林水産業・地域の活力創造本部」を設け、同本部が作る「農林水産業・地域の活力創造プラン」で農政の基本方針を定める態勢が取られている(32)。上記の審議会も、その「プラン」の内容を踏まえつつ基本計画を策定することを求められる。したがって、「プラン」が掲げる「農政改革」、すなわち農業の成長産業化のための産業政策と輸出促進施策（2030年までに５兆円を目標）を今後の農政の中核とすることには変わりはなく、中間管理機構を通じた「担い手」への農地の集積・集約が引き続き強調されている（３頁、５頁、30頁以下、43頁）。

最後の点について「８割」という集積目標は明示されていないが、これも維持されているものと見てよかろう。しかし、2019年度末の集積率は、前年度末（前掲注(19)参照）からわずかに0.9％増の57.1％にとどまった。目標の達成は実現困難というのが大方の見方である。

②　他方で、農業従事者や農村人口の高齢化・減少、それに伴う農地面積の減少という事態は明確に意識され、「これまでの改革を引き続き推進するとともに」、「経営規模の大小や中山間地域といった条件にかかわらず、需要に応じた生産体制の整備、生産性の向上等を進め、農業経営の底上げを図り」という表現も登場した（３頁、５頁）。また、「生産現場においては、中小・家族経営など多様な経営体が……農業生産を行い、地域社会の維持に重要な役割を果たしている実態に鑑み、生産基盤の強化に取り組むとともに、品目別対策や多面的機能支払制度、中山間地域等直接支払制度等、産業政策と地域政策の両面からの支援を行う」とか（42頁）、「中山間地域等を、今後も安定的に維持してい

(32)　最初の「プラン」は2013年12月の決定で、その後年次的に改定されている。

くためには、小規模農家をはじめとした多様な経営体がそれぞれにふさわしい農業経営を実現する必要がある」ともいう（56頁）。

これは、新基本計画の特徴の一つである。新基本計画の公表に際して発表された農林水産大臣談話も、この②の点を後の④の点（地域政策）と併せて、①の点以上に強調していた。あるいは前記の「担い手外利用農地」（「２割農地」）の存在を意識し、その部分に対する「守りの農政、守りの農地政策と農地管理」の必要性を認めることを示唆するものかもしれない（前出168頁）。ただし、具体的にどのような施策がなされていくかは、今後を見ていく必要がある。

③　基本的には①の政策方針の延長上で、「さらに、次世代の担い手への農地をはじめする経営基盤の円滑な継承が必要である」とした（５頁）。「農業の経営継承は親子間・親族間が中心である現状も踏まえ」、「親子間・親族間を含めた担い手の計画的な経営継承、継承後の経営改善等を支援するほか、移譲希望者と就農希望者とのマッチングなど第三者への継承を促進する」というのである（40頁）。そのために、青年層の新規就農と定着促進の支援体制を整備し、女性農業者の参画推進の環境整備も行う（５頁、41頁）。

㈠認定農業者（法人、共同申請を除く）の７割が後継者未定、㈡認定農業者の37.3％が65歳以上（60歳以上だと55.1％）、㈢稲作単一経営では65歳以上が49％などという現状[(33)]を知れば、計画的な経営継承の確保・促進施策が求められることは明らかである。日本の農政が伝統的に親子・家族間での世代交代・経営継承は“農家まかせでよい”とする姿勢を示してきたことを踏まえると、上記の施策が親子間・親族間の経営継承を含めて想定されていることも、従来の“伝統的・慣習的な発想”を刷新する要素を加えようとするものとして、筆者は評価したい[(34)]。

農水省は早速、2021年度予算概算要求中に「経営継承・発展等支援事業」という新規事業を盛り込み、新たに約60億円を計上した。人・農地プランに位置

---

(33)　㈠は、食料・農業・農村政策審議会企画部会（令和元年10月９日）配付資料（「現行基本計画の検証とこれを踏まえた施策の方向（案）（農業の持続的な発展に関する施策）」３頁、㈡㈢は、農水省「農業経営改善計画の営農類型別等認定状況（平成31年３月末現在）」と「参考付表（参考２）」の年齢階層別データに基づく。いずれも稲垣照哉氏（全国農業会議所事務局長）から教示を得た。

づけられた「地域の中心的経営体等」の後継者を対象とし、親子間の継承か、第三者継承かは問わない(35)。現行の「農業次世代人材投資資金」の事業と併せて、実際にどのような施策が打ち出されていくか、注目したい。②の点との関連がどうなるかも、気になるところである。

④　農村地域政策に関しては、冒頭部分（３頁）に、「同時に、農村を維持し、次の世代に継承していくために、(ア)所得と雇用機会の確保や、(イ)農村に住み続けるための条件整備、(ウ)農村における新たな活力の創出といった視点から、(エ)幅広い関係者と連携した『地域政策の総合化』による施策を講じ、農村の持続性を高め、農業・農村の有する多面的機能を適切かつ十分に発揮していくことも必要である」（(ア)〜(エ)の記号は筆者挿入）と記した上、本論部分（56頁以下）で、「三つの柱」とされる(ア)〜(ウ)について多数の事柄・施策を細かく列挙している。

前記の「活力創造プラン」は、当初から「産業政策と地域政策を車の両輪として」農政を進めるとしたものの、“車輪の大きさが違う（前者が大きい）ため車が前に進まない”という批判も強かった。一方、中山間地域等の農業・農村・地域コミュニティの状況は、新基本計画も認識している通り極めて厳しいものがあり、多方面からの総合的な支援・対処策を要請している。本論部分の諸施策はやや羅列的な感もあるが、地域政策を重視する意図は評価されてよい。ここで留意しておいてよい事柄として、以下のようなものがある。

(ア)では、先の②でも記した、地域資源を活かした複合経営等の多様な農業経営（小規模農家を含む）の推進を筆頭に、農村地域資源を活用しつつ様々な所得と雇用の獲得機会（「しごと」）を創出・拡充していくことが目指される。

---

(34)　筆者が比較研究の対象とするフランスでは、1976年以来、一人前の経営者として自立・定着する青年農業者に対して国が助成金を交付する制度が存在し（1985年からはEC/EU の制度ともなる）、存続可能な農業経営を若い世代に継承させていく上で、極めて大きな役割を果たしてきた。新規に自立する青年農業者が親の経営の継承者か、家族外の第三者かは、自立助成金の受給要件には関係がなく、比較的近年に至るまで助成金受給者の８割以上（直近では７割程度）が「家族の枠内（家族員が設立主体・構成員となっている法人経営を含む）で自立する青年農業経営者」であった。次世代に向けて一人の若い経営後継者を確保する上では、その者が子どもか第三者かで区別すべき理由はないというのが、その考え方である。これは日本の農政に欠けていた視点ではないかと、筆者は考えている。

(35)　予算概算要求は2020年９月に公表。2020年10月18日付け日本農業新聞に新規事業の内容の紹介記事がある。

人々の「くらし」にかかわる(イ)では、生活インフラ等の整備だけでなく、定住条件整備の第一の要素として「地域コミュニティ機能の維持や強化」が挙げられ、「農用地や集落の将来像の明確化」を地域集団的に図ること（「集落戦略」や「地域のビジョンづくり」）が目指される(36)。その実現に寄与するため、人口減少にも対応した「放牧や飼料生産など……多様な農地利用方策とそれを実施する仕組み」を検討する「農村政策・土地利用の在り方プロジェクト」の設置が掲げられ（59頁）、「荒廃農地の発生防止・解消に向けた対策」も、そのプロジェクトの中で検討すべきこととした（44頁）(37)。日本型直接支払いを活用した「多面的機能の発揮の促進」も、集落内外の組織や非農家の住民と協力した、それらの取組みと関連づけて位置づけられる（60頁）。鳥獣被害対策の推進も、この(イ)の中にある。

(ウ)の「活力の創出」では、「地域を支える体制及び人材づくり」（地域運営組織の形成等）、関係人口の創出・拡大、「農村の魅力の発信」（農村での副業・兼業の推進、棚田地域の振興など）が記載されているが、省略する。

問題なのは(エ)の部分で、「『三つの柱』を継続的に進めるための関係府省で連携した仕組みづくり」という表題の下に、ごく抽象的なことが10行書かれているだけである。本論の最後で述べたように、農村環境空間の保全管理と農村社会の活性化のためには、府省庁の枠組みを超えた総合的な政策・施策を、市町村と地域コミュニティを巻き込みつつ推進する必要があると思われるが、その「連携した仕組み」の具体像は、国の政策レベルでは未だ姿を見せていないようである。

（原田純孝）

(36)　中山間地域等直接支払第５期対策（2020～2024年度）では、集落協定に「集落戦略の作成」（集落ビジョンづくり）を盛り込むことが体制整備単価（10割単価）の要件となっている。

(37)　農水省は2020年５月に「新しい農村政策の在り方に関する検討会」と「長期的な土地利用の在り方に関する検討会」を設置し、後者の検討会では、①放牧など粗放的な農地利用で農地のまま維持、②農地への復旧が容易な非農地に転換（ビオトープや緩衝帯等）、③農地への復旧が困難な非農地に転換（計画的な森林化等）という三区分の下に具体的な施策のあり方が議論されている。これは、前述した「守りの農地政策と農地管理」の考え方に連らなる検討方向といえよう。

第７章　入会権の変容と今日的課題 ——登記の問題について

1　はじめに

入会権とは、江戸時代以来の村落共同体が山林等に行使していた支配権であり、その内容はかかる共同体を支配していた掟・慣習によって定まっていた。現行民法が入会権の内容が基本的に慣習によって決せられるとしたのは（263条・294条）、私法上、従前の村落共同体の権利をそのまま尊重したことを意味する。ところが、実体法上、ある山林原野の所有権が江戸時代以来の村落集団に属する場合であっても、近代法制の登記制度にそのことが反映されない結果、登記名義と実体的権利関係との齟齬が生じ、それがしばしば入会地をめぐる紛争の原因となる。

すなわち、たとえ入会地であっても登記が空白になることは許されないため、表題部や権利部に何らかの登記がなされることになるが、現行の不動産登記法は入会権を登記しうる権利として認めていないために（３条参照）、その内容が入会権とは異ならざるをえなくなる。たとえば、入会地の表題部に旧村落が所有者として記載されるケースがあるが[(1)]、この場合には、入会地が旧村落を包含した新市町村の公有地として捉えられる危険性がある。他方で、入会集団の委託を受けた一部の構成員の名義の共有の登記がなされるケースもあるが[(2)]、この場合には、対外的にはその入会地が名義人らの単なる共有地と誤解される恐れが生ずる。入会権は登記がなくてもすべての者に対して主張しうるといっても[(3)]、入会地に関してこれを反映しない登記が現実になされていると、必ず

（１）　山口県上関町四代地区における入会紛争の係争地の登記簿の表題部には、もともと、明治22年の町村制の施行によって旧上関村の一部となった四代部落が所有者として記載されていた（最一小判平成20・４・14民集62巻５号909頁）。

（２）　この例としては、後掲注（４）の最三小判平成６・５・31民集48巻４号1065頁の事案がある。

（３）　大判明治36・６・19民録９輯759頁、大判大正６・11・28民録23輯2018頁、大判大正10・11・28民録27輯2045頁参照。

しも入会権の存在を知らない第三者は、登記名義人に登記の通りの権利が存在すると見て取引を行う危険性がある。そして、後に入会集団が当該取引の有効性を否定することになり、これが裁判へと発展してしまう(4)。

後述のように、今日では、入会権を基礎づけていた従前の慣習規範が変容しているケースも少なくない。その場合には、集団及びこれに属する権利の構造も、従前の構造とは異なっていると考えざるをえない。しかし、いずれにしても、集団に属する権利内容を反映する登記が確保されなければ、今後も入会地をめぐる紛争は絶えないだろう。また、市場価値が失われているような入会地の場合には、その管理の責任を負うべき権利主体が登記に現れていないときには、事実上、入会地が放置されていても、その管理責任を追及することが難しくなるという問題も生ずる。

入会地の適切な管理に関わる論点としては、集団・組織内部のガバナンスのあり方もあげられようが、権利主体を明らかにする登記方法が確立されなければ、入会地の適切な管理が難しくなるばかりか、入会権が紛争の温床になってしまう恐れもある。そこで、本章では、現行法において入会権に関する最も適切な登記内容は何か、また、仮にこれと実際の登記との間に齟齬がある場合には、いかにしてこれを是正することができるのか、に焦点を当てることにしたい(5)。

この問題の検討の前提としては、入会集団及びこれに属する権利の構造を明らかにしなければならない。しかも、明治維新ないし民法制定時の集団ないし権利の構造が、慣習の変遷によって変容してきている可能性も高い。それゆえ、

(4)　入会地について神社名義の登記がなされていたところ、その神社が開発業者との間で地上権設定契約を締結して紛争となった、最一小判昭和57・7・1民集36巻6号891頁や、入会地について構成員の共有名義の登記がなされていたが、当該構成員が入会集団の構成員の資格を失ったにも拘わらず、その相続人が共有持分移転の登記をしたうえでこれを第三者に処分して紛争となった、最三小判平成6・5・31民集48巻4号1065頁などがある。

(5)野村泰弘「入会地の登記名義人の義務」島大法学62巻3・4号（2019年）29頁以下は、このような紛争を防止するために、入会集団の委託を受けて登記名義人となった者の負うべき義務を論じている。ただ、この問題を究極的に解決するためには、現行法において入会権の内容に最も相応した登記とは何か、そして、これを実現するために入会集団にはいかなる権利が認められるのかを検討する必要があるだろう。

以下ではまず、入会権の原型である村落共同体及びその財産帰属形態が本来はどのようなものであり、そして、今日ではそれがどのように変容してきているのかを簡単に説明したい。そのうえで、入会地に関するあるべき登記方法を論ずることにする。

2　入会集団・総有の本来的構造とその変容

(1)　実在的総合人

近代思想では、個人の人格の独立性は絶対的なものとされ、団体に人格を認める場合には、かかる団体の人格を個人の人格から切り離して対置するという考えをとらざるをえない。たとえば、社団法人制度においては、団体の構成員となる個人の人格と団体の人格とは別個のものと考えられている。ところが、個人主義原理を徹底していない時代においては、そもそも個人の人格の完全な独立性が認められていたわけではない。当時の村落共同体においては、かかる団体自体が一つの人格を持つと考えられる一方で、その構成員の人格が構成員としての活動の中では団体の人格の一部を構成するものと考えられていた。つまり、ここでは各構成員の人格の総和が団体の人格として現れることになる。ドイツのゲルマン法学者は、近代前のこのような団体人格を実在的総合人（reale Gesamtperson）と称した[(6)]。

日本においても、江戸時代以来の村落集団は上記の団体人格にほぼ相応するものと考えられる[(7)]。すなわち、各村民は村の掟に従わなければならず、これに違反した場合には村八分という一種の追放処分を受けることもあった。また、村民ないし構成員となる要件としては、同じ村に定住し農耕等に従事し、共同で山林等の管理のための義務を果たすことが条件とされ、いったん構成員となっても、村を離れることになりかかる義務を果たせなくなれば、構成員の資格を失うものとされていた[(8)]。これは、村落団体の構成員になるためには共同

（６）　Vgl. Otto von Gierke, Die Genossenschaftstheorie und die deutsche Rechtsprechung, 1887, S.603.

（７）　中田薫「徳川時代に於ける村の人格」（初出、1920年）『村及び入会の研究』（岩波書店、1949年）16頁以下参照。

体の統制に従う存在でなければならないからであろう。

総有（Gesamteigentum）という概念も、ゲルマン法学者によって用いられたものである。それは、上記の村落共同体ないし全村民が土地に対して行使する支配権を意味する。ここでは、目的地は全村民ないし共同体の所有地であるから、その管理は基本的には村の意思決定によることになる。村の意思決定は多数決によることもあったろうが、構成員の地位を決定的に変更するような土地処分は構成員全員の同意を要したようである（全員一致の原則）(9)。日本の江戸時代以来の入会権も、基本的には、このような村落集団ないし共同体による土地支配権であったといえる。

学説の中には、入会権の処分に関わる全員一致の原則を、各村民が入会地に権利・持分を有する点から導く見解もある。かかる見解は、民法の共有における共有物の変更が全員の同意を要する点から、入会権の処分も全員の同意を要するという(10)。しかし、このように入会権を民法の共有と同視することは極めて疑問である。前述のように、共同体の構成員は、その人格が共同体から切り離されていない点で、そもそも、近代個人主義思想におけるような完全なる意思決定の自由を有するわけではなく、むしろ共同体の統制に服さなければならない。逆にいえば、各構成員の生存は共同体に依存するからこそ、構成員が団体の統制に従属する共同体が成り立ちえたのであろう。このことは、個人の生活・居住の拠点の移動が制限され、その生存がその属する村における生業なくしては基本的に成り立たない近代前の村社会においては、自然の帰結であったのだろう。それゆえにこそ、個人が共同体の統制に従うべきという慣習も、合理的な規範として機能していたのであろう。このような慣習規範が妥当している限り、構成員及び共同体の存立にとって不可欠な入会地の処分・変更は、

（8）　川島武宜「入会慣習法の実態」（初出、1958年）『川島武宜著作集第八巻』（岩波書店、1983年）２頁以下、16～19頁、北條浩『入会の法社会学（下）』（御茶の水書房、2001年）323頁以下、中尾英俊『入会林野の法律問題〔新装版〕』（勁草書房、2003年）114頁以下参照。

（9）　Vgl. Gierke, Das deutsche Genossenschaftsrecht, Bd. 2, 1873, S.332ff.

(10)　中尾英俊「入会権における慣習――入会慣習と民法の規定」渡辺洋三先生追悼論集『日本社会と法律学――歴史、現状、展望』（日本評論社、2009年）401頁以下、429頁、江渕武彦「民訴法二九条における『社団』再論」島大法学50巻１・２号（2006年）１頁以下、58頁。

本来は、共同体の解体へとつながる点で許されない。もっとも、構成員全員がそのような処分に同意した場合には、もはや従前の共同体を維持する理由はなくなり、例外的にそれも許されるというのが、全員一致の同意の持つ意味であったのではないか。近代的な共有とは異なり、入会権においては各構成員に入会地の分割請求権が認められなかったのも、そのためであろう。

⑵　いわゆる「権利能力なき社団」との異同

このように、前近代の村落共同体、すなわち入会集団は、近代的な団体とは異なり、構成員の人格がその独立性を完全に喪失するとはいえないものの、団体の人格を構成するという形態をとっている。総有とは、所有権がかかる団体とともに構成員に帰属する状態をさす。それにも拘わらず、判例はいわゆる「権利能力なき社団」の財産帰属形態を総有と位置づけているが[(11)]、これは適切ではない。現代における「権利能力なき社団」は、構成員の人格から切り離された近代的な団体であり、ただ団体が法人化されていないにすぎない。社団に供出された財産はもっぱら団体に帰属するというのがここでの実体であり、それは上述の総有とは全く異なる。このことは、「権利能力なき社団」の一例とされる、学校の同窓会や法人化されていないNPO等の実態から明らかだろう。だからこそ、これらの団体に供された財産の処分も、代表者、ないしは団体の機関としての構成員総会における多数決によって有効になされうるのである。他方で、しばしば総有には持分がないと説明されることがあるが[(12)]、これも総有概念が本来妥当する入会集団の財産帰属形態には適合しない説明である。確かに、入会集団の構成員には、民法上の共有の場合のようには持分権の独立性が保障されることはなく、その譲渡の自由等が認められるわけではないが、前述の団体の構造からは、各自が目的地に対して直接権利を有していることは否定しえないからである[(13)]。

明治維新時の入会集団と「権利能力なき社団」との間には構造上の違いがあ

---

(11)　最一小判昭和32・11・14民集11巻12号1943頁。

(12)　我妻栄＝有泉亨『新訂物権法』（岩波書店、1983年）438頁。

(13)　この点では、入会集団の構成員には持分があるという見解（前掲注(10)の中尾説及び江渕説）は正当である。しかし、両説が総有を民法の共有と同視することは疑問である。

るにも拘わらず、判例上、これらの財産帰属形態がともに総有として一括りにされてしまったのは、石田文次郎博士、我妻栄博士の説の影響によるところが大きい。両博士ともに、入会集団の財産帰属形態を総有と位置づけつつ、他方では、「権利能力なき社団」の財産帰属形態も総有と位置づけていたからである(14)。このような解釈がとられたのは、両者ともに実定法によって法人格が容認されていない存在であり、かつ、各構成員は共有持分のような独立した権利を団体財産に有しない点で共通しているからかもしれない。

(3)　団体・所有形態の変容

もっとも、村落共同体ないし入会権及びこれを支配する慣習規範は、前述のように、近代前の村社会において、村における生業が個人の生存にとって不可欠であったことを基礎にしている。しかし、貨幣経済の浸透により、従前の村社会における生業が個人の生存にとって不可欠ではなくなれば、共同体、入会権及び慣習規範も、もはや合理的なものとは認知されなくなるであろう。このことによって、従前の慣習規範、さらに共同体が変容していくことは否定することができない。かくして変容した団体に対しては、もはや実在的総合人、総有の概念をあてはめることはできない。構成員の人格が融合して一つの人格たりうるには、各構成員を統制する慣習規範が強く妥当しなければならない。しかし、とりわけ昭和の高度成長期以降には、農村における各自の生業のあり方、価値観は多様化し、構成員全員が一体として一つの人格・共同体となるほどに統制規範が妥当するとはいい難くなる。むしろ、各自が自己の人格、権利の独立性を強く主張するようになれば、もはやそこには団体自体が存在するとはいい難くなるし、他方で、団体自体がなお解体しない場合でも、個人は自らと団体を切り離し、団体内の財産もすべて団体自体に移譲してしまうという実態もありえよう。

このような入会権の変容は、かつて川島武宜博士によって入会権の解体現象として捉えられた(15)。具体的には、従前の入会権の形態は、すべての村民が

(14)　石田文次郎『土地総有権史論』（岩波書店、1927年）523頁以下、同「権利能力なき社団」『民法研究１』（弘文堂書房、1934年）47～49頁、我妻栄『新訂民法総則』（岩波書店、1965年）133～134頁参照。

共同で林野を管理し収益を上げるというものであったのに対し、資本主義経済の進展とともに、一方では、入会地の各部分に対して構成員個人の排他的支配を容認して、各自の権利の独立性が前面に出てくることがあったり、他方では、入会地に対する各構成員の管理・収益を停止し、団体がこれを直轄して林業経営等のために管理したり、あるいは、第三者に契約によって有償で入会地を利用させ、その対価を収受して構成員に分配する、という形態が現れるようになっている。

それゆえ、入会集団・団体の変容の可能性としては、一方では、入会集団から構成員の人格が完全に独立し、集団に属した権利についても各自の権利が独立していくという方向がある。ここでは、従前の総有という財産帰属形態が共有、単独所有権へと転化していく。このような変容が生じた場合には、もはやそこには団体ないし団体の権利は存在しなくなる。もう一つの変容の可能性としては、団体の人格が構成員の人格から切り離され、団体は団体として独立し、従前の財産帰属形態はもっぱら団体の単独所有形態に転化していくという方向性がある。ここでは、従前の実在的総合人が現代的な社団へと変容する(16)。

このような団体及びその財産帰属形態の変容は、団体に属するとされる財産を処分する場合の意思決定の方法にも影響を及ぼすことになるであろう。

前述のように、古典的な村落共同体においては、共同体の基盤を変更するような処分は全員一致の同意を要する、というのが慣習とされていた。村落共同体はその基盤となる土地があって維持されるものであり、各構成員もかかる土地を基盤とした生業によって生存しえた以上、これを解体することは許されず、かかる解体はすべての構成員の同意がある場合に限られるからである。これは、全構成員が一体として土地を支配するという財産帰属形態、すなわち総有に相応した取扱いである。

しかし、今日では、各構成員の生存は、共同体の一員となり、その基盤の土地を使用することによってのみ可能となるわけではない。むしろ、各個人の生

(15)　川島武宜＝潮見俊隆＝渡辺洋三編『入会権の解体Ⅰ』（岩波書店、1959年）15頁以下参照。

(16)　古積「実在的総合人および総有の法的構造について」法学新報123巻５・６号（2016年）275頁以下、304～305頁参照。

業はそれぞれ個別にゆだねられ、共同体の維持は不可欠ではなくなっているのである。たとえば、今日では、従前の入会地の管理は一部の役員に包括的にゆだねられ、入会地に対する共同の支配も事実上なくなっていることが少なくない。そこではもはや共同体の基礎となる慣習も崩れており、従前の村落共同体の構成員も、自己の属する集団を自己の人格とは切り離された近代的な団体として考えているだろう。この場合には、従前の入会地は各構成員とは異なる団体自体に帰属し、それゆえに、その処分の要件としては、近代的な団体の意思決定方法、すなわち多数決の決議があれば足りる、というのが各構成員を支配する慣習と化しているといってよい。最高裁判所は、山口県上関町四代地区の入会裁判において役員会の決議による入会地の処分を容認したが[17]、筆者は、かかる結論は入会集団及びその財産帰属形態の変容という観点から説明することができると見ている[18]。

3　入会地の登記の問題

(1)　入会権に相応する登記及び登記請求権

それでは、入会集団ないしその権利の構造に鑑みて、入会地についての登記はどうあるべきだろうか。現行の不動産登記法は、入会権を登記しうる権利として認めていないので、そもそも、この権利を正確に反映した登記をすることができない。その背景には、入会権は、慣習を基礎にして認められるため、国家法の登記制度の裏打ちがなくても存立しうるという考え方があると思われる。

そこで、まず検討しなければならないのは、そもそも、入会集団には、入会地の登記に関する請求権が全く認められないのか、という点である。確かに、入会権は登記制度とは次元の異なる慣習を基礎とする以上、国家法が規律する登記に関しては何ら請求権が認められない、という割り切った考え方もありうるかもしれない。少なくとも、入会集団は、登記機関に対する関係で入会権自体の登記を申請する資格を有しない。しかし、民法が入会集団に所有権を容認

(17)　前掲注(1)最一小判平成20・４・14参照。

(18)　これについては、古積「入会権の変容について」法学新報122巻１・２号（2015年）347頁以下参照。

している以上、入会地について全く権利を有しない第三者が登記簿上権利者とされている場合には、その登記は入会権ないし所有権を侵害するものと見るべきであり、このような場合には、判例も、抽象論ではあるが、入会権に基づく妨害排除請求権として抹消登記手続請求権が成立しうることを認めている(19)。とすれば、一般論として、入会集団には、入会権を根拠として、不実の登記名義を有する者との関係では、その内容に相応した権利の登記請求権が存在するというべきであろう。問題は、入会集団にはいかなる内容の登記請求権が認められるのかである。

前述のように、総有とは、集団構成員全員に所有権が一体的に帰属する形態を意味する。それゆえ、団体名義の単独所有の登記は各構成員が権利を有することに相応しないし、また、入会集団が法人格を有しない以上、そもそも団体名義の単独所有の登記は認められない。とすれば、不動産登記法によって定められている権利の登記の中で、入会権の内容に最も近い登記は全構成員名義の共有の登記である。そして、集団構成員の地位を差別化する慣習がないのであれば、持分割合が平等である共有の登記が真実の権利関係に相応する。それゆえ、入会権という所有権を根拠として容認される登記の内容は、特段の事情がない限り、全構成員名義の共有の登記であり、全構成員にはかかる内容の登記手続請求権が帰属するといえよう。このような登記請求権の可否に関して、検討すべき最高裁判例は２つ存在する。

１つは、入会権の確認の訴えは集団構成員全員による固有必要的共同訴訟であり、一部の構成員による訴えは却下されるべきとした、最二小判昭和41・11・25民集20巻９号1921頁である。この事案では、原告らは入会権を有するとして構成員330名の共有持分移転登記手続も登記名義人たる被告に対して請求していたが、最高裁は、このような前近代的な形態である権利を根拠とする共有持分移転登記手続請求権は認められないともしていた。それゆえ、この判例は上記の登記請求権を否定するもののように思われる。しかし、この事案では、そもそも原告集団に入会権があったかどうかが不明であり、かつ、共有の登記

(19)　前掲注(4)最一小判昭和57・７・１参照。

請求権の帰属主体となるべき構成員全員が原告とはなっていなかった。したがって、この判例は、真に入会権が存在し、かつ構成員全員が共有の登記手続を請求した場合にも、これを否定する趣旨をも有するとはいえないのではないか。

もう１つの判例は、最三小判平成６・５・31民集48巻４号1065頁である。ここで、最高裁は、入会集団の全員一致の決議により入会地の登記名義人として指定された構成員が、現状の登記名義人に対して移転登記手続を請求することを認めた。しかし、この判例は、かかる構成員による登記手続請求の根拠を入会集団の授権に求めており、その背景には、入会地に関する登記請求権は構成員全員に帰属しているという理解がある。また、ここで特定の構成員の登記名義が集団構成員全員の同意を基礎とする点からは、この判例も、入会地の登記名義は、本来は特定の構成員の名義であるべきと判断しているわけではない。むしろ、その名義は構成員全員となるべきであるが、構成員全員がその意思によりある構成員に登記名義を委ねる意思決定をしているならば、そのような登記方法も便宜的に認められるという判断があるといえよう。つまり、ここでの登記は入会地の管理の委任に基づくものというべきである。したがって、そのような委任が終了してしまえば、全構成員は、登記名義人に対し、構成員全員名義の共有の登記手続を請求する権利を有するといえよう。

これに対して、入会集団が近代的な団体に変容している場合には、その財産はもっぱら団体に帰属しているというべきであり、これに適した登記方法もおのずから異なる。まず、入会団体には法人格がない以上、その名義の単独所有の登記は認められない。これを認めれば、法人設立の手続をとって法人登記がなされた団体のみが国家法において人として容認される、という法人法定主義に抵触するからである。それゆえ、この場合には、一般の「権利能力なき社団」と同様に、団体の決議によって名義人として容認された構成員等の所有権の登記を容認するしかない。ただし、そのような決議は、古典的な入会集団とは異なり、多数決によっても認められる。

しかし、この場合でも、かかる名義の登記をするように求める権利は、名義人ではなく、あくまで団体に属するというべきであろう。かかる私法上の請求権を法人格のない団体に認めても、法人法定主義の趣旨が形骸化されることはないし、むしろ私的自治の原理に適うことは別稿で詳しく論じたとおりである(20)。もっとも、このことは法人格のない団体に一般的な登記申請資格を容認するものではなく、かかる登記請求権は、あくまで裁判によって確定されなければならない(21)。

⑵　登記請求権の実現方法

それでは、入会地に関して上記とは異なる名義の登記がなされている場合、入会集団はいかにしてこれを是正することができるだろうか。これについても、古典的な入会集団と近代化した団体とを区別して論ずる必要がある。

たとえば、古典的な入会集団において、便宜的に入会地の登記名義人とされていた構成員が、他の構成員の同意なくして第三者に入会地を譲渡する契約を結び、所有権移転登記がなされた場合には、譲渡及び所有権移転登記は無効となる。それにも拘わらず、かかる所有権移転登記が抹消されない場合には、入会集団は第三者に対して抹消登記手続請求の訴えを提起しなければならないが、登記請求権が全構成員に帰属するという点からは、この訴えは一応構成員全員によることを要するといえよう(22)。しかし、たとえ構成員のうち訴えに同調しない者がいる場合でも、残りの構成員は、当該構成員の地位に関しては訴訟担当者としてこれに代わって訴えを提起しうると解することができる。詳細は別稿で既に論じたとおりであるが(23)、その根拠は、古典的入会集団において各構成員は相互に共同体ないし入会権を維持する義務を負っており、不実登記によって入会権が侵害されている場合には、この維持義務を保全するために妨害排除請求権を行使しなければならないところ、かかる請求権の行使すなわち訴えの提起をしようとしない者に対しては、各構成員は、債権者代位権（民法

---

(20)　古積「判例における総有の概念について（１）～（２・完）」中央ロー・ジャーナル15巻３号35頁以下（2018年）、15巻４号21頁以下（2019年）。

(21)　古積・前掲注(20)論文（１）44頁。

(22)　前掲最二小判昭和41・11・25は、入会権に基づく抹消登記手続請求の訴えを固有必要的共同訴訟としていたが、かかる訴えが権利者全員によるべきという考え方自体は正当である。

(23)　古積「入会権をめぐる訴訟の形態について」加藤雅信先生古稀記念『21世紀民事法学の挑戦（上巻）』（信山社、2018年）587頁以下。

423条）を基礎として、その権利を代わりに行使しうるという点にある。

ただ、第三者への所有権移転登記の抹消登記手続請求が容認される場合でも、入会地を処分して入会権の侵害を惹起した者を依然として名義人としておくことにも疑問が生ずる。この場合には、名義人は他の構成員からの委任を受けて入会地を維持すべき立場にあったにも拘わらず、かかる受任者としての義務に違反したといえるから、他の構成員はかかる委任を解除することができるはずである。そして、その場合には名義人の登記も無効であり、他の構成員は本来の登記内容、すなわち、全構成員名義の共有の登記に変更する請求権を有するといえよう。もっとも、この場合の委任契約の解除権及び登記請求権も名義人を除いた構成員全員に帰属するため、構成員全員によって行使されなければならず、その訴えも全員によって提起されるのが基本である。しかし、上述した各構成員が相互に負う入会権の維持義務に鑑みれば、背信行為をした登記名義人に対しては、その保全のために委任契約を解除して登記名義を全構成員に回復することが必要であり、かかる解除ないし登記手続請求の訴えに同調しない者がいる場合には、残りの構成員は、債権者代位権を根拠として、その地位については訴訟担当者として訴えを提起することができることになるだろう。

以上に対して、入会集団が近代的な団体に変容している場合には、不実の登記がなされているときに、その抹消登記手続請求権はもっぱら団体自体に帰属することになる。したがって、裁判では団体自体が原告となれば足り、その訴訟追行は代表者によってなされることになる。もちろん、代表者の訴訟追行権限は、団体の規律によって定められるので、訴えの提起もこれに従わなければならないが、全員一致の決議がなければ訴えを提起しえないことにはならない(24)。

4　おわりに――入会地の適切な管理のための方法

今日でも、入会地をめぐる紛争が絶えない主要な原因は、これを対外的に正確に公示する手段がない点にあるといえよう。たとえ、登記が全構成員の共有

(24)　前掲注(4)最三小判平成６・５・31参照。

になっているとしても、対外的には各自が入会地に独立した持分を有するように捉えられるため、これを信頼した第三者との間で紛争が生ずる恐れがある。そこで、入会集団が近代的な団体に変容してきているという観点からは、構成員の自主的な意思決定により団体を近代的法人に再編し、法人が入会地を単独で所有することにして、それを反映した登記を具備するという方法も考えられる。

昭和期の半ばにおいて林業経営が好調であった時分には、入会地の多くが山林であったため、入会集団が全員の合意の下に新たに団体を生産森林組合法人に改編するケースも少なくなかった。これは昭和41年の「入会林野等に係る権利関係の近代化の助長に関する法律」によって推進された。同法によって入会集団が生産森林組合として再編されると、団体・組合に法人格を付与するとともに従前の入会権が消滅して山林の所有権等が組合に帰属することになるため（同法12条参照）、従前の入会地の登記名義は組合名義となり、入会集団の一部の構成員の登記名義におけるような問題は生じない。ところが、林業が停滞している今日では収益が上がらず、生産森林組合の存立が法人住民税の負担によって困難となっているという実態すらある。そのため、生産森林組合を解散させる動きも目立ってきており、その場合に、以後山林の登記名義をどのようにするかが問題となる[(25)]。法人が解散すれば、残余財産は清算によって元構成員に分配されるため、山林が分割されなければ元構成員の共有の対象となる。したがって、登記名義を元構成員の名義にするのが筋かもしれないが、元構成員は必ずしも山林を個人の財産とはせずに、団体の財産としておきたいというケースもあるようである。

そこで、近年、地方自治法に設けられている認可地縁団体（260条の２）の制度が注目されている。この制度は、自治会等の団体が実質的に所有する集会所等の自治会名義による登記を可能にしており、そこでの団体は営利目的を持たないものとされている。そのため、収益が見込まれない生産森林組合を解散させた後の受け皿としてこれを用いるケースが多いようである[(26)]。また、生産

(25)　この問題については、江渕武彦「島根県における生産森林組合の解散――２組合の解散を例として」山陰研究６号（2013年）23頁以下参照。

森林組合とならなかった入会集団も、登記名義の問題を解消するために、最近では認可地縁団体として再編しているケースが少なくない(27)。ただ、入会集団が直接に認可地縁団体になる場合であれ、生産森林組合を経てこれに転化する場合であれ、認可地縁団体の構成員の資格は、その地域の住民とされている点で、従前の入会集団の構成員資格とは食違いがあり、認可地縁団体への再編によって、将来、構成員資格をめぐって地域住民の間で紛争が生ずる恐れも否定できない(28)。それゆえ、入会集団を認可地縁団体へと改編する際には、構成員資格はすべての住民にあることを十分に確認し合うことが肝要かもしれない。すなわち、従前の入会集団構成員が入会地をもはや自分たちの収益のための財産としては保持しないという意思決定が不可欠であろう。そして、地縁団体への加入を希望する新住民を構成員として受け入れ、地縁団体の財産とされる山林等について営利目的での収益をするのではなく、構成員全体がその維持・保全のための活動をすることが望まれる。

入会集団を、営利法人、非営利法人のいずれにも再編することができないのであれば、従前の集団の形態を保持する以外にないが、最終的に問われるのは入会権の内容を正確に反映した登記制度の導入の可否である。入会権は慣習によるものであるとはいえ、民法典がかかる権利を物権の一つとして容認している以上、現実の登記内容との間に齟齬が生ずることを法が放置すること自体が問題ともいえる。確かに、入会権の内容は慣習によって左右されるため、入会権の存在及び構成員を登記簿に記しても、その内容が完全に公示されるわけではない。しかし、これによって少なくとも近代的な所有権とは異なる所有形態が存在することは明らかとなる。従来、このような登記制度の導入が検討されなかったのは、入会地をめぐる権利関係も、従前の総有形態から、近代的な共有又は近代的な団体所有へと収斂されると考えられていたからかもしれない(29)。しかし、総有形態がなお維持されているケースもあるとすれば、その

(26)　山下詠子『入会林野の変容と現代的意義』（東京大学出版会、2011年）97頁以下、123頁以下、江渕・前掲注(25)25頁以下参照。

(27)　山下・前掲注(26)159頁以下参照。

(28)　山下・前掲注(26)162～163頁参照。

ような登記制度の導入を立法論として検討する必要性は否定しえないだろう(30)。

【付記】

本章の基礎となったのは、2017年１月25日に開催された第９回都市計画制度研究会での筆者の報告「入会地の管理形態の変遷と今日的問題」である。そこでは、入会権に関する論点を多岐にわたって取り上げていたが、紙数の関係もあり、本章は、特に重要と思われる登記の問題に焦点を絞った。そのため、タイトルもこれに合わせたものとした。

（古積健三郎）

---

(29)　かつて、川島博士は、入会権の登記を認める立法論を展開していたが（川島武宜「入会権の基礎理論」（初出、1968年）『川島武宜著作集第８巻』64頁以下、103頁以下参照）、この問題がその後あまり議論されなかったのは、皮肉にも同博士による入会権の解体現象という理論の影響があったからだろうか。

(30)　2019年５月に、所有者不明土地問題への対策の一つとして、「表題部所有者不明土地の登記及び管理の適正化に関する法律」が制定された。同法は、権利の登記がなされず表題部に字名義などの正常ではない登記がなされている場合に、登記官の職権調査によってこれを権利の実態に合わせたものに是正しようとするものである（法務局のウェブサイト http://houmukyoku.moj.go.jp/homu/page7_000027.html 参照）。このため、入会地についても、権利の登記がなされず表題部に字名義の登記がある場合には同法が適用されることになるが、同法14条１項４号ロ及び15条１項４号ロによれば、入会集団は法人格のない社団の一つと認定される可能性がある。しかし、古典的入会集団と近代的社団との異同に鑑みれば、入会集団を法人格のない社団の中に一括りすることには疑問も残る。

いずれにしても、同法はあくまで表題部の登記を是正するにすぎないから、依然として、立法論上、権利の登記に入会権をどのように受け入れていくべきかが問われることになるだろう。ドイツでは、民法上の組合に権利能力を認めた連邦通常裁判所（BGH）の判例を受けて（Vgl. BGHZ 146, 341）、土地登記法（GBO）が改正され（Gesetz vom 11. 8. 2009, BGBl. 2009 I S. 2713）、同法47条２項は、全組合員の名を連ねた組合財産の登記を認めることになった。この法改正は、我が国における入会権の登記制度の導入にも参考になると思われる。

第３部　小公共における「管理」の最前線

第１章　都市のスポンジ化と都市計画

１　はじめに

我が国が人口減少時代に入って久しい。2014年に創設された「立地適正化計画」をはじめとして、各種の政策が創設され、市町村を中心とした具体的な人口減少時代の都市計画が立案されつつある。

人口増加とあわせて拡大してきた都市は、人口が減少すると縮小していくといわれている。そして、人口が増加していた時代には空間が不足する「過密」が都市問題となったが、人口が減少する時代の都市問題は、空間が余ったり、管理不全になったりする「過疎」である。過疎は過密に比べて深刻な都市問題ではないので、そこでどれほどの都市計画を実践する必要があるのか、各地で立地適正化計画の策定などを契機に展開されている議論の結果を待つしかないが、本章では人口減少時代の都市計画の基本的な考え方を事例の紹介を交えながら整理することとしたい。

具体的には以下の３点である。第一は人口が減少していくときの都市空間の形を明らかにすることである。人口減少に伴って都市の空間はスポンジ化していくといわれており、その意味を解説したい。第二は、スポンジ化する都市空間への都市計画の方法を明らかにすることである。多くの都市計画の方法は増加する人口、増加する開発圧力を前提としたものであるが、人口減少時代にはその方法を変えていかざるを得ない。そこでどういった方法を取り得るのかを解説していきたい。そして、第三は、本書の主題でもある人口減少時代に開発された空間の管理の問題である。過疎になると管理のコストは増える。開発と管理は連動しており、第二、第三の論点の関連は強いが、ここでは分けて考えていくことにしたい。

2　スポンジ化する都市空間

人口減少時代の都市空間はスポンジ状に小さくなっていく。人口増加時代の都市が中心から外側に広がっていったため、人口減少時代にはその反対、つまり外側から順番に縮小していくのではないか、というイメージを描いてしまいがちであるが（〔図表－1〕の上）、空き家や空き地の発生状況を観察すると、それはどちらかというと中心に近いところ、つまり古くに開発されたところに多く見られるし、更にいうならば、中心だろうと郊外だろうと、空き家や空き地は発生している（〔図表－1〕の下）。その理由は、日本の都市が拡大の過程で細分化され、個々の人々が都市空間を分けて所有しているからである。誰かの家の隣は別の人の持ち物であり、100の住宅がある町には100人の所有者がいる。100人の人々はそれぞれの事情で、それぞれの意志で所有している宅地を使わなくなる。こういった人々のバラバラの意志に規定され、都市の空間はあちこちでランダムに縮小し、その様子が「スポンジ」のようにあちこちで穴が空いていく状態に見えるのである。

〔図表－1〕 スポンジ化する都市空間

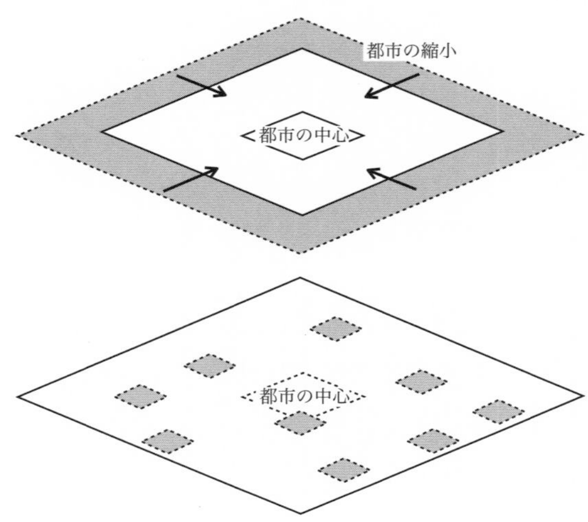

スポンジ化は近代以降に我が国が長い時間をかけてつくり上げて来た土地制度と深く結びついている。近代化の過程で個人の土地所有権とその売買を認めてしまったこと、戦後の農地解放によって大規模地主を解体してしまったこと、持ち家・持ち地政策を推進してしまったことなどである。強い所有権が付与された土地がバラバラのタイミング、バラバラの動機で変化していく、スポンジ化は後戻りをすることができない不可逆的な現象であり、革命でも起こらない限りその構造を消すことはできない。五十嵐敬喜氏[(1)]（2016）を中心に土地の所有権の仕組みを抜本的に変えていこうという議論はあり、筆者も大きな期待を寄せているところであるが、一方で待った無しの人口減少時代を迎えている。本章ではこのスポンジ化の構造を前提とした現実的な都市計画の方法を考えていくこととしたい。

スポンジ化の発端は1990年代後半に都市の中心部で起きた空洞化、商店街の空き店舗問題にあり、2010年代にはそれが空き家問題となって全ての市街地に現れてきた。前者に対応するために作られた法は1998年の中心市街地活性化法、後者に対応する法は2014年の空家法である。前者は中心市街地の空洞化の原因を主に商業環境の変化だけに求めていたが、例えば「店舗と一体化した住宅に高齢化したかつての商店主が居住しているため、空き店舗を賃借に出せない」という問題がよく指摘されており、それは人口構造の変化に規定された問題であった。そして空き家問題は、人口減少時代が始まり、住宅・土地統計調査による空き家率が13％を超えた2008年ごろより大きな社会問題となった。中心市街地活性化の問題が20年経っても私たちの頭を悩ませているのと同様に、空き家の問題もおそらく何十年も私たちの頭を悩ませるのだろう。

では、具体的にどういった状態にあるのだろうか。まず大都市の状況を首都圏の状況を明らかにした調査[(2)]を参考に見ていこう。スポンジ化がどのように起こり、そこにどういった問題が発生するのか、慎重に観察しないといけないのは1970年代から1990年代にかけて開発された戸建て住宅団地である。開発に

（１）　五十嵐敬喜『現代総有論』法政大学出版局、2016年
（２）　国土交通省研究所「低未利用ストックの利活用促進に向けた地域マネジメント手法に関する調査研究」、2020年３月

はまとまった規模で計画的に開発されたものと、いわゆるスプロール的に開発されたものがあるが、人口減少時代で問題が発生するのではないかと懸念されているのは前者である。こういった市街地は短期間で分譲と入居が進むため年齢別の人口構成が偏っており、特定の世代がまとまって寿命を迎えることになると、急速にスポンジ化が進むと考えられるからだ。調査では、2010年と2015年の国勢調査のデータを使って500m のメッシュで首都圏の人口動態を分析しているが、人口は減少しているメッシュは多くあるものの、世帯数が減少しているメッシュは殆どないことが示されている。住宅地においては、世帯分離（子供の独立）などでまず人口が減少し、遅れて世帯数が減少し、世帯の減少が空き家の増加につながると考えられるので、世帯数の減少がそれほど顕在化していない状況から判断するに、本書執筆時点では問題はそれほど深刻ではないと考えられる。我が国の人口の最多数をしめる世代は戦後のベビーブーマー、いわゆる団塊の世代とよばれる1946年から48年生まれの世代である。この世代は2015年時点で60代後半であり、ほとんどがいわゆる「元気高齢者」の部類に入る。今後10年でこの世代が老い、平均寿命である80代を過ぎるあたりから死去していくことを考えると、問題はこれから顕在化してくる可能性があるが、一方で空き宅地がアフォーダブルな住宅となり、そこに若年世代が居住してくるため長い目でみて人口バランスが回復してくるという見方もあり、引き続き観察が必要である。

次に地方都市の状況である。2018年12月７日の熊本日日新聞に、「熊本城周辺「スポンジ化」　地震後目立つ空き地、駐車場」という記事が掲載されている。そこでは2016年の熊本地震から２年後の熊本市の中心市街地の実に３割近くが空き地になったという状況が報告されている。災害は都市が潜在的に抱えていた課題を早回しで顕在化させるものだといわれることがあるが、この状況もまさしく熊本市が潜在的に抱えていたスポンジ化の状況が顕在化したものと捉えることができる。その風景は、低利用ながらも使われ続けていた建物が災害によって部分的に損壊し、そこに公費による解体が行われてしまったから出現したものであり、本来であれば長い時間をかけてスポンジ化していったはずの市街地が、短時間の外力によって急激に変化してしまったのである。74万人の人口を抱え、都市としての人口がまだ増えている熊本市の中心市街地ですらこういった状況なのであって、他の都市の状況も推して知ることができるだろう。

3　スポンジ化への対応

もし時代が50年前なのであれば、スポンジ化する市街地に対して一面に土地区画整理事業を行って質の高い市街地を再整備し、そこに新たな人口や産業を期待することは可能だっただろう。しかし、こうした方法はそこにかける投資が回収され、利益が出ないと成立しない。スポンジ化によって都市のあらゆるところが低密化するということは、あらゆるところで宅地を手に入れやすくなることを意味している。それに対抗するように土地区画整理を行った宅地を販売したとしても、土地の価格が上昇することも考えにくい。これまでの方法での面的な再整備は不可能であり、スポンジ化する市街地の構造にあわせた方法が必要である。

その方法は、スポンジ化で出現する小さな「穴」、すなわち空き地や空き家の一つ一つに介入し、そこに周辺の市街地の価値を高めるような機能を組み込んでいくという方法である。機能を埋め込んで市街地の価値を高めるという原理は土地区画整理や市街地再開発と同じであるが、異なるのは大きさである。土地区画整理や市街地再開発が整った道路、大規模な公園、駅前の交通広場、ペデストリアンデッキといったインフラを市街地に作り出すことによって、広い範囲の価値向上を期待するのに対し、スポンジ化に対応した方法では、小さな空き地にコミュニティガーデンや、不足している駐車場を作り出すことによって、狭い範囲の価値向上を期待する。人口減少時代にはニーズそのものが逓減するので、確実なニーズを掘り起こしながら、小さな空間開発につなげ、小さな投資で小さな価値向上を目指す、こういったことがスポンジ化する市街地の構造にあわせた方法である。人口増による都市の拡大は急激であり、待った無しの対策を要請するが、幸いなことにスポンジ化する市街地では細分化された土地が異なる変化をするため、都市の変化はゆっくりであり、それに対して丁寧な対策を打つことができる。そして各々の土地の意思決定の権利を持っているのは個人であるため、個人がその気になれば各々の土地を簡単に変化させることができる。面的に都市を変えようとすれば合意形成に時間とコストがかかるが、小さく変えることは簡単であり、このことにスポンジ化の強みがある。

４　空き地・空き家を使った取組み

スポンジの穴に機能を埋め込んだ事例を紹介しよう。

東京郊外のＨ市Ｍ団地の事例である。東京の人口減少が始まるのはもう少し先のことであるが、Ｈ市も交通の利便性が比較的高く、当面の人口減少が見込まれない都市である。しかし古くに開発された戸建住宅団地は老朽化、高齢化しており、道路や擁壁の性能もそれほどよいものではなく、Ｍ団地もその一つであった。住宅、宅地は住宅市場においてまだ需要があり、近いうちにやってくる初期入居者の退出に伴って売却が進めば、人口はある程度回復すると考えられるが、それまでの期間において地区に目立つようになった空き地や空き家を解消し、それを使って地区の住環境を改善できないかと考えた。

空き家Ｓはかつて単身者向けに作られた木造アパートであり、ここ10年ほど入居者がおらず、所有者が遠方に居住していることもあって管理が十分になされていなかった。Ｈ市は空家法に基づいて市内の空き家の実態調査を行い、その過程で所有者に利活用意向の調査を行った。Ｈ市の調査票には「所有する空き家を地域で利活用することに興味があるか」という問いが設定されており、そこに「興味がある」という回答を寄せてきた所有者の情報を持っていた。

住民とのワークショップでの意見交換を通じて、地区の課題は明確になっており、具体的にそれは住民が集まることができる広場や集会所の整備というはっきりしたものだった。行政が仲介する形で自治会から所有者に、空き家を撤去して、その跡地に広場を整備したい、という交渉を行った。空き家を撤去すること、その跡地を市が借りて地域の広場にすること、市は同地の固定資産税を免除すること、いずれ所有者が開発等の意向を持った時には広場を撤去することといった提案をまとめて交渉を行った。所有者の反応は好意的であり、空き家が撤去され、そこに小さな広場が整備された（〔**図表－２**〕）。広場整備のための予算はなかったため、必要な資材がＨ市より提供され、自治会の有志の手によってベンチや花壇や菜園がDIY で整備された。できあがった広場を運営する組織が立ち上がり、菜園や花壇の管理が行われているほか、小さな地域イベントが開催されているなど、地域の拠点として機能し、近隣の人たちの生活の質を確実に上昇させたのである。

〔図表－２〕　Ｍ団地につくられた広場

5　都市計画の変化

こういった取組みは珍しいものではない。日本の各地で空き地や空き家を使った取組みが行われている。こういった取組みをどう都市計画の体系の中に位置づけることができるだろうか。

まずイメージを示しておこう。図には３つのイメージが示してある。人口増加時代における「大きな公共施設」、人口減少時代における「公共施設の縮小」、そのオルタナティブとしての「小さく混ぜ込まれた公共施設」である（**〔図表－3〕**）。大きな公共施設で地域社会を支えてきたのが人口増加時代の都市計画である。道路や交通、上下水道といったものに加え、公営住宅、各種の福祉施設、教育施設、公園や緑地が、都市のすべてをカバーするように整備された。大きな公共施設が、長い時間をかけて作られ、それがさらに長い時間、都市における人々の暮らしや仕事を支えていく、こうした「大きな空間」と「長い時間」が必要な公共施設を作り出すことが都市計画の役割であった。

〔図表－3〕 小さく混ぜ込まれた公共施設のイメージ

大きな公共施設

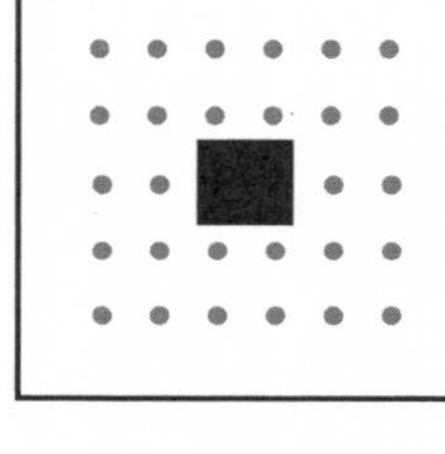

公共施設の縮小

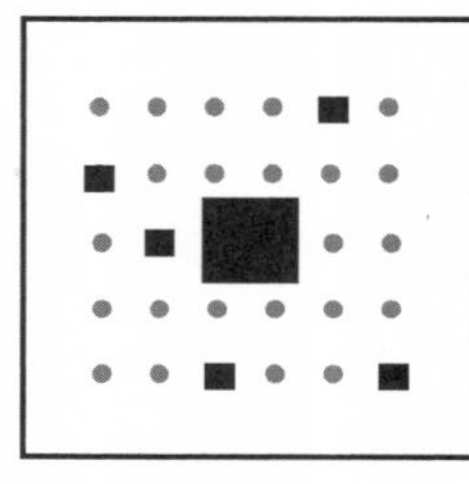

小さく混ぜ込まれた公共施設

しかし、根本祐二氏の『朽ちるインフラ』[(3)]などにより、それらが過大なものであり、維持管理のコストに目をむけると大きなリスクである、という問題提起がなされ、公共施設の縮小が検討されるようになったのが近年のことである。中央の図にあるように、コンパクトシティの都市像のもと、公共施設は拠点に集められるように縮小することが期待されている。しかし、公共施設の縮小はそれを使う人々の居住地の縮小が同時になされないと、残された居住地の利便性をいたずらに低下させることになってしまうので意味がない。コンパクトシティはまさにそのことを提唱するものであったが、本章で既に述べたように、都市のスポンジ化の構造は強く、あちこちにスポンジ状に空き家や空き地が発生することと表裏の関係で、あちこちに人々の居住地が残る。こうした人たちが暮らす都市空間を支えるために、公共が「大きな公共施設」に変わる「小さな公共施設」を開発し、スポンジ化で発生する小さな空間に埋め込んで

（3）　根本祐二『朽ちるインフラ』日本経済新聞出版、2011年

いくことができるのではないか、ということが「小さく混ぜ込まれた公共施設」のイメージである。

例えば、土地区画整理によって広大な緑地を作り出すかわりに、スポンジ化する一つ一つの土地に埋め込むように小さな緑地を埋め込んでいけば、緑地の性能としては遜色ないものが出来上がるかもしれない。市街地再開発によって木造住宅を取り壊して広場を備えた大規模なビルを開発するかわりに、スポンジ化する一つ一つの土地に小さな広場を埋め込んでいけば、防災の性能としては遜色ないものが出来上がるかもしれない。このように広い土地や大きな建物によって目的を実現しようとせず、スポンジ化で自ずと現れてくる小さな土地の群で目的を実現できるようにするというイメージである。

全ての公共施設が「小さく混ぜ込まれた公共施設」で代替できるわけではない（〔**図表－3**〕）。そもそも「小さく混ぜ込まれた公共施設」では所定の機能を果たせず、「大きな空間」を必要とする公共施設はある。道路はつながっていないと意味がないし、防潮堤も部分的にしか整備されていないとかえってリスクが集中することになる。一方で緑地や住宅など、一定のエリアに一定の密度を満たしていれば機能を果たすものがある。前者を形態によって規定されるもの、後者を密度によって規定されるものとすれば、スポンジ化は後者の公共施設を作り出すことができる。「長い時間」についても同様である。公共施設には長い時間をかけて整備され、長い時間都市を支えるべきものと、比較的短期間に都市を支え、柔軟に変更がなされていくべきものがある。例えば同じ交通の施設でも、鉄道は前者であるが、バスは後者である。鉄道は一度敷設したら動かせないが、バスは道路さえ整備してあれば、あとは交通需要が発生したところに柔軟に走らせればよい。

これら空間と時間による規定を２つの軸におくと、公共施設の種類を４つに分類することができる（〔**図表－4**〕）。スポンジ化の強みを活かせる公共施設は第３象限の公共施設、可変性が高く、密度で規定されるタイプの公共施設である。そして、スポンジ化の強みを活かして公共施設を整備していくためには、他の３つの象限に類型されるインフラを第３象限へと移動させていくような方法の開発がもとめられる。例えば、局所的に10年間程度の小学校の需要が見込まれるときに、小学校を10年間だけ散在する小さな敷地を使って作り出す、といったような方法の開発である（なお、教室を地域の中に散在させるという学校建築の実践例は存在する）。つまり公共施設に付されている「こういう形であらねばならないという空間の呪縛」と、「これくらいの長い時間、都市を支えなくてはいけないという時間の呪縛」をいかに解いていくかが重要なことになる。

〔図表－４〕　公共施設の類型

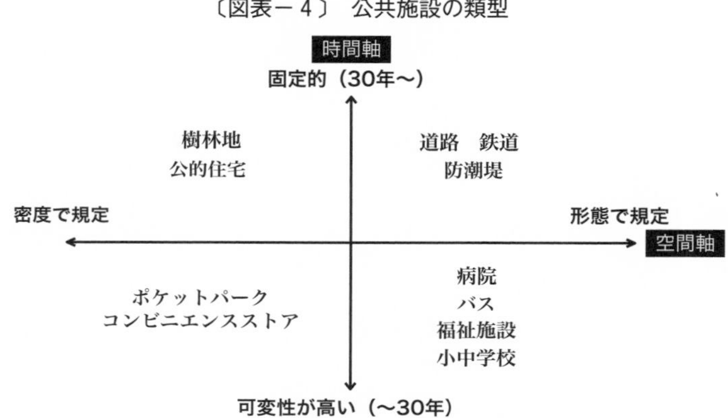

6　目的を再編成する

その呪縛を解くときに、重要になってくるのが「この公共施設はなぜ（Why)、だれのために（Whom)、どれくらいの間（When)、どのような機能をもって（What)、どういう場所に（Where）必要なのか」という、公共施設の目的、ひいては個々の都市計画の目的である。人口増加時代において、都市計画の目的と手段はあまり分けて考えられることがなかった。漠然とした「豊かになろう」「便利にしよう」「住宅を広くしよう」という目的を、言葉にせずとも多くの人たちが共有していたからであり、都市計画は粛々と大きな公共施設をつくり続けてきたのである。この漠然とした目的と実現手段の関係を切り離すこと、そして目的を具体化し、それにスポンジ化する市街地という実現手段を組み合わせていく、こういった作業が必要である。

少し歴史を振り返ってみると、都市計画に明文化される目的を持ち込んだのが1992年の都市計画マスタープランである。それは最低限の豊かさが実現されたことを前提とし、それぞれの市街地において固有の豊かさ、固有の便利さを追求していく時代になったという転換点であった。具体的な目的を立て、それを実現するために手段を行使していくという関係が都市計画の中にも作り出されたのである。そしてこの変化を加速したのは、以後の地方分権と民活である。分権は各々の市町村が拠って立つ目的や規範を要求するので、市町村ごとに様々な計画がつくられることになった。既述の都市計画マスタープランのほかに緑や住宅などの各種の分野別のマスタープランがある。そして民活は、政府と民間企業、政府と市民の間で交わされる、様々な「協議の場」を生み出した。それはワークショップとよばれるものであったり、協議会とよばれるものであったりするが、そこでは政府と民間が共有する目的が明文化され、目的にそった事業が組み立てられる。

このように、都市計画の目的はあちこちに明文化されており、それらは様々なタイミングで、様々な解像度で生成されており、これらの目的を再編成すること、それが個別散在的に発生する空き家や空き地で実現できるかどうかを検討し、実現のための条件を整理しておくことが必要である。

7　小さく混ぜ込まれた公共施設の取組み

こういった都市計画はどのように実践されていくだろうか、事例を見てみよう。

事例はＴ市における「空き家活用型まちづくり計画」である。対象地は歴史的な市街地であるために道路の基盤状況が悪く、交通や除雪の困難さが一因となって、若年人口の流出に伴う人口減少が著しかった。不動産の流動性も低く、相続などの機会において、空き地や空き家の「寄付」が行政に頻繁に申し出られるという状況であった。行政は全ての寄付を受けるわけにはいかないが、地区に不足している道路等の公共施設整備に活用できそうな空き地や空き家に関しては寄付を受け、そこを道路等の公共施設に転換していく、それを蓄積していくことによって地区の居住環境を向上させ、やがては不動産の流動性を回復させる、ということを狙った施策を展開することとした。

その時に地区住民と意見交換しながらつくりあげた計画が「空き家活用型まちづくり計画」であり、そこではまちづくりの視点からみた空き家や空き地の活用の方針が示され、そこに空き家や空き地の寄付をうけて地域に不足している公共施設を形成していくという方針が位置づけられている（〔図表－５〕）。ワークショップは１年ほどかけたものであったが、そこにおいて都市計画の目的を再編成し、その目的を空き地や空き家をつかって実現していくという関係がつくられたのである。

この方針にそって、この都市では「Ｔランド・バンク」という名前のNPOが2013年に立ち上がり、行政と協力しながら、空き家の寄付を受けた公共施設の整備に取り組んでいる。現在まで着実に実績を重ねており、詳細はつるおかランド・バンク(4)(2019年）に詳しい。

〔図表－５〕　Ｔ市の空き家活用型まちづくり計画（一部）

【目標1】　年をとっても健康で、余暇や趣味を楽しみながら住み続けられるまち
【目標2】　多世代交流が盛んで若い世代も引っ越してくるまち
【目標3】　歴史的なおもむきのあるまち
【目標4】　外に出かけやすく、冬でも暮らしやすいまち

活用策１　地域で使える拠点をつくる
活用策２　道路や通路を整備する
活用策３　道路ののびしろ空間をつくる
活用策４　歴史的なおもむきを育てる
活用策５　新しいサービスを導入して生活を豊かにする
活用策６　空き家が民間の力で活用されるように、まちの価値をあげる
活用策７　近居を進めるための住宅整備

8　空間の管理

最後に、人口減少時代において空間を誰がどのように管理していくのかという問題についても考えておこう。人口が減り、空間が遅れて減るということは、

（４）　つるおかランド・バンク「ランドバンク手法によるプロジェクトチーム型利活用検討事業　事例解説集」つるおかランド・バンク、2019年、https://t-landbank.org/wp/wp-content/uploads/jirei_kaisetsu.pdf

当面は空間管理の手が不足するということを意味しているからだ。政府、市場、市民がそれぞれ空間を管理すると考えると、人口減少社会においてその３者のどれもが縮小していく。

空間管理の問題が認識されたのは、公共施設の老朽化が顕在化した2000年代のことであり、その問題意識は全国に定着していった。新しいものを建てたり、改修したり、再編したりするときに、長い時間の管理コストを考えて計画を絞り込んでいく、管理コストをあらかじめ開発の計画に組み込んでおくという方法はすっかり当たり前のものになった。

本章で筆者が紹介した２つの事例においても、空き家や空き地に新しい機能を埋め込む時に、必ず管理の主体があわせて検討されている。M団地の広場は、ワークショップやDIYの過程で地域住民が「できること」が掘り起こされ、清掃、花壇の管理、野菜の育成、倉庫の管理などの役割が有志の住民に割り当てられている。貨幣を媒介としない、信頼関係や地域力といった言葉で表現されるような体制が作られているということである。

このように、これから開発されるものについては、空間に対する人々の役割意識を掘り起こすことができるので、当面の管理については問題はない。問題は、これまで開発されて、そこを公共だけが管理しているところ、そして、これから開発されるところ、これまで開発されたところを含め、管理の主体が高齢化したり、消滅したりするところの管理である。政府にかわって市民の出番であるといいたいところだが、市民の組織はその内部に新しい人材を補給し、世代交代を図っていく再生産の仕組みを持てないところが多いため、一代限りが多く、消滅が多い。一定規模以上の民間企業や行政組織に比べるとはるかに脆弱な組織であり、過大な期待はできない。事実、1998年に法ができ「新しい公」の担い手として期待されたNPO法人は、平成期の終わりに51,469法人にまで増えたが、そのうち17,731法人はすでに解散している。あるいは、小さなまちづくりの組織を育成する仕組みとして1992年に始まった「世田谷まちづくりファンド」が、2010年に行った助成団体の追跡調査では、助成をうけた259団体のうち、活動を継続しているのは156団体であることが報告されている。長い目でみたときに市民の組織は消えやすいものと考えたほうがよいだろう。

そうなると、政府、市場、市民の三者ではない仕組みの空間管理の可能性を検討すること、あるいは手のかからない粗放的な空間管理の方法を開発することが今後の課題ということになる。スポンジ化に対応した都市計画を実践する中で、まずは空間に対する人々の役割意識を掘り起こして空間管理の主体を組成すること、そのときに、主体が消えた後の仕組みや粗放的な空間管理の方法をあらかじめ検討しておくことが必要なのではないだろうか。

以上本章では、人口が減少していくときのスポンジ化の意味、スポンジ化する都市空間への都市計画の方法、そして開発された空間の管理の問題について検討した。

【参考文献】

本文で取り上げたもののほか、下記の文献を参照されたい。
○饗庭伸『都市をたたむ』花伝社、2015年12月
○饗庭伸『平成都市計画史』花伝社、2021年２月

（饗庭　伸）

第2章　都市計画法関係協定制度の現状把握及び今後の課題

1　はじめに

この10年ほどの間に、都市計画法に関連する協定制度が11創設されている。

従来は、協定制度といえば、建築協定や緑地協定（以前は緑化協定と呼んでいた）が代表的なものであったが、近年の制度創設の動きは特記すべきものがある。

その一方で、都市計画法に関係する協定制度の現状把握及び運用主体である地方公共団体職員の問題意識などは、十分に解明されていない。

本章では、国土交通省都市局と共同で実施した市区町村に対するアンケート等に基づき、都市計画法に関係する協定制度の現状把握と運用の改善方向について分析を行う。

2　都市計画法関係協定制度の概要

⑴　都市計画法関係協定制度の全体像

都市計画制度に関係する協定制度について、都市計画法及び都市再生特別措置法に基づく協定[(1)]（以下、「都市計画法関係協定」という）を取り出して整理すると、〔図表－１〕のとおりである。

（１）　都市計画法に関係する協定制度としては、近年創設されたものとしては、平成16年に制定された景観法81条以下に基づく景観協定制度を含むと解することも可能である。今回はより都市計画法と一体的な制度設計となっている協定制度を分析する観点から、平成21年以降に制定された、都市計画法及び都市再生特別措置法に基づく協定制度を対象にしている。

〔図表－１〕 都市計画法関係の協定制度

		創設年	根拠条文	協定のタイプ	協定制度の概要
都市計画の作成に関するもの	都市施設等整備協定	平成30年	都市計画法第75条の２以下	タテ型	都市施設等整備協定は、民間が整備すべき都市計画に定められた施設（アクセス通路等）を確実に整備･維持するために、都道府県又は市町村が施設整備予定者と結ぶ協定をいいます。
立地適正化計画を作成した場合に活用できるもの	跡地等管理協定	平成26年	都市再生特別措醤法第111条以下	タテ型	跡地等管理協定は、所有者自ら跡地等を適正に管理することが困難な場合、当該跡地の管理等を行うため、市町村又は都市再生推進法人等が跡地等管理区域内で所有者等と結ぶ管理協定をいいます。
	立地誘導促進施設協定	平成30年	都市再生特別措醤法第109条 の２以下	ヨコ型	立地語導促進施設協定は、都市機能や居住を誘導すべき区域で、空き地・空き家を活用して、交流広場、コミュニティ施設、防犯灯など、地域コミュニティやまちづくり団体が共同で整備・管理する空間・施設（コモンズ）についての、地権者合意による協定です。
都市再生緊急整備地域が指定された場合に活用できるもの	都市再生歩行者経路協定	平成21年	都市再生特別措置法第45条の２以下	ヨコ型	都市再生歩行者経路協定とは、快適な公共空間を実現するための歩行者ネットワーク（歩行者デッキ、地下歩道、歩行者専用通路等）の整備又は管理に関する協定のうち、都市再生緊急整備地域内で結ぶ協定を「都市再生歩行者経路協定」といいます。
	退避経路協定	平成24年	都市再生特別措置法第45条の13	ヨコ型	退避経路協定とは、地震発生時に、鉄道駅やビルから円滑に誘導・誘導のための情報発信設備を整備した場合に、関係者による継続的な管理を担保するための協定です。
	退避施設協定	平成24年	都市再生特別措置法第45条の14	ヨコ型	自然災害発生時に、鉄道駅、オフィスビル等に数日間滞在する退避施設を確保した場合に、関係者による継続的な管理を担保するための協定です
	管理協定	平成24年	都市再生特別措醤法第45条の15以下	タテ型	管理協定とは、自然災害発生時に、民間所有の備蓄倉庫を地方公共団体が自ら管理する必要があるときに備蓄倉庫所有者と結ぶ協定です。
	非常用電気等供給施設協定	平成24年	都市再生特別措置法第45条の21	ヨコ型	自然災害発生時に備えて非常用電源等の供給施設を整備する場合に、関係者による継続的な管理を担保するための協定です。

都市再生整備計画を作成した場合に活用できるもの	都市再生整備歩行者経路協定	平成21年	都市再生特別措置法第73条以下	ヨコ型	都市再生整備歩行者経路協定とは、快適な公共空間を実現するための歩行者ネットワーク（歩行者デッキ、地下歩道、歩行者専用通路等）の整備又は管理に関する協定のうち、都市再生整備計画の区域内で結ぶ協定を「都市再生整備歩行者経路協定」といいます。
	都市利便増進協定	平成23年	都市再生特別措置法第74条以下	ヨコ型	都市利便増進協定とは、まちのにぎわいや交流の創出に寄与する施設を地域住民･まちづくり団体等の発意に基づき、施設等を利用したイベント等を実施しながら一体的に整備・管理していくための協定です。
	低未利用土地利用促進協定	平成28年	都市再生特別措置法第80条の２以下	タテ型	低未利用土地利用促進協定とは、人口減少等を背景として、まちなかで増加している低未利用の土地、建築物の利用促進を図るため、当該土地、建築物等の有効かつ適切な利用に資する施設の整備及び管理に関する協定です。

（注）　協定制度の概要は、国土交通省作成制度説明資料の記述を抜粋したものである。

都市計画法関係協定は、大きく分けて、都市施設の都市計画決定に関係するもの、立地適正化計画に関係するもの、都市再生緊急整備地域又は都市再生整備計画区域において定められるものに分類される。

なお、地域の地権者相互が協定を結ぶタイプを「ヨコ型」と整理し、市町村などの行政主体又は都市再生推進法人などの公的主体と、民間の主体が協定を結ぶ場合を、「タテ型」と整理している[(2)]。

承継効とは、売買などによって土地の権利者に変動があった場合に、協定締結者本人ではなく、土地の権利を引き継いだ者に協定の効力を引き継がせる効果を有することをいう。これは契約の効力は当事者間のみに及ぶという民事法原則の例外である。

⑵　都市計画法関係の協定制度の要件整理

都市計画法関係の協定制度の要件を整理すると〔**図表－２**〕のとおりである。

（２）　都市再生推進法人などは民間と行政主体の中間的な存在でもあり、その意味ではタテ型とヨコ型の区別も厳密な意味ではなく、相対的なものと解すべきである。また、ヨコ型であっても市町村が協定の締結者になる場合もあり、その観点からも相対的なものである。

〔図表－２〕　都市計画法関係の協定制度の要件

	要件						承継効	税財政支援
	対象区域	対象施設	全員同意	認可	事前手続き	事後手続き		
都市施設等整備協定	限定なし	都市施設・地区施設等	必要	不要	不要	公衆への縦覧・協定に従った都市計画案の作成	なし	なし
跡地等管理協定	立地適正化計画のうち居住誘導区域以外	跡地等	必要	必要	なし	なし	なし	なし
立地誘導促進施設協定	居住誘導区域または都市機能誘導区域内	立地誘導促進施設	必要	必要	公告・縦覧・意見書処理	公告・縦覧	あり	なし
都市再生歩行者経路協定	都市再生緊急整備地域内	歩行者のための経路	必要	必要	公告・縦覧・意見書処理	公告・縦覧	あり	なし
退避経路協定	都市再生緊急整備地域内	退避のための移動経路	必要	必要	公告・縦覧・意見書処理	公告・縦覧	あり	なし
退避施設協定	都市再生緊急整備地域内	一定期間、退避するための施設	必要	必要	公告・縦覧・意見書処理	公告・縦覧	あり	なし
管理協定	都市再生緊急整備地域内	備蓄倉庫等	必要	必要	公告・縦覧・意見書処理	公告・縦覧	あり	なし
非常用電気等供給施設協定	都市再生緊急整備地域内	非常用電気等供給施設	必要	必要	公告・縦覧・意見書処理	公告・縦覧	あり	なし
都市再生整備歩行者経路協定	都市再生整備計画内	歩行者のための経路	必要	必要	公告・縦覧・意見書処理	公告・縦覧	あり	なし
都市利便増進協定	都市再生整備計画内	広場その他の利便施設	不要（相当数の同意）	認定	なし	なし	なし	なし
低未利用土地利用促進協定	都市再生整備計画内	低未利用土地	必要	必要	なし	なし	なし	なし

要件については、承継効がある場合（表の薄いアミの部分）には、市町村の認可の前に意見書処理など丁寧な手続を設ける一方で、承継効がない場合には、原則として、認可前後の手続を省略している。

また、都市利便増進協定では、地権者の全員同意ではなく相当数の同意に要件緩和をしている点（表の濃いアミの部分）が特徴である。

なお、国の財政及び税制上の支援措置は、強制力（収用又は権利変換）のある事業に集中しており、土地利用計画自体には原則として支援措置は存在しない。実現自体が関係者の自主性の任されており、強制力という観点は土地利用計画よりも弱い協定制度には、当然のごとく支援措置は存在しない。

⑶　都市計画法関係の協定制度の制定経緯等

都市計画法関係協定のうち、最初に制定された、都市再生歩行者経路協定及び都市再生整備歩行者経路協定は、歩行者デッキなど市町村と民間事業者が共同で設置する公的施設について、民間事業者が経営破綻などで入れ替わった場合に、通常の民事法に基づく契約では新しい地権者に対して協定の効力を及ぼすことができない[(3)]ことに対応したものである。

具体的には、従来の建築協定が建物を対象にしていたのに対して、都市再生歩行者経路協定は公的主体又は民間主体が所有する公共空間（歩行者デッキなど）を対象とし、さらに、土地所有権が移転した場合に、その次の所有者に対して効力を及ぼすための承継効を確保した点に特徴があった。

これに対して、平成23年に創設された都市利便増進協定は、対象施設として、公共空間のほか、駐車場、広場、噴水、食事施設、案内板、アーケード、耐震性水槽、街灯、太陽光設備、並木など広いものが可能とする一方で、承継効を断念することよって、地権者の全員同意も不要としている。

（３）　平成21年都市再生特別措置法改正の説明資料には、民間事業者が経営破綻したため、一旦整備した歩行者デッキが途中で中断している写真が掲載されている。https://www.mlit.go.jp/common/000031781.pdf

なお、この地区は、新しい地権者がこのデッキに整合するように敷地内建築物を整備したことによって問題は消滅したが、これは単に新しい地権者の善意によったものであって、仮に歩行者デッキに接続しない建築物の建築を新しい地権者が行った場合には、法律上抑止する手法はこの時点では存在しなかった。

これは、地権者の移転による民事法の特例という明確な法的効果を断念して、むしろ多様な半公共的な空間に法律上のお墨付きを与えて、地域住民主体の柔軟な活動を支援するという「理念の追求に重きをおいた制度化」(4)を図ったといえる。

そののち、東日本大震災直後に制定された、**〔図表－1〕**の退避経路協定から非常用電気等供給施設協定までの４つの協定は、承継効の必要なタイプに先祖返りしている。

平成26年創設の跡地等管理協定、平成28年創設の低未利用土地利用促進協定においては、市街地の郊外部などで空き家、空き地などの問題が深刻化しているの対応して、跡地や低未利用地という問題の発生している土地に着目して、その管理や改善措置までを対象にした点に特徴がある。なお、承継効までは求めず手続の簡素化を図っている。

最直近の平成30年改正で創設された立地誘導促進施設協定は、都市利便増進協定とほぼ同じ対象施設のうち、立地適正化計画に規定されたものに限って、承継効を持つ形で制度創設をしている。

この点は、これまでの承継効などの要件を外しつつ、現実の問題に対処して

〔図表－3〕　協定制度の相互関係

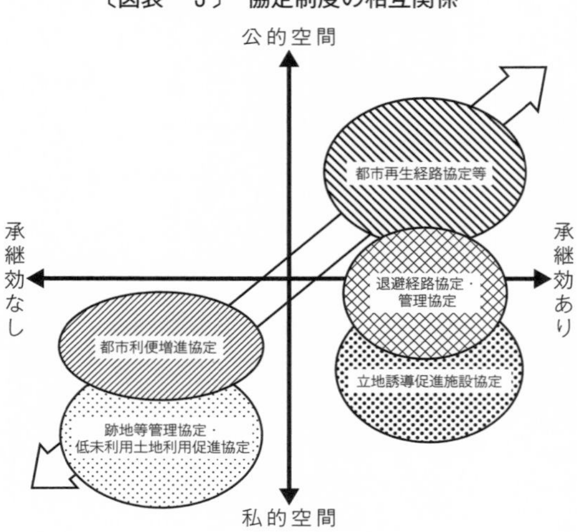

制度設計を図ってきた流れ（〔**図表－３**〕の背景にある矢印参照）と、どのようにして整合的に理解するかは、やや難しい。

なお、都市施設等整備協定は、都市施設を都市計画決定する段階で、都市計画決定権者と、施設整備を行う民間事業者との間で結ぶ協定であり、制約は民間側ではなく、都市計画決定権者など行政に課していることから、これまでの制度創設の流れとは異なる制度創設と理解すべきだろう。

以上の関係を模式的に示したのが〔**図表－３**〕である。

3　都市計画法関係協定の運用実態

(1)　都市計画法関係協定の策定実績

2019年８月に、国土交通省都市局との共同調査（以下、「共同調査」という）で、都市計画法関係の協定制度の運用実態を調査した(5)。

その調査結果及び国土交通省都市局が確認している情報を照合して、まず、協定制度の実績を紹介する。

都市利便増進協定の実績は〔**図表－４**〕のとおり(6)、都市再生歩行者経路協定の実績は〔**図表－５**〕のとおり、都市再生整備歩行者経路協定は〔**図表－６**〕のとおり、管理協定は〔**図表－７**〕のとおりである(7)。その他の協定制度は実績はまだない(8)。

（４）　原田保夫「第３章　都市再生特別措置法に見る「管理」について」（一般財団法人土地総合研究所『平成28年度縮退の時代における都市計画制度に関する研究会報告書』91頁）参照。なお、この原田保夫論文は、都市再生特別措置法の制定経緯及び制定の際の問題意識を詳細に紹介しており、参考になる。

（５）　2019年８月中に国土交通省都市局から、地方整備局等を通じて都市計画区域が存在する市区町村にアンケートを配布し回収を行っている。該当する全市区町村から回答を得ている。なお、調査表は以下のURLにアップしてある。https://docs.google.com/document/d/1o-iNngyG6QFqQEKPkNKmRok6oh3lpFHYjwjHYFP-6QA/edit?usp=sharing

（６）　共同調査で把握できずに、都市局データで追加した都市利便増進協定は、札幌市、川越市、長浜市、福崎町の４地区である。

（７）　都市再生整備歩行者経路協定及び管理協定は、共同調査では把握できず、都市局データで追加している。

（８）　共同調査においては、退避経路協定と管理協定でそれぞれ１市町村ずつ実績があるとの回答があったが、対象地域要件である都市再生緊急整備地域の指定がなされていない都市であったことから、誤りと判断して実績には参入していない。

〔図表－４〕　都市利便増進協定の実績

札幌市	仙台市	前橋市	さいたま市	川越市
大通地区	荒井東知久	前橋市中心拠点地区	大宮駅周辺地区	川越市中心市街地地区
柏市	**富山市**	**福井市**	**静岡市**	**名古屋市**
北柏周辺地区	富山市中心市街地地区（グランドプラザ）	福井市中央１丁目地区	草薙地区（草薙駅周辺）	都市再生整備計画（栄・伏見・大須地区）の区域の一部（栄ミナミ地区）
豊田市	**東海市**	**草津市**	**長浜市**	**大阪市**
豊田都心地区	都市拠点周辺地区	駅東地区	長浜駅周辺地区	大阪駅周辺地域
神戸市	**福崎町**			
神戸ハーバーランド地区のうち、煉瓦倉庫・駐車場・広場及び通路	福崎駅前地区並びに辻川地区			

〔図表－５〕都市再生歩行者経路協定の実績

福岡市
福岡市博多区博多駅中央街，博多駅前二丁目及び博多駅前三丁目の各一部

〔図表－６〕　都市再生整備歩行者

千代田区
都市再生緊急整備地域内

〔図表－７〕　管理協定経路協定

長浜市
長浜駅周辺地区

(2)　都市計画法関係協定の地方公共団体の認識状況

共同調査において、都市計画区域内の市区町村、そのうち、都市計画関係組織を保有する市区町村[9]（以下、「都市組織保有市区町村」という）、さらにそのうちの政令指定都市・県庁所在市等[10]に区分して、個々の都市計画法関係協定

（９）　都市計画関係組織を有する市区町村は、回答者の所属する組織（部局名、課室名、係名）において「都市」または「まちづくり」の単語を含んでいるものを抽出している。なお、一般的には「まちづくり」は都市計画だけでなく、福祉など様々な分野に使われているが、共同調査自体が都市計画法関係協定の運用部局に通知されていることから、福祉など別分野の組織がまちづくりの単語で含まれる恐れはないと考える。

ごとに、その協定を知っているかどうかの回答を得ている。

その結果は、〔**図表－8**〕のとおりである。

〔図表－8〕　都市計画関係協定の認知度

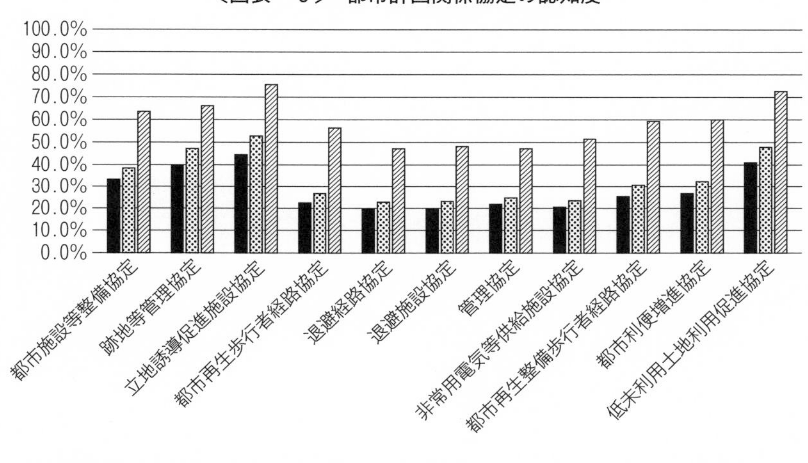

〔**図表－8**〕で明かなとおり、個別の協定制度ごとにみると、退避経路協定、退避施設協定、管理協定、非常用電気等供給施設協定の認知度が低い。また、行政主体ごとにみると、人口密度が高く協定策定ニーズが高いと想定される政令指定都市・県庁所在市等が一般の都市計画区域内市区町村に比べて、1.5倍から２倍程度、認知度が高くなっている。ただし、政令指定都市・県庁所在市等の74都市のうち、10都市が、共同調査の回答において、11のすべての協定制度について「知らない」と答えている点には留意が必要である。

その一方で、都市計画法運用の担当部局をもち、都市計画法の運用について一定の意欲のある都市組織保有市区町村は、それ以外の都市計画区域内市区町村に比べて認知度の大きな差がない。

次に、各協定度の認知度の差を制度の制定年度ごとに分析したのが、〔**図表**

(10)　政令指定都市・県庁所在市のほか、東京都23区を含んでいる。

－９〕である。

〔図表－９〕　制定年度ごと都市計画法関係協定の認知度

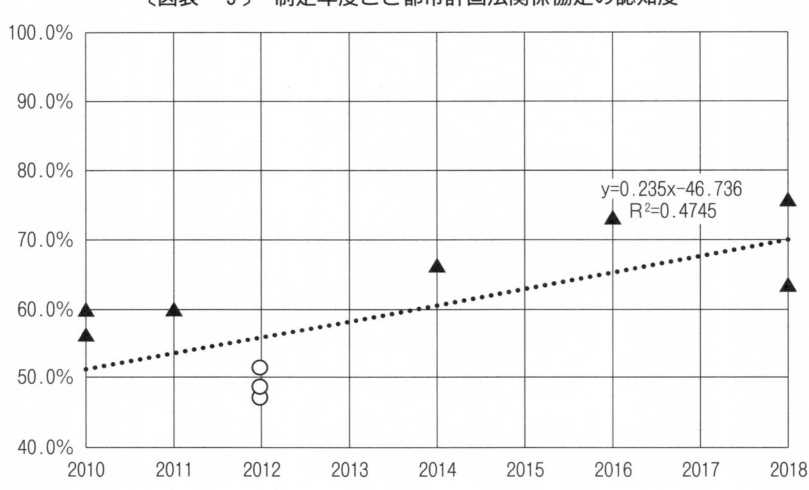

おおまかな傾向としては、制定年が新しいほど市区町村の認知度が高い傾向にある。この結果は、法律改正が行われた年度に、国が、地方公共団体職員に対して、新しい制度の説明を行い、その後、時間がたつにつれて、説明を受けた担当者が地方公共団体内で別の部局に異動していると考えると、理解しやすい。

なお、この「制定年が古くなるごとに認知度が減少する傾向」から逸脱して、まとまって認知度が低い協定制度（〔図表－９〕の○の点）として、平成24年制定の退避経路協定、退避施設協定、管理協定、非常用電気等供給施設協定が指摘できる。

この要因については、より具体的な分析が必要だが、仮説としては、これら４協定が都市開発など事業に伴うものではなく、現状の施設を前提にして避難や備蓄などを対象にするものであり、通常、地方公共団体の所掌としては、都市計画法担当部局ではなく、防災対策部局が担当と考えられることが、共同調査での認知度の低さにつながっていることが考えられる。

(3)　都市計画関係協定に対する活用意向

共同調査で、それぞれの協定制度について、今後の活用意向があると回答した市区町村の数は〔**図表－10**〕のとおりである。

〔図表－10〕　協定の活用可能性があると答えた市区町村数

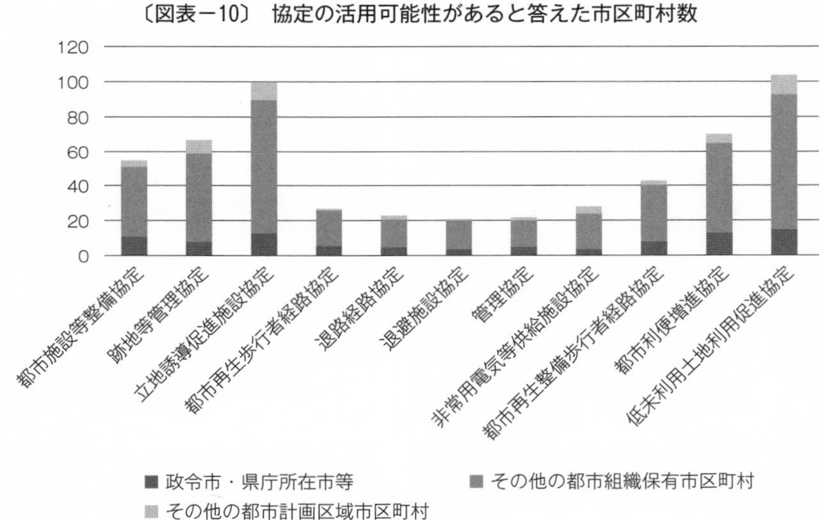

協定ごとに活用可能性ありと回答した市区町村数をみると、都市再生緊急整備地域内で策定される、都市再生歩行者経路協定、退避経路協定、退避施設協定、管理協定、非常用電気等供給施設協定の活用可能性が相対的に低く、その他のものが高くなっている。

政令指定都市・県庁所在市等と、その他の都市組織保有市区町村、さらにその他の都市計画区域市町村で比較すると、政令指定都市・県庁所在市等以外で、都市組織を保有している市町村での「活用可能性あり」と回答した市町村数が相対的に多くなっている。

(4)　都市計画法関係協定に対する地方公共団体の要望事項

都市計画法関係協定については、承継効の有無とタテ型かヨコ型かによって要件がことなることから、承継効と有無とタテ型かヨコ型かの４つのクロスでデータを示す。

まず、承継効のあるヨコ型の協定制度に対する地方公共団体の要望事項[11]は〔**図表－11**〕のとおりである。

〔図表－11〕　承継効あり・ヨコ型の協定制度への要望事項

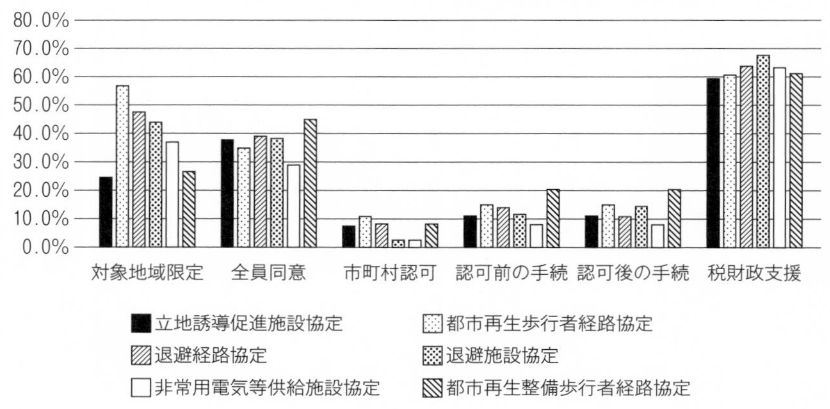

次に、承継効のないヨコ型として都市利便増進協定に対する要望事項は、〔**図表－12**〕とおりである。

〔図表－12〕　承継効のないヨコ型（都市利便増進協定）への要望事項

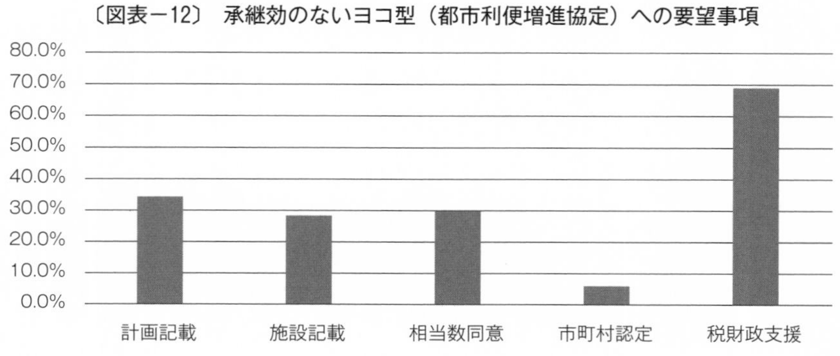

(11)　要望事項をアンケートで答えた市町村数は、協定自体の認知度にも差があることから、協定の種類ごとに相当に異なる。このため、要望事項は、協定ごとに、各要望事項の項目の実数を当該協定において要望事項を記載した市区町村数で除して割合で示している。

タテ型で承継効のあるものとして管理協定に対する要望事項(12)は〔**図表－13**〕のとおりである。

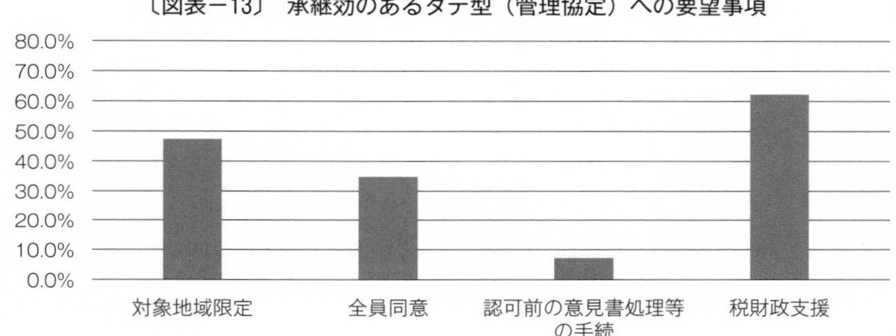

タテ型で承継効のない協定についての要望事項は、〔**図表－14**〕のとおりである。

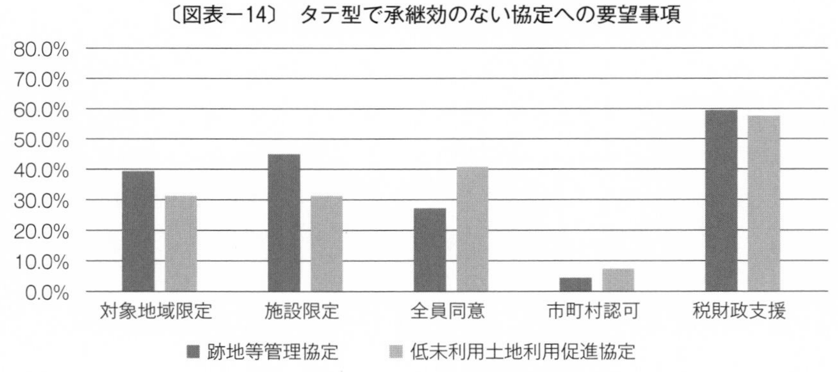

最後に、以上の協定制度とはやや目的が異なり、都市計画施設の整備予定事

(12)　管理協定には、市町村の認可後の公告等の手続が存在するが、共同調査においてアンケート項目で認可後の手続について緩和要望を聞くことを失念したため、その項目についての結果は欠落している。

業者との間で、都市計画決定の前に結ぶ、都市施設等整備協定に対する要望事項は、〔**図表－15**〕のとおりである。

〔図表－15〕 都市施設等整備協定への要望事項

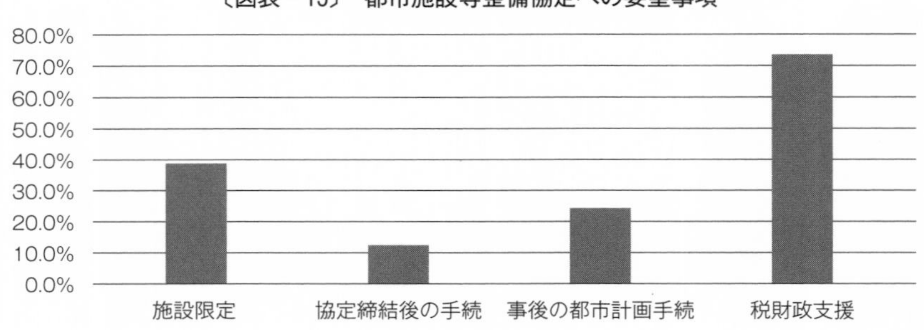

以上のヨコ型・タテ型及び承継効あり・なしに共通していえる点としては、まず、協定が締結できる地域要件（又は計画要件）に対する緩和の要望である。

このうち、丁寧にみると、都市再生緊急整備地域を要件としている、都市再生歩行者経路協定、退避経路協定、退避施設協定、管理協定、非常用電気等供給施設協定が要望率が高く、その次に、立地適正化計画の策定が前提となる、立地誘導促進施設協定と跡地等管理協定が続き、若干下がって、都市再生整備計画が前提となる、都市再生整備歩行者経路協定、都市利便増進協定、低未利用土地利用促進協定が続いている(13)。

地権者の同意については、ヨコ型の方がタテ型よりも全員同意要件の緩和要望が強く、また、全員同意要件を緩和しているヨコ型の都市利便増進協定においても相当の割合の「相当数の」同意要件に対して、緩和要望がある。

承継効のある協定制度は、協定締結前後に公告などの必要な手続を求めているが、これに対する要望率は低い。

なお、協定制度に対する税財政支援の要望が全ての協定で強い。特に、都市施設等整備協定は、都市計画決定される都市施設という公共性の高い施設を対

(13)　立地誘導促進施設協定と都市再生整備歩行者経路協定は、〔図表－７〕のとおり、逆転していることは留意点である。

象にしていることから、税財政支援の要望が特に大きい。

4　都市計画法関係の協定制度の運用に関する留意点

共同調査は、現行都市計画法及び都市再生特別措置法に基づく協定制度についての意見や要望を市区町村に聞いていることから、共同調査から把握できる改善提案としては、現行制度の運用に関するものが中心となる。なお、都市計画法関係協定に対する税財政支援については、２⑵で述べたとおり、そもそも関係者の同意に基づくものであり、実現のための強制力が他の施策に比べ協定制度が相対的に低いことから、措置すること自体が相当に難しいと考えるので、ここでは検討を省略する。

以下、共同調査の結果から導ける運用の改善点を述べる。

⑴　各協定制度の制度内容に関する周知措置の充実

都市計画法関係協定の認知度は、政令指定都市・県庁所在市等が他の市区町村に比べ高く、実績としても既に結ばれた都市利便増進協定17のうち、10が政令指定都市・県庁所在市等の一部であり、都市再生歩行者経路協定も政令指定都市で策定されている。

その一方で、今後の活用可能性としては、〔図表－10〕のとおり、政令指定都市・県庁所在市等以外の都市組織保有市区町村で相当数が見込まれる。

このため、都市計画法関係協定の周知を充実していけば、より多くの市区町村での活用が期待される。

その周知の充実方向としては、〔図表－９〕のとおり、現状では時間の経過とともに認知度が下がる傾向にあることから、制度制定経過後、定期的に制度の内容説明などを国から地方公共団体に行うことが適切と考える。

⑵　都市再生整備計画に基づく協定制度の活用

都市計画法に関連する協定制度は、やや趣旨が異なる都市施設等整備協定を除くと、対象地域又は計画という条件は、立地適正化計画、都市再生緊急整備地域、都市再生整備計画の３つに分けられる。

この条件のうち、４(４)で述べたとおり、相対的に都市再生整備計画区域の要件の緩和要望が少ない。これは、都市再生整備計画が、策定にあたって最も手続が簡素であることが理由であることが想定される。

また、都市再生整備計画は、旧まちづくり交付金の交付を受けるため、多くの市町村で、既に計画が策定済みであり、この計画を修正することで、協定活用のための前提条件を比較的簡単に満たすことが可能となる。

これを踏まえると、歩行者ネットワークの確保、半公共的な空間の管理や低未利用地の管理という都市課題に対応するためには、都市再生整備計画制度を活用することが最も現実的であると考える。

⑶　承継効のある制度とそれ以外の制度の使い分け

４⑷で述べたとおり、対象地域又は計画要件の次に、全員同意要件に対する緩和要望が大きい。

これは、地方公共団体職員にとって、対象地区での同意形成の事務の大変さを表していると考えられる。

現行制度においては、地区全体の管理活動を盛り上げ、また、私有地の公共的な管理を誘導するという観点からは、必ずしも、承継効＝全員同意が必要となる制度ではなく、それほど強力な法的効果はないものの、都市利便増進協定のように、柔軟にエリアマネジメントの機運を高めることが可能な仕組みを積極的に活用することが、適切と考える。

その一方で、容積率等特例制度の活用に伴う、民間事業者が行う社会貢献などの負担については、民間事業者の経営破綻などの異同にかかわらず法律に基づき、きちんとその負担が将来にわたって実現する必要がある。このような効果を発揮させるためには、例えば、都市再生整備歩行者経路協定などを活用して、承継効のある協定を締結し、公共空間の確保などを転々して移転した先の地権者にも、法律に基づいて協定遵守を求めることが必要と考える。

要は、地区の機運情勢といった目的のためには「承継効なし＝全員同意なし」の協定制度を、民間事業者に対して社会的貢献を求めるなど、法律上明確に民間事業者等の変更に拘わらず負担を求める場合には、「承継効あり＝全員同意」の協定制度を活用することが適切と考える。

5 まとめ

本章においては、都市計画法関係協定について正確な実態把握及び協定制度を運用する市区町村職員の意向を把握した点に独自性がある。

また、現行法制度においても地方公共団体側に一定程度の活用意向があることが把握でき、現行制度を前提にしても、運用改善の必要性を明かにすることができた。

今後、市区町村側においても、各都市課題に対応して積極的に都市計画法関係協定の活用を図ること、さらに、国土交通省担当官においても制度を作った後の適切な活用促進の対策を図ることを期待する。

【参考文献等】

○西谷剛『実定行政計画法』（有斐閣、2003）
○長谷川貴陽『都市コミュニティと法』（東京大学出版会、2005）
○「平成28年度縮退の時代における都市計画制度に関する研究会報告書」（一般財団法人土地総合研究所、2017）
○土地総合研究26巻２号（2018年春）特集の各論考

（佐々木晶二）

第３章　新たな協定制度等の創設
――『管理型』都市計画の実装に向けて

1　都市を取り巻く環境の変化

現行の都市計画法は、我が国が高度経済成長時代にあった1968（昭和43）年に制定され、2019（令和元）年に施行からちょうど50年が経過した。当時は、経済の急速な成長を背景に、日本全体の人口が増加するだけでなく、地方部から都市部への人口流入により、都市が急激に拡大した時代であった。都市は、既成市街地を核として同心円的に郊外へと拡大が進み、外縁部等で十分なインフラを備えない開発等によりスプロールが発生し、社会問題化していた。こうした課題へ対処するため、区域区分を始めとする制度により都市の拡大をコントロールしようとしたのが、現行都市計画法の制定であった。土地利用に関する大まかな仕組みは、行政が都市の将来像を示し、それと矛盾する行為を排除するためのルールを定め、民間主体等からの開発・建築行為の申請を待って基準への適合性を審査することにより、それらをコントロールしようとするものである。開発・建築行為が旺盛に行われた時代には、都市の将来像を提示し、それに従った規制をかけていれば、自ずと将来像に沿った土地利用が実現し、秩序ある都市の整備・拡大に効果的であったということができよう。

その後、都市計画法を始めとする都市法(1)については、社会経済情勢の変化に対応した改正や新法の制定が行われてきているが、高度経済成長時代に形作られた前述のような基本構造は維持されてきている。近年では、2002（平成14）年に制定された都市再生特別措置法（以下、「都市再生特措法」という）が、時代の要請に応じて数次にわたり改正され、こうした基本構造の下にある都市計画法を補完する形で、都市法の車の両輪として機能している。

一方、日本の人口は2008（平成20）年をピークに減少局面に突入し、その速

（1）　本章では、都市計画法等の都市整備やまちづくりに係る法律を総称して、都市法と呼ぶこととする。

度は加速度的に速まっている。都市のあり方を規律する人口構造が大きな転換点を迎える中、都市行政が対処すべき課題は、従来の「都市の拡大」から「都市の縮退」へと180度転換している。中でも、人口減少を背景とした土地需要の低減等により、本来活用されるべき土地が利用されない、低未利用のまま放置されるといった「利用の放棄」や「過小利用」の状況が多くの都市で発生している。また、こうした土地利用の放棄は、総じて、相続等を契機に、相続人等も他に住宅を所有しているため土地が利用されず、当面困っていないので何とかしようという気もないといった個人的事情により生じているため、都市の外縁部、中心部を問わず、ランダム、散在的に発生している。

全国ベースのデータを見ると、2003（平成15）年から2018（平成30）年までの15年間で、世帯が所有する空き地は約681㎢から約1,364㎢へと2.0倍に、別荘や賃貸用等を除く空き家が約212万戸から約349万戸へと1.6倍の増加を見せている[(2)]。人口減少社会にあって、都市の大きさや外縁が変わらず、又はいまだ拡大しているにも拘わらず、このように空き地、空き家がランダムに発生し、増加することは、都市の人口密度の低下を招き、生活利便性の低下、景観や治安の悪化等につながるだけでなく、ひいては地域の魅力の低下を引き起こしてしまう。

しかしながら、こうした土地利用の放棄という課題に対しては、都市の拡大を前提とした従来の都市法の基本構造では、十分に対処しきれないといわざるを得ない。

前述のような「都市の内部で空き地、空き家等の低未利用の空間が、小さな敷地単位で、時間的・空間的にランダム性をもって相当程度の分量で発生する現象」は、「都市のスポンジ化」と名付けられ[(3)]、それへの対応策として、2018（平成30）年、都市再生特措法、都市計画法等が改正され、新たな協定制度等が創設された[(4)]。

（２）　空き地については国土交通省「平成30年度土地基本調査」、空き家については総務省「平成30年住宅・土地統計調査」による。

（３）「中間とりまとめ『都市のスポンジ化』への対応」都市計画基本問題小委員会（2017年８月）

（４）「都市再生特別措置法等の一部を改正する法律」（平成30年法律第22号）による。同法は、同年４月25日に公布、７月15日に施行された。

筆者は、当時国土交通省都市局都市計画課長として、これらの法改正に携わった者であるが(5)、当該協定制度等は、「管理型」都市計画の概念を都市法に取り込み、これまでの制度を一歩進めようとするものとして位置付けることができるのではないかと考えている。

2　「利用の放棄」への対応の方向性

都市のスポンジ化への対応を検討する中で議論の中心となったのは、土地利用の放棄にどのように対処していくべきかであった。

これまで都市計画法において、土地の低未利用状態を問題視し、対応策を講じた制度としては、遊休土地転換利用促進地区（都計法10条の３、第３章第５節）がある。遊休土地転換利用促進地区は、1990（平成２）年に、大規模な工場等の跡地が相当期間低未利用の状態で放置されることが都市政策上の大きな課題となっていたことから創設された。市街化区域内の概ね5,000㎡以上の遊休土地を対象に遊休土地転換利用促進地区を都市計画決定することにより、当該土地の所有者に対し土地の利用等に関する計画の提出を求め、市町村長に当該計画に対する勧告権限を付与するものである。これまでに、1991年に１市で５地区、1992年に１区で１地区が指定された。

一方、現在問題となっているのは、都市内に散在する小規模な空き地・空き家である。人口減少等を背景に土地等に対する需要がその総量を大きく下回る中、高齢者や資力の乏しい者でもあり得る個々の土地所有者に対し、何らかの利用の責務を課し、作為を強制することは困難であるといわざるを得ず、規制的な手法では対処しきれない問題である。

こうした現行都市法の限界を踏まえ、土地の「利用の放棄」、「過小利用」等の課題に対処していくためには、以下に掲げる３つの視点が重要であると考える。

⑴　民間主体の役割

行政が財政面等においてその対応力に限界を見せる中、まちづくりにおける

（５）　ただし、本章における見解は筆者個人のものであり、国土交通省の見解を示すものではない。

民間主体の役割は重要性を増している。公的空間について見ても、以前は、道路や公園等の公共施設の整備・管理はもっぱら行政の仕事と考えられてきたが、近年では、民間主体により、通路や広場等で質の高い公的空間の整備が行われ、創意工夫を活かした管理が行われる事例が増加している。都市再生特措法においても、こうした動きを積極的に評価し、民間主体による公的空間の整備・管理を推進する様々な協定制度等が導入されてきている。まちづくりの主体は、行政から企業、住民、地域コミュニティ等の民間主体へと徐々に比重が移行してきているといえるだろう。

都市のスポンジ化が進む中、小規模に散在する空き地・空き家にはそのままでは市場性を有しないものも多く、また、一定の公共施設の整備が概成したエリア等では、都市再開発事業や土地区画整理事業による集約も地価の上昇が望めず事業費の捻出が困難な状況にある。一方で、使い道が失われた空き地・空き家は、土地利用転換の過程で生じる暫定的な需要の受け皿や地域に存する社会的課題の解決に資する地域資源として捉えることもできる。

このような状況において、土地の「利用の放棄」や「過小利用」に対しては、そのプラス面に着目し、地域に眠り、埋もれている課題とニーズを丁寧に掘り起こすことにより、地域コミュニティの合意形成の下、その活用方策を見出していくことが対応策の一つとして考えられる。局所的な解決の積重ねであり、漸進的な取組みではあるが、スポンジ化が進む都市においては、遠回りのようで有効な解決策であろう。

こうした取組みは、道路、公園等のナショナルミニマム的な公共施設のように誰もが認める公共性（いわゆる「大公共」）ではなく、地域コミュニティ自身がその地域固有の身の回りの公共性（いわゆる「小公共」）を探し出す作業にほかならない。その際には、都市の将来像に向かって土地利用を考えるというマクロで恒久的な視点というよりも、地域社会の現場から現実解を見つけるミクロで暫定性を許容する視点に立つことになる。こうした小公共の実現には、地域コミュニティ等における合意形成が重要であることから、ツールとしては、規制的な手法よりも契約的な手法の方がより有効であると考えられる。

⑵　行政の役割

前述のように、まちづくりにおいて民間主体の役割が大きく変わる中、都市計画に携わる行政の役割も変わっていかなければならない。

高度経済成長時代に形作られた基本構造においては、都市の将来像を提示し、その実現を図るための都市計画を決定する主体は行政であり、民間主体はその計画に従って開発や建築を行う主体として位置づけられてきた。また、旺盛な開発意欲を背景として開発・建築行為をどう処理するかに重点が置かれ、それらを一定の基準に照らし規制することで、土地利用の用途や都市開発のボリュームをコントロールしようとしてきた。

しかしながら、現在課題として顕在化しているのは、土地の「利用の放棄」や「過小利用」であり、土地や建物の使われ方である。

これらは開発意欲の低減を背景に発生しているため、開発・建築行為が起こるのを待って規制でコントロールするという受け身の手法（ネガティブ・プランニング）で解決することは困難である。そのため、これからの行政は、適切な土地利用の実現に向けて、土地の所有者等の関係者に対し能動的な働きかけを行うポジティブ・プランニングの手法を採り入れていく必要がある。すなわち、行政には、積極的に地域に入り、土地の所有者や住民等に対し働きかけ、インセンティブの付与等により、関係者間の利害を調整し、マッチングやコーディネートを行う役割が求められるようになってきている。

⑶　時 間 軸

都市計画がコントロールの対象としてきたのは、開発行為や建築行為であり、整備に主眼を置いた仕組みであるといえる。人口が増加し、都市が拡大基調にあった情勢下では、整備段階をチェックの対象としていれば、必然的に整備の目的に沿って土地利用がなされ、その後の使われ方までを対象としなくても、望ましい都市像の実現を期待することができた。しかしながら、人口減少局面下では、開発や建築が行われてからの時間の経過に伴い、利用の放棄や不適切な用途への変更といった状態が発生し、都市計画が想定した望ましい土地利用との乖離が生じてしまう。それらが都市において空間的に現われているのが、都市のスポンジ化という現象であるといえる。

また、都市の縮退期においては、これまで官民を通じて資本投下し都市内で形成されてきたインフラや建物等の既存ストックを有効活用する視点が重要であり、空き地・空き家の活用も既存ストックの有効活用という文脈でとらえることができる。

こうした課題に対処するためには、都市計画がコントロールしようとする対象の射程と時間軸を、整備段階のみならず、その後の維持・管理や使われ方にまで延伸することが必要である。

3　新たな協定制度等の創設

2018年の「都市再生特別措置法等の一部を改正する法律」は、2⑴から⑶までに述べた視点に立って、都市のスポンジ化対策として必要な措置を講じたものであり、その考え方や理念は、〔図表〕[(6)]のように整理することができる。

以下では、同法の制定に携わった立場から、同法により措置された新たな協定制度等の意義、概要等について解説したい。

⑴　立地適正化計画との関係

立地適正化計画は、人口減少局面にあって、都市住民の生活を支えるサービスが維持された持続可能な都市の実現に向けて、居住や都市機能の立地誘導を通じて都市構造のコンパクト化を図るため、2014（平成26）年の都市再生特措法の改正により創設された制度である。人口減少という課題を正面からとらえ、都市構造そのものを計画論から変えていこうとする取組みであり、従来の都市計画によるインフラ整備や規制に加えて、民間施設の整備に対する勧告制度やインセンティブ措置等による立地誘導という能動的な手法を取り入れている。

前述のとおり、都市のスポンジ化は、都市の中心部、外縁部を問わず発生している現象であるが、立地適正化計画で居住や都市機能を集約すべきとして設定された区域内において、多くの低未利用土地が散在することは、地域の活力が失われ必要な投資を呼び込むことが困難となるなど、住宅や都市機能の円滑な立地が図られず、都市構造のコンパクト化の実現に重大な支障となってしま

（６）　国土交通省都市局都市計画課作成。

〔図表〕人口減少社会に対応した新たな都市計画手法の枠組

	これまでの都市計画	今回の制度
背景・課題	・人口増加、都市拡大 ・**スプロール化**（→非効率な公共投資）の発生を防止	・人口減少、空き地・空き家の発生、土地の**過小利用** ・**スポンジ化**による低密度化の防止・解消（既往の投資が無駄に） →開発・建築の規制は、「利用の放棄」に無力
手法	・開発・建築を計画・基準に照らし規制（**ネガティブ・プランニング**） ・インフラ整備、相隣関係のルール化 →土地利用計画に従って開発・建築が起き、空間が埋まる（**マクロ**視点） ・**永続的**に目指される土地利用形態が中心、土地の所有が前提	・空き地活用等、個々の小規模、積極的な利用を誘導（**ポジティブ・プランニング**） ・居住者利便のための身の回り施設の整備 →小さい更新・リノベーション（部分）が「面」に広がり、時間をかけてまち全体を再生（**ミクロ**視点） ・**暫定的**な土地利用形態を許容、**所有と利用の分離**
主体	・**行政**が主体で計画・基準を策定、民間は計画に従う	・**地域コミュニティ**の役割大（協定等） ・行政は**マッチング**（信用力を活かしたコーディネート）、**インセ ンティブ**（税、助成）、**ナッジ**（情報、フレーミング等）で後押し
時間軸	・マスタープランと開発規制で計画を**長期的・広域的**な視点で実現 ・開発・建築を行為時点で捉えるアプローチ	・人口規模に適合した都市構造にコンパクト化されるまでの**過渡的・局所的**な課題に対処（とはいえ、**構造的**課題） ・局所的な改善を積み上げる、**漸進的・ストック**的対策 ・土地利用状況を継続的にマネジメント（**時間軸の延長**）
公共性	・都市のあるべき姿の「計画」（＝**大公共**）に由来	・身の回りの都市環境の改善、コモンズ空間の創出（＝**小公共**）、地域の共同性に由来 →ソーシャル・キャピタルの強化

う。このため、2018年の都市再生特措法の改正により講じた措置は、基本的に、立地適正化計画で定められた居住誘導区域及び都市機能誘導区域を対象としている。

(2)　都市法におけるこれまでの協定制度[7]

これまでも、より質の高いまちづくりに資することを目的として、都市法において様々な協定制度が整備されてきた。これらの協定制度を大別すると、①土地の所有者等同士の間で締結するもの、②行政主体等と土地の所有者等との間で締結するもの、とに分類することができる。

①の類型に属する協定として1950（昭和25）年に制定されたのが、建築基準法に基づく建築協定である。建築協定は、土地の所有者等同士が建築物等に関し建築基準法による規制を超える付加的なルールを定め、各権利者がそれぞれの土地内の建築物等について当該ルールを遵守しようとするものである。建築協定には、土地の所有者等の変更に拘わらず協定の持続性を担保するため、特定行政庁の認可を受けることにより承継効[8]が法的効果として付与されている。建築協定と同様に自己の利用に供する土地内の行為について一定の制約や義務を課すものとしては、都市緑地法に基づく緑地協定（1973年創設）及び景観法に基づく景観協定（2004年創設）があり、これらの協定にも承継効が認められている。建築協定が建築等を行おうとする場合の制約を定めるのにとどまっているのに対し、緑地協定及び景観協定は、植栽や緑化、保全や管理といった能動的な行為をも対象として取り込んでいる点に進展が見られる。

これらの協定制度は、協定締結者に対し土地の自己利用に関する制約を加えるものであったが、その後、公的施設の整備・管理における民間主体の役割の高まりを背景に、公的施設の整備・管理に関し土地の所有者等が締結する協定制度が順次整備されてきた。2006（平成18）年には、高齢者、障害者等の移動等の円滑化の促進に関する法律に基づく移動等円滑化経路協定が創設された。これは、同法に基づく重点整備地区内においてバリアフリー化された経路を確保するため、当該経路上の土地の所有者等がバリアフリー化の基準や経路を構成する施設の整備・管理等について協定を締結するものである。密集市街地に

（7）　都市法における協定制度に関する考察については、大橋洋一・鈴木毅「「都市のスポンジ化」対策と新たな協定制度」（学習院法務研究13号、2019年１月）に詳しい。

（8）　協定の対象である土地等の売買等により協定締結者に変動があった場合に、当該土地等の権利を承継した者に対しても、当該権利者の同意の有無に拘わらず当該協定の効果を及ぼすことをいう。

における防災街区の整備の促進に関する法律に基づく避難経路協定（2007年創設）並びに都市再生特措法に基づく都市再生歩行者経路協定及び都市再生整備歩行者経路協定（2009年創設）も同様に、協定締結者が権利を有する土地を一般に公開された経路として提供することが想定されている。これらの協定制度については、バリアフリー、災害時の避難等公共性の高い目的のために公的空間の整備・管理を行うこと等から承継効が付与されている。

2012（平成24）年には、大規模地震の発災時に大量に発生することが想定される帰宅困難者の待避施設の整備を促進するため、都市再生特措法の改正により、承継効のある避難施設協定が導入された。本協定により想定されたのは、民間事業者が集積する都心部等において、特定の企業のホール、広場等の施設を待避施設として位置づけ、当該施設を利用しようとする企業間で整備、管理、費用負担等の役割分担を取り決めることである。公的空間に供する土地の所有者等が協定締結者となることを想定していた従来の経路協定と比べ、本協定では、土地・施設の提供だけでなく、費用の負担等協定締結者ごとに異なる役割分担を決めることも想定されており、協定制度の多様性を広げたものと評価できるだろう。

一方、これまで整備された②の類型に属する協定は、いずれも、地方公共団体やまちづくり団体等が土地等の所有者に代わって、当該土地を活用して地域に必要な施設の整備を行い、又は当該土地等の管理を行うために、土地等の所有者との間で締結するものとなっている。

1995（平成７）年に都市緑地法の改正により創設された市民緑地契約制度は、地方公共団体等が、民間主体の所有する土地を活用し、緑地等の設置、管理を行うため当該土地の所有者と締結するものであり、本協定に承継効は付与されていない。承継効が付与された協定としては、都市緑地法に基づく管理協定（2001年創設）及び都市再生特措法に基づく管理協定（2012年創設）があり、前者は緑地保全地域等内において民間主体が所有する緑地を、後者は大規模地震に備えた民間主体が所有する備蓄倉庫を、それぞれ地方公共団体等が管理するために締結するものである。

また、空き地、空き家の発生や土地の「利用の放棄」という課題に対し、これまで都市再生特措法においては、②の類型に属する協定により対処しようとしてきた。１つは跡地等管理協定（2014年創設）であり、居住誘導区域外において建築物が取り壊され空き地となった土地について、地方公共団体等と当該土地の所有者等が協定を締結することにより、地方公共団体等による適正な管理を行おうとするものである。もう１つは低未利用土地利用促進協定（2016年創設）であり、都市の中心部等に発生している低未利用土地の適切な利用を図るため、地方公共団体等が当該土地の所有者等と協定を締結することにより、当該土地に緑地、広場、集会場等の整備・管理を行おうとするものである。いずれの協定制度も承継効は付与されていない。

いずれにしても、都市法において、整備段階のみならず、その後の維持・管理や使われ方にまで射程を伸ばそうとする場合に、協定制度は有効なツールであると考えられる。

⑶　立地誘導促進施設協定の創設（都市再生特措法第６章第４節）

2018年の「都市再生特別措置法等の一部を改正する法律」により創設された立地誘導促進施設協定は、居住誘導区域又は都市機能誘導区域内の一団の土地の所有者等が、その全員の合意により、立地誘導促進施設の一体的な整備・管理に関し締結する協定であり、以下の事項を定めるものとされている（都市再生特措法109条の４第１項及び第２項）。

①　協定の目的となる土地の区域並びに立地誘導促進施設の種類及び位置

②　立地誘導促進施設の一体的な整備又は管理に関する事項（施設の概要及び規模、施設の一体的な整備又は管理の方法等）

③　協定の有効期限

④　協定に違反した場合の措置

ここで立地誘導促進施設とは、広場、広告塔、並木その他の居住者、来訪者又は滞在者の利便の増進に寄与する施設等であって、住宅や都市機能の立地の誘導の促進に資するものとされており（同法81条10項）、例示された施設に限らず、地域の魅力を高め、住宅や生活に必要なサービス機能の誘導につながる施設であれば幅広く認められると解釈される。

本協定は、スポンジ化が進む都市において散在する小規模な空き地・空き家について、地域コミュニティ等が自ら地域課題の解決や地域の魅力向上に資する活用方策を見出し、共同して身の回りの公共空間を整備・管理することを期待して創設された制度である。ただし、制度上は空き地・空き家の活用は要件とされてはいない。

⑵で述べたように、公的空間の整備・管理に関するこれまでの協定制度は、歩行者の利便性や安全性、災害時の備えといった特定の目的を有し、その対象は経路や待避施設等特定の施設に限定されていた。また、2011（平成23）年に都市再生特措法の改正により創設された都市利便増進協定は、対象を都市の居住者その他の者の利便の増進に寄与する施設等とし、多様な施設の整備・管理に適用範囲を広げようと試みている。ただし、当該協定については、対象施設等が最終的に省令で定められる形で限定されるほか、承継効は付与されておらず、一定の限界を抱えている。

一方、立地誘導促進施設協定は、前述したように実質的に対象施設を限定しておらず、個々の地域コミュニティの実情に応じて多様な施設を対象とすることが可能である。また、協定締結者には、経路協定で想定されているような土地の提供のみならず、費用の負担や維持管理への参加等個々に役割分担を決めることが可能であり、その点も地域コミュニティ内の合意に委ねられている。このように極めて自由度の高い制度に設計されており(9)、いわゆる小公共の実現に向けた制度として一歩前進させようとするものと位置付けられるのではないだろうか。

本協定には承継効が付与されるが、その根拠となる公共性については、立地適正化計画による居住や都市機能の誘導に資するという目的に加え、手続面からも担保されている。まず、市町村は、立地適正化計画において、居住誘導区域又は都市機能誘導区域のうち立地誘導促進施設の一体的な整備又は管理が必要となると認められる区域並びに立地誘導促進施設の一体的な整備又は管理に

（9）　このため、空き地・空き家を地域の広場や集会施設として活用するといった事例のほか、土地区画整理事業等で創出した空地を地域の賑わい創出に活用する、建物をリノベーションして共同で収益施設として経営する、隣接する複数の駐車場を一体的に経営するといった多様な事例が考えられ、地域のニーズに応じた柔軟な制度運用が可能である。

関する事項を定めることができることとされている（都市再生特措法81条10項）。本協定は、当該区域内に限り締結することができ（同法109条の４第１項）、当該整備又は管理に関する事項に適合すること等の要件に該当する場合に、市町村の認可を受けて承継効が付与されることになる（同条３項で準用される同法45条の２第４項、45条の４、45条の７）。

市町村から見れば、本協定は、土地の所有者や住民等へ働きかけるツールとして活用できるものであり、地域コミュニティの自発的な取組みを待つだけでなく、市町村による能動的な調整やコーディネートが期待される。その際には、地域の実情に精通したまちづくり団体や専門家と連携・協働することが有効であり、そうした団体を都市再生推進法人に指定することも想定されている。

協定は、契約行為という法的な性質上、同意しない者までを強制的に参加させることはできない。しかしながら、協定に基づく施設の整備・管理の便益を受けながら協定に合意しない者がいる場合や周辺地域をも協定の範囲に含めた方がより効果的に施設の整備・管理が可能となる場合等も想定される。このため、本協定では、当面意欲のある者だけで協定を締結し施設の整備・管理を行いつつ、将来的に周辺の土地の所有者等の参加を促す仕組みとして、協定区域隣接地制度[(10)]が設けられている（都市再生特措法109条の４第３項で準用される同法45条の２第３項、45条の８第２項から５項まで）。こうした仕組みは従来の協定制度にも導入されているが、本協定では、さらに一歩進めて、協定締結者が協定区域隣接地の所有者等に対し協定への参加を求めても承諾が得られないときは、その全員の合意をもって市町村長に参加のあっせんを要請できることとした（同法109条の５）。要請を受けた市町村長は、行政の信用力を活かしつつ、両者間の調整等を行うことが期待されている。

⑷　低未利用土地権利設定等促進計画の創設（都市再生特措法第６章第５節）

スポンジ化の進む都市にあって、それぞれの空き地等が小規模であり、かつ散在していることも、それらの土地の有効活用を妨げる原因となっている。ま

---

(10)　将来協定の区域に編入することで施設の整備・管理に資するような土地をあらかじめ協定に定めておき、協定の成立（公告）後、当該土地の所有者等が市町村長に書面で意思表示するだけで協定に加入することができる制度。

た、空き地等について、当該土地の所有者等には利用意向がなくとも、周辺地権者、住民、まちづくり団体等にとっては利用したいという意向が存在するケースもある。こうした場合においては、関係権利者間において調整を行い、当該空き地等を利用するために必要な権利の設定等を行うことにより、当該土地等を有効利用する者に引き渡し、その利用性を高める統合・集約を図ることが有効である(11)。

低未利用土地権利設定等促進計画は、居住誘導区域又は都市機能誘導区域内の低未利用土地が相当程度存在する区域において、市町村が、低未利用土地の利用を促進するために必要な権利の設定等（賃借権等の設定又は所有権の移転をいう）に関し作成する計画である（都市再生特措法81条15項、109条の15）。関係権利者全員の合意を得て、本計画が公告されることにより、本計画の定めるところにより一括して権利の設定等が行われることになる（同法109条の18）。

当該権利の設定等は、法律上行政処分によるものであるが、実態上は、各土地における関係権利者間の合意事項を束ねた計画であり、関係権利者間のマッチングと調整が極めて重要である。そのインセンティブとして、本計画に基づく土地等の取得等については、登録免許税及び不動産取得税の軽減措置が講じられている。市町村には、宅地建物取引業者との連携を図りつつ、積極的に地域に入り、低未利用土地の所有者等と当該土地の利用を希望する者とをコーディネートし、合意形成を図ることが期待されており、本制度は、ポジティブ・プランニングを具体化したツールとして位置づけることが可能であろう。その際、市町村による関係権利者の把握を容易にするため、固定資産税課税情報等市町村内の他部局が保有する情報についても利用を可能としている（都市再生特措法109条の21）。また、(3)で解説した立地誘導促進施設協定を締結する上でその前提として低未利用土地への権利の設定等が必要な場合にも活用できることから、両制度の一体的な運用も期待されている。これと関連して、関係権

---

(11)　例えば、①活力が低下している商店街に存する駐車場等と鉄道駅に近接する駐輪場の利用権を交換し、前者を賑わいの創出空間として供用した事例、②空き家となった古い商家や蔵からなる地区において、まちづくり会社に一体的に利用権を集約し、当該地区の再生を行った事例、③細街路が入り組んだ住宅地において、居住者の土地と周辺の空き地等とを一体的に再編し、私道の形状を改善する等居住環境の向上を図った事例など、各都市で様々な取組みが行われている。

利者の全員合意により市町村に対し本計画の作成を要請することができる途も用意されている（同法109条の16）。

⑸　都市施設等整備協定の創設（都計法第５章）

都市施設等整備協定は、都市計画法に導入された初めての協定制度である。都市計画決定権者が、都市施設（同法11条）、地区施設（同法12条の５第２項１号）等の都市計画決定に先立って、当該施設の整備予定者との間で締結する協定であり、以下の事項を定めるものとされている（同法75条の２第１項）。

①　協定の目的となる都市施設等

②　都市施設等の位置、規模又は構造

③　都市施設等の整備の実施時期

④　都市施設等の整備の方法等

⑤　都市施設等の用途の変更の制限その他の都市施設等の存置のための行為の制限に関する事項

⑥　協定に違反した場合の措置

都市施設や地区施設等については、都市計画決定権者の意思としてその位置、規模等が都市計画に定められるものの、整備主体や整備時期等は明確ではなく、その確実な整備が保障されているものではない。我が国が人口減少局面に入り開発圧力が低下する中、都市施設等について都市計画決定されたにも拘わらずいつまでもその整備が実現しない事態が生じ、生活利便性や地域活力の低下につながる事態が生じるおそれもある。

都市施設等整備協定は、民間事業者等に対し都市施設等の整備について契約上の義務を負わせることにより、都市計画に位置づけられた都市施設等を確実に整備することを目的としている。一方、都市計画決定権者に対しては、本協定に従って都市計画の案を作成し、本協定に定められた整備の実施時期を勘案して適当な時期までに都市計画審議会に付議しなければならないという義務を課している（都計法75条の３）。これにより、民間事業者にとっては、施設整備のスケジュールの見通しが立ち、計画を管理しやすくなるほか、都市計画決定権者との協議・調整を通じて、行政が管理する施設との整合性を図ったり、行政側の役割等の条件を協定に盛り込んだりすることが可能となる。また、本協定を締結する場合には、都市計画決定権者があらかじめ開発許可権者に協議し、その同意を得ることにより協定の公告と同時に開発許可があったとみなされることとされており（同法75条の４）、施設整備に伴う開発許可に係る時間的リスクや手続の負担が軽減されている。

近年、公的空間等の整備において民間主体の役割が高まっており、こうした動きを積極的に取り入れ、行政と民間が適切な役割分担の下連携して都市施設等の整備を進めることは、より質の高い都市空間の実現に資すると考えられる。本協定は、都市施設、地区施設等の公共施設のほか、都市再生特別地区[12]又は特定用途誘導地区[13]において誘導すべき用途に供する施設等をも対象としており（都市計画法施行規則57条の２）、容積率の緩和等に関する両者の協議・調整を通じて必要な都市機能の整備・確保にも貢献するものと考えられる。

⑵の冒頭で述べた協定の分類でいえば、本協定は②に属するが、従来の協定が、地方公共団体等が土地等の所有者に代わって、一定の施設の整備を行い、又は土地等の管理を行うものであったのに対し、これらとは全く性格を異にした新しいタイプの協定である。施設等の整備・管理を行う主体は、行政ではなく民間であり、両者の交渉や協議を通じて都市計画を作成し、それを実現しようとするものである。都市計画は、案の公告・縦覧、住民の意見書提出、都市計画審議会への付議等の手続を経るものの、都市計画決定権者が「上から」決定する仕組みとなっているといえるが、本協定は、そうした都市計画の決定過程に、民間主体との協働という理念を取り込もうとするものと位置づけることができる。

また、本協定は、時間軸の延伸という観点からも一歩踏み込んでいる。人口減少局面下にあって、民間主体により都市施設等が整備されたとしても、その後時間が経過する中で民間主体の一方的な都合により当該都市施設等が廃止され、又は用途が変更され、当該都市施設等が果たすべき機能が維持されなくな

⑿　都市再生緊急整備地域内において、既存の用途地域等に基づく用途、容積率等の規制を適用除外とした上で、自由度の高い計画を定めることができる都市計画制度（都市再生特措法36条）。

⒀　都市機能誘導区域内において、立地を誘導すべき用途に係る容積率等を緩和することができる都市計画制度（都市再生特措法109条）。

るおそれがある。協定では、都市施設等の存置のための行為の制限に関する事項を定めることができることとされており、これまでの都市計画が対象としてきた整備段階から踏み出して、協定に基づき整備された都市施設等の「存置」にまで関心を寄せ、その時間的射程を延ばしている。

(6) 新たな勧告制度の創設

2018年の「都市再生特別措置法等の一部を改正する法律」では、土地、建物等の管理や状態に関し、その所有者等に対し市町村が働きかけを行う制度が２種類創設された。

一つは、土地等の低未利用状態の解消に向けた取組みである。市町村は、立地適正化計画の中に、居住誘導区域又は都市機能誘導区域における住宅又は都市機能の立地の誘導を図るための低未利用土地の利用及び管理に関する指針を記載することができることとされた（都市再生特措法81条14項）。市町村は、当該指針に即して、低未利用土地の所有者等に対し、土地の利用及び管理に関する指導、助言等の援助を行うものとされ、さらに、低未利用土地の不適切な管理のため悪臭や廃棄物の堆積により周辺に悪影響を及ぼしている場合には、市町村長が当該土地の所有者等に対し指針に即した管理を行うよう勧告することができることとされた（同法109条の14第１項、第３項）。

もう一つは、都市機能の維持に向けた取組みである。都市機能誘導区域内において誘導すべき都市機能の用に供する施設が存する場合に、当該施設が休止又は廃止されることは、コンパクトなまちづくりに大きな影響を与えることとなる。このため、こうした誘導施設を休止又は廃止する者に対し、市町村長への事前の届出義務を課し、新たな誘導施設の立地の誘導を図るため当該施設を活用する必要があるときは、当該届出をした者に対し市町村長が必要な助言又は勧告をすることができることとされた（同法108条の２）。誘導施設を都市機能誘導区域外に立地しようとする者に対しては、市町村長に届け出なければならないという規定が既に整備されていたが、これに加え、都市機能誘導区域内の既存の誘導施設の喪失について事前に把握することにより、市町村が対処策を講じることができるようにしたものである。

(7) 結びに

以上のように、2018年の「都市再生特別措置法等の一部を改正する法律」では、都市のスポンジ化という現象を捉え、土地利用の放棄という課題への対応として、ポジティブ・プランニングや小公共の概念、整備から管理への時間軸の延伸といった「管理型」都市計画につながる考え方を取り入れた制度を導入した。いずれも、都市計画やまちづくりにおける民間主体の役割を重視し、行政にはコーディネートや連携の機能を期待するものである。人口減少が進む中でのまちづくりにおいて、これらの制度が積極的に活用されることを期待したい。

（宇野善昌）

第４章　管理型都市づくりと エリアマネジメント

１　はじめに

これまでの都市づくりに関わる制度としては、市街地再開発制度を代表とする開発（development）制度と建築基準法の地域地区制度を代表とする規制（controle）制度が中心的なものであった。しかし、これからの都市づくりは、都市のデベロップメンとコントロールに都市のマネジメント（management）を付け加えたものに移行すると考えられ、開発制度や規制制度と異なるマネジメント制度ともいうべき制度が必要になると考えられる。ただし、ここで述べる都市のマネジメントは都市全体のマネジメントではなく、都市の一部のエリアのマネジメント、すなわちエリアマネジメントである。

グローバル化の時代の都市づくりは、マーケットの力によるディベロップメントとそれにルールを当てはめるコントロールにより展開してきたが、これからはローカルな力によるマネジメントが重要になってくると考える。その際、これまでの「コミュニティの力」のみではグローバル化に対応するエリアの力にはなり得ず、改めて「ローカルな力」を発揮する「エリアマネジメント」が重要と考える。

グローバル化による産業化が世界全体を覆う時代に、地の力、バナキュラーな力がバランスよく展開される必要がある。バナキュラーな力とは「小さな共同体」が持つ固有の価値に基づくものである。小さな共同体が持つ、それぞれ固有の価値を基に、時に偶発的なコミュニケーションやつながりが生まれ、全体の社会が覆われるような共同性が獲得できることが期待されると考える。

そこで、「エリアマネジメント」と都市づくりについて、４つの項に分けて論じたいと考える。第１は、「エリアマネジメント」を推進するための都市づくりの仕組みを考えるにあたっての基本的な事項についてである。第２は、我が国におけるエリアマネジメントの実際である。大都市都心部と地方都市中心市街地、さらに住宅市街地の３つに分けて説明する。第３は、これからの都市づくりの基本は、適切に解釈された立地適正化計画の内容に基づくものと考えると、適切に解釈された立地適正化計画とは、諸機能が集積した高密度都市（コンパクトシティ）と低密度で持続可能な都市（サステナブルシティ）に二分され、それぞれに適切な「エリアマネジメント」が必要であるとするものである。第４は、エリアマネジメント制度の現在とエリアマネジメントのこれからである。

2　エリアマネジメントによる都市づくりを考える基本的事項

ディベロップメントの時代は、ローカルな力は相対的に「孤立」しており、全国画一的なコントロールの力により都市づくりがなされていた。マネジメントの時代になり、ローカルな力によるマネジメントが都市づくりに大きく関係してくるようになる必要が高まっている。一言でいえばエリアの関係者が絆を結ぶことにより社会関係資本を形成し、エリア単位で関係者間の協調的な活動を促してまちづくりを展開することである。

それは、「エリアマネジメント」と公共性の関係でも示すことができ、これまでの国などの大きな公共性に対して、エリアの単位の小さな公共性が都市づくりで重要なものとして考えられるようになっている。その「小さな公共」はまた、これまでの国などが関係する「大きな公共」とは異なる「新しい公共」を担うことになる。「新しい公共」を担うエリアマネジメント組織は、現在我が国でも多く組織化が行われ活動を始めている。そこで意識されている「新しい公共」は安全・安心から環境共生、賑わい、健康、クリエイティブなどへと展開するようになっている。

エリアマネジメントにおいて都市づくり制度を考える基本的な事項を述べると以下の諸項目を挙げることができる。

⑴　エリアマネジメントの仕組みを擁し、多様な関係者が関わること

都市全体を対象に行うマネジメントはタウンマネジメントと呼ぶことができる。タウンマネジメント（都市管理運営）とは「都市全体を空間的・時間的に適切に制御し、持続可能な都市活動の実現を図ること」であり、エリアマネジメント（地域管理運営）とは「地域関係者の日常活動に関わる、より小規模な

地区を具体的に制御し、持続可能な活動空間として整備し活用すること」である。それは「『民』による地域管理運営」を「地域主体による管理運営」手法として位置づけることである。

また、タウンマネジメントが都市全体を対象とした公物管理運営が主な目的とされているのに対して、エリアマネジメント（地域の管理運営）は地域を単位とする環境管理運営である。環境管理運営では、公物管理とは異なって、何を管理するかが重要ではなく、その管理運営の「目的」が重視される。また目的を実現するために、これまでの計画、規制、事業制度とは異なるさまざまな代替手法（協定、協議、契約などの手法）が重視される仕組みであると考える。

「地域空間」の管理運営を前提とすると、管理運営の責務を担う主体を土地所有者に固定せず、「地域空間」を誰に管理運営させるか、誰にどこまでの管理運営の負担を担わせるのが社会的に効率的であり、また公正であるかを検討する必要がある。そのためには、土地所有者以外の地域の関係者を含んだ管理運営主体を制度的に位置づける必要があると考える。

⑵ 「地域の管理運営」には地域ルール（規範）が必要

地域の管理運営に関して、ガイドラインなどの形で各地のエリアマネジメント活動組織が設定している何らかのルール（遵守すべき規範）を定める必要がある。ルールとして「地域の管理運営」のために関係者間で結ばれた基本的合意は、ある意味で「地域が目指すべき将来像」なので、地域のマスタープランに発展してゆく可能性を追求する必要もある。

すなわち「地域の管理運営」のルールをエリアの包括されたルールとして考えて、マスタープランとして位置付けてゆく必要がある。また「民による地域管理運営」を「地域の管理運営」手法として制度的に位置づけるには、その主体、活動内容などを明確にしなければならない。そのためには、さらに問題を個別的な要素の単なる集積ないし集合として捉えるのではなく、それら「個別なるもの」の背後にある何かによって有機的に統合ないし包括された存在として考えて、位置付けてゆく必要がある。それは、地域のマスタープランに発展させるための手段を考えることにつながる。

また、その考えを発展させて、今後、地域の管理運営に関する基本的合意に基づいて、地域の管理運営にたずさわるエリアの関係主体で構成する私的団体に行政権限の行使をゆだねる仕組みを作れないか、地域の管理運営に関するルールに実効性を与える方法はないかという議論が必要となると考える。

3　我が国におけるエリアマネジメントの実際

現在の我が国の都市づくりの状況を全体として見ると大きく二分されている。一つは競争の時代の都市づくりとして積極的に質を高める都市づくりであり、その中心は大都市の都心部の地域がより優位に立つために展開している都市再生である。もう一つは衰退している「エリア」を再生する都市づくりがあり、その中心は地方都市の中心市街地における衰退している地区の生残りをかけた地域再生である。

最近では大都市の都心部地区の都市再生も、また地方都市中心市街地における衰退している地区の地域再生においても、さまざまな主体や組織によって担われているエリアマネジメント活動として実践されている。

(1)　大都市都心部のエリアマネジメント

大都市都心部におけるエリアマネジメントを考えると、その必要性は次のように説明できる。

第１に、地方公共団体は特定地区のみに特別のエリアマネジメントを行うことは公平性の観点から難しい。しかし、これからの都市づくりには、様々なレベルでの地区間競争を考えると地区としての魅力をつくることが求められており、そのようなエリアマネジメントの必要性は高い。

第２に、一般に広がりを持った地区では、多くの関係主体、権利者が存在し、個別敷地に特別の管理を行うと、それに伴う外部経済が発生し、フリーライダーが生まれる可能性が高く、一方、逆に個別敷地が外部不経済を発生させる可能性もある。したがって「エリア」の単位でマネジメントする必要がある。

第３に、フリーライダーを生じさせないためにも、できる限り多くの関係主体、権利者が一体となって組織を作りエリアマネジメントをする必要がある。

我が国における大都市都心部のエリアマネジメントの事例としては、これまで大規模プロジェクトと連動しているものが比較的多く、大規模開発地区全体を一体としてマネジメントしている事例が多かった。しかし近年では、大規模プロジェクトとは関係なく既成市街地でのエリアマネジメントを実践している地区も増えつつある。

エリアマネジメントの内容を大別すれば、第１に公共施設・空間、非公共施設・空間の積極的な利用を予定したガイドラインなどの策定とその実現、さらに第２にそれら施設や空間のメインテナンスやマネジメント、第３にイベントに代表される地域プロモーション、社会活動、シンクタンク活動などのソフトなマネジメントがある。第４に地区の安全・安心やユニバーサルデザインの実現などの課題を解決するマネジメントである。またこれからのエリアマネジメント活動として期待される防災・減災や地球環境・エネルギー問題への対応が近年注目されている。さらに健康・保健やクリエイティブな活動も注目されるようになっている。

⑵　地方都市中心市街地のエリアマネジメント

地方都市中心市街地ではエリアマネジメントは一般的にタウンマネジメントと呼ばれているが、大都市都心部のエリアマネジメントと基本的には変わらないと考える。

しかし、地方都市の中心市街地の活性化は、大都市都心部の活性化と比較して簡単なことではないことをまず確認する必要がある。それは地方都市の中心市街地の衰退が、日本の経済システム、社会システム、さらに行政システムなどの基本的なシステムのあり方に深く関わっているからである。

地方都市中心市街地での「タウンマネジメント」は、「中心市街地における市街地の整備改善及び商業などの活性化法」（平成10年）、「中心市街地の活性化に関する法律」（平成18年）などが制定され、実践されてきた。

しかし実際に有効なエリアマネジメントを実施している地区の多くは、平成10年の法制度発足以前から地道にエリアマネジメントを実践していた「エリア」であり、組織である場合が多い。

それらの地域の組織は株式会社、有限会社、NPO などさまざまな形態をとりながらも、空き店舗対策、イベントの開催、個店支援などの個別の施策を展開しつつも、中心市街地再生の全体企画、管理・清掃、街並みの形成などの役割も担って、地域のマネジメントを実現しようとしている。

⑶　住宅市街地地区におけるエリアマネジメント

住生活基本法が制定され（平成18年）、その全国計画が策定されたが、そこにはこれからの我が国の住まいづくりの新たな考え方が４点にわたって示されている。その中の１つとして「資産価値の評価・活用」という視点が示され、それに加えて、住宅資産の維持・向上の意識を醸成するために資産価値が適正に評価され、その価値が最大限に活用される必要があることを挙げている。

このような新たな視点を住宅政策に加えたことにより、具体的な施策の展開に当然のことではあるが影響を与えて、新しい施策展開につながってくる必要があると考える。具体的には住宅市街地の価値を維持し、価値を高めるための活動である。

しかし、都心部居住・中心部居住の動向が顕著になりつつある今日、多くの一般住宅市街地は、人口減少社会や高齢社会・少子社会の到来により、低未利用地の発生や空き地・空き家の増大が見られるようになっている。

⒜　良好な住宅地を維持管理するエリアマネジメント

一般に大都市圏では、郊外住宅地を中心に、良好な住宅市街地が形成されており、さらに近年では付加価値を付けた住宅市街地が開発されている。そのような住宅市街地では環境をはじめとする住宅地の質を維持し、さらには価値を向上させるためのエリアマネジメントが展開している。

それは当然のことながら、多様な主体が参加する動機付けが重要であり、公益的な空間の提供、自然の保全による公益性の重視、良好な景観の創造と維持が必要である。結果的に、地域コミュニティを中心とした多様な主体による活用・管理が展開することになる。

ただこれまでの事例を見ると、多くは住宅市街地の中に共有スペース、具体的には緑地、空地などの魅力的なコモンスペースを開発段階で獲得している住宅市街地が、その共有スペースを維持し、さらに住宅市街地の価値を高めるための活動の段階である。

また、ニュータウンなどの計画的に開発された住宅市街地の再生も類型の１つと考える。課題としては必ずしも新しいものではないが、広域的な住情報の提供やストック再生による住替え支援、多様な機能の導入を進めること、ユニバーサルデザインの市街地として再生し、地域の主体の組織を作ってマネジメントする必要があることなど体系的な対応の必要性が示されている。

(b)　人口減少、市街地の縮減に対応するエリアマネジメント

一般市街地における居住環境整備の分野では、人口減少、市街地の縮減などの今後の新しい動向に対応する課題が示されている。

その中心的な課題は、都市の外延に拡大した住宅市街地の再編である。大都市圏の郊外には必ずしも良好とはいえない住宅市街地が広がっており、また良好に形成された住宅市街地の中には敷地分割による細分化、マンション、共同住宅の混在など時間の経過とともに居住環境が悪化している地区も増加している。そのような地区はこれから急激に進むと考えられる人口減少、世帯減少のなかで空き家化、空き地化が進み、防犯・防災上課題のある市街地となってゆく地区が増えるものと考えられ、そのためのエリアマネジメントの必要性が挙げられている。

具体的には、公共団体、地域住民、ＮＰＯが連携し、低未利用地等の管理・活用を促進する仕組みが必要であり、土地所有権者以外の多様な主体の参加や所有者以外の利用の促進も考える必要がある。

4　立地適正化計画と持続可能な都市づくりについて

これからの都市づくりの基本は、適切に解釈された立地適正化計画の内容に基づくものと考える。適切に解釈された立地適正化計画とは、諸機能が集積した高密度エリア（コンパクトエリア）と低密度で持続可能なエリア（サステナブルエリア）に二分し、かつお互いに関係を持った２つの地区が存在するまちづくりを考えることである。また、諸機能が集積した高密度エリアと低密度で持続可能なエリアはそれぞれに異なるエリアマネジメントの目的と手法を持つ必要があると考える。

(1)　諸機能が集積した高密度エリア（コンパクトエリア）のあり方

インフラ投資が今後も時代に即して的確に進められ、多様な市民が利便性高く利用でき、かつ公民連携のまちづくりが展開する地区である。

インフラ投資と公民連携のまちづくりのつながりは、エリアマネジメント活動により実現するものと考えられる。すなわち、公による新たなインフラ投資が地区によって生かされるための公民連携のまちづくり、エリアマネジメントが進められる必要がある。

公による新たなインフラ投資とは、これからの新たな社会動向、すなわち高齢化社会、少子化社会さらに人口減少社会などの動向を見据えた、公のインフラ投資であり、またそのインフラ投資を民が積極的に活かす仕組みが用意されているまちづくりでもある。

それは、また民間の投資と公による投資が相乗効果で地域価値を高め、民間には事業収益増をもたらし、公には税収増をもたらすまちづくりである。

⑵　低密度で持続可能なエリア（サステナブルエリア）のあり方

すでに投資されたインフラを整序することと、可能であれば低密度エリアを選択した住民がインフラを維持管理する組織（エリアマネジメント組織）を展開するまちづくりである。

低密度地区における魅力的な空間整備が、農地、林地などを活用して行われ、さらに生まれている空地あるいは生まれてくる空地は、今後、低密度エリアに展開が期待される機能、具体的には、高齢者などを対象としたレジャー用地などを内包した施設用地、諸機能が集積した高密度地区では用意できない輸送用地、市民が積極的に活用する防災空間を内包した農業用地などが適切に配置されるエリアとなる。

それは行政によりインフラの維持管理コストを減少させる一方、低密度でサステナブルな住まい方を選択した市民の暮らし方をサポートするものとなる。

⑶　コンパクトシティとサステナブルシティの両立

上記の内容を実現するためには、諸機能が集積した高密度エリア（コンパクトエリア）と低密度で持続可能なエリア（サステナブルエリア）に二分するプログラムが必要である。

立地適正化計画の一翼には都市の縮退を進める計画が必要であり、縮退型の都市づくり法の理念が重要である。それは「縮退するルール」ともいわれる手段を擁し、また、それら手段の前には「逆ビジョン」あるいは「負のビジョン」ととりあえず表現される、これまでの計画、構想とは基本的なスタンスを異にする内容を持つ都市計画マスタープランレベルの計画なり構想が必要である。逆にいえば時代の大きな変革期には、その方向性を示すビジョンや計画が重要になるということである。「縮退してゆくときのルール」とは、逆ビジョン（負の方向への変化を、本来方向に整序する仕組み）の考え方である。逆ビジョンは「縮退するルール」の計画面を支える考え方である。

⑷　「縮退するルール」の検討が必要

まず、基礎的な事項としての土地履歴調査を行う必要がある。その内容は、土地状況変遷調査、すなわち市街化の状況を土地改変状況、土地本来の自然地形、100年前、50年前の人口が増大する以前の土地利用状況の復元である。負の方向性は、これまでの発展を前提とした都市づくりにかかわる「地域ルール」からは見出せないものである。地域が荒廃しないように配慮しつつ、一方で人口減少、空き地、空き家の増加、耕作放棄農地、施業放棄山林などの土地利用の変化に対応して、その変化の方向性を整序する仕組みであり、縮退を円滑に進める制度仕組みである。

⑸　暫定利用権を設定する

我が国における空き地利用をこれからの地域づくりに生かす工夫も必要である。都市の中にある程度の空き地などを持っていることが、レジリエンスの高い都市になるので、空地の利用価値、存在価値を把握する必要がある。それによって、持続可能でコンパクトな都市構造への転換促進、豊かな質の高い都市生活空間の実現に寄与する土地利用の検討に繋げて行く必要がある。

そのための過渡的な仕組みとして、空き地の暫定利用がある。暫定利用は、所有者、利用者双方にメリットがある一方で、デメリットももたらす可能性があるが、これからの土地利用においては検討しなければならない課題である。ドイツにおける暫定利用を制度に位置付ける仕組みなどについて情報を整理する必要がある。

⑹　スケルトンとインフィルという都市構造を考える

暫定利用のような動的土地空間利用を実現させていく制度スキームとして、スケルトンとインフィルという都市構造を考えることが必要である。これからの市街地形成のあり方として、スケルトンとインフィルの二層構造で考えることが必要であり、スケルトン部分は公共がつくり維持管理し、インフィル部分は民が対応する仕組みである。さらに、維持管理コストから考えて、将来的に維持できないスケルトンが出てくる可能性があり、一方市街地の縮減などからもう持たないインフィルが出てくる可能性も考えられ、総合的な意味でのスケルトン・インフィルを議論すべきと考える。

⑺　低未利用地の管理活用を促進する仕組みを構築する

これからの土地利用を考えるにあたってのツールとして、コントロールとマネジメントの違いを認識することが重要である。緑農地や空地を大規模化して郊外部土地利用を整序する考えは“コントロール”の議論であり、緑地や空地が混在しているが、それを地区の住民やNPOなどが協力し、マネジメントして使っていくのが、“マネジメント”の考え方である。地区のマネジメントをうまくやれば、人口が下がってきても地区は維持できる可能性があるという考え方に立つことが重要と考える。

5　エリアマネジメントの現在とこれから

⑴　エリアマネジメントの現在

2016年の全国エリアマネジメントネットワークの形成を契機として、地方都市を含めてエリアマネジメント組織が生まれ、活動が活発化している。

そのような経緯の中で、全国エリアマネジメントネットワークを介して活動実態に関するアンケートをとったところ、我が国のエリアマネジメント活動の最も大きく、基本的な課題として財源問題が浮き出てきた。さらに財源問題は財源問題にとどまらず、活動を支える人材の確保問題につながっていることに留意する必要がある。

近年、全国エリアマネジメントネットワークでは、アメリカ、イギリス、ドイツなどのBID活動団体とも交流を始めている。交流を通して、あらためて、諸外国のBID活動は制度に基づく課金により、財源を確保していることによりエリアマネジメント活動が成り立っていることに気付かされている。すなわち、海外のBID活動の多くはフリーライダーを認めない、強制徴収という手段を内蔵した課金制度により多くの財源を確保していることである。

我が国でも、課金制度の必要性の認識は以前からあり、その嚆矢として大阪版BID制度と呼ばれる課金制度が2015年４月に誕生し、JR大阪駅北側の大規模複合施設「グランフロント大阪」を含む「うめきた先行開発区域」７haで制度運用が始められた。しかし、その実践は、現在でもグランフロント地区一地区に限られているし、また課金制度が地方自治法の分担金に基づくものであるために、その使途がエリアマネジメント活動にとって最も基礎的な活動である「にぎわい創出」には使えないという限界を持った制度として生まれている。

それに対して2018年には内閣府により地域再生エリアマネジメント負担金制度が誕生して、大阪版BID制度の限界であった「にぎわい創出」には使えないという限界をクリアした制度として生まれている。そのため制度活用が期待されているが、実践はまだこれからという段階である。

⑵　エリアマネジメントのこれから

これからのエリアマネジメントを考えると、より多様な展開を考える必要がある。第１は民間と公共がより積極的な協働を行うエリアマネジメントであり、第２は市街地開発事業と連携したエリアマネジメントである。

エリアマネジメントがエリアの価値を上げ、その結果、エリアのステークホルダーに利益をもたらすと同時に、公共（自治体）にも税の増収をもたらす等の効果がある。そのことはエリアマネジメントを公民協働で進める可能性と必要性があることを示していると考える。地方都市中心部においては、これまで公共（自治体）が「街なか」再生の試みを行い、その多くが失敗に帰している。その要因の一つとして考えられるのが、行政が「街なか」の範囲を広く計画などで位置づけ、再生を試みようとしているからと考える。特に自治体の財政力が弱体化している今日では、エリアを限定して財源を投入する必要がある。それは、まちづくりの効果が上がると考えられるエリアに限定して財源を投入する必要があるということである。ある意味での不公平を実践することである。そのためにはエリアのステークホルダーがエリアマネジメント活動を積極的に展開していて、公共が財源を投入する効果が高くなると考えられるエリアに絞って対応する必要があると考える。

また　市街地開発事業とエリアマネジメントの連携も重要である。市街地再開発事業や土地区画整理事業はいずれも事業後のエリア及び周辺エリアのマネジメントについて明確な方針がないことが多い。市街地再開発事業では開発事業そのもののマネジメントはファシリティマネジメントのレベルで行われているが、エリアマネジメントの発想は基本的にない場合が多い。すなわち、市街地再開発事業を周辺エリアの活性化につなげるエリアマネジメントの発想がこれまでなかったのが一般的であった。しかし近年、市街地再開発事業の周辺地区を含めたエリアマネジメントを実践する事例が出てきて、エリア全体の成果を上げるようになっており、今後、積極的に範囲を広く展開する必要があると考える。

また土地区画整理事業も事業が終われば事業組合は解散され、その後の事業地内のマネジメントは特に考えられていないのが一般的である。すなわち、土地区画整理事業は事業後のエリア全体のまちづくりについて特に方針を持たない事例が多く、関係者に課題として認識されている段階である。

【参考文献】

○小林重敬編著『エリアマネジメント』学芸出版社、2005年

○小林重敬「まちづくり三法と地域再生」住宅土地経済、2007年春号

○小林重敬「都市計画法・建築基準法などの改正が目指す都市づくり」新都市60巻８号（2006年８月）

○新たな担い手によるエリアマネジメントと担い手地域管理のあり方検討委員会「新たな担い手によるエリアマネジメントと担い手地域管理のあり方について」2007年２月

○小林重敬「都市のあり方の変化と都市計画のこれから」新都市62巻７号（2008年７月）

○小林重敬「エリアマネジメントの新たな展開について」季刊まちづくり25号（2009年）

○小林重敬「大都市遠郊外部におけるエリアマネジメントの必要性」ＵＥＤリポート（財団法人日本開発構想研究所）2009年秋号

○小林重敬「大丸有地区のまちづくりの経緯と支えた仕組み」新都市64巻３号（2010年３月）

○小林重敬編著『最新エリアマネジメント』学芸出版社、2015年

○縮退の時代における都市計画制度に関する研究会「都市計画法制の枠組み化――制度と理論」土地総合研究所、2016年

○小林重敬＋森記念財団編著『まちの価値を高めるエリアマネジメント』2018年

○小林重敬＋森記念財団編著「エリアマネジメント――財源と効果――」2020年

（小林重敬）

第５章　縮退実施のための協働的プランニングと土地所有権

1　はじめに――縮退の都市計画の法的論点

コンパクトシティや縮小都市といった標語で都市内の居住区域の集約化を推進することが我が国でも目指されるようになった。居住区域を中心部に集約化するためには、非中心部を将来的に非居住区域とするためにそこでの新規の住宅建設を制限する規制を不可避とする。しかし、現在、住宅建設が認められている土地に対してそれを不可とするルール変更を行うことは、土地所有権への侵害ともなるため容易なことではない。本章では、縮退を先駆的に実施してきたドイツやアメリカにおいてこの困難な課題がどのように取り組まれているのか、を検討する。

我が国では、住宅の建設が一般的に認められる市街化区域がかなり広めに設定されてきた。そのため都市の縮退を計画的に実現するためには、以上のルール変更の必要性がドイツやアメリカよりも高い。しかし、我が国では、土地所有権の絶対性の観念のもと、所有権への侵害となるようなルール変更は、これまで回避されてきた(1)。

このような中、2014年から導入された立地適正化計画は、居住誘導区域とそこから除外される区域との線引きを通じて縮退計画の策定・実施を図るものとして注目される(2)。しかし、これまで策定された立地適正化計画を分析した宮崎らの研究(3)に基づけば、①居住誘導区域は市街化区域の大半を占める形で設

(1)　吉田克己『現代土地所有権論――所有者不明土地と人口減少社会をめぐる法的諸問題』（信山社、2019年）の７章、13章、15章を参照。

(2)　亘理格「立地適正化計画の仕組みと特徴――都市計画法的意味の解明という視点から」吉田克己・角松生史編『都市空間のガバナンスと法』（信山社、2016年）105－126頁は、立地適正化計画の可能性に注目しながらも居住誘導区域から除外される区域が設定されない可能性もあることを指摘し、本来的には、立地適正化計画というレイヤーを新たに重ねるだけでなく、市町村マスタープランをコンパクトシティに対応した内容にする必要があることを論ずる。

定され、②区域外とされるのは、土砂災害特別警戒区域等の災害リスク区域か工業用途地域に留まり、③区域外とされた地域でも居住は維持されるとする方針を持つ市町村が多く、④高さ規制の緩和や交付金が伴う都市機能誘導区域の導入による施設整備が計画の主眼となっており、コンパクトシティ化が十分果たされない可能性があるとされている。

それでは、賢い縮退を実施してきたとされる旧東ドイツやアメリカのラストベルトの都市(4)では、どのように縮退のための合意形成をはかり、どのような内容の土地利用計画で居住を制限する区域を指定し、土地所有権への制約という課題に対処してきたのか。本章では、この問いを旧東ドイツやデトロイト市での縮退計画として用いられている協働的プランニングの法的性質を分析することを通じて明らかにしていく。

協働的プランニングは、これまでのフォーマルな土地利用計画とは異なり、多様な主体の協働を引き出すためのインフォーマル性に特徴があるとされ、旧東ドイツの都市やデトロイト市での縮退計画にもそのような特徴があるといわれている。以下では、協働的プランニングとは何か、をまず確認した上で、旧東ドイツの都市で減築を進めるために用いられる「都市建設上の発展構想」という計画と、デトロイト市で空き地が多い区域を緑地区域へと転換することを指針として示す“Detroit Future City”を対象に、協働的プランニングの内容やその法的性質を比較検討していく。

2　協働的プランニングとは何か

協働的プランニングという概念を提唱し、その理論的な支柱とされる書物は、イギリスの都市計画研究者 Healey の『協働的プランニング(5)』(1997年）とさ

---

(３)　宮崎慎也・鵤心治・小林剛士・宋俊煥「立地適正化計画策定都市の誘導区域と誘導施策に関する研究」日本建築学会技術報告集25巻60号（2019年）881－886頁。吉田・前掲注(１)も制定済みの立地適正化計画の内容を分析し、新規建築を開発許可の対象とすることで居住制限を図る居住調整区域の設定がほとんど見られない理由を「日本特有の特殊に巨大な土地所有権観念」に求めている(468頁)。

(４)　矢作弘『「都市縮小」の時代』(角川書店、2009年)、同『縮小都市の挑戦』(岩波新書、2014年）が独米での縮退プロセスを先駆的に紹介したが、縮退実施のための計画の性質や法的論点は、扱われていない。そこで本章でこの点に取り組むことにした。

れる。Healey は、近代都市計画へ認識論的な批判を出発点に協働的プランニングの新たな認識論をそれに取って替わるべきものとして提示した(6)。以下では、その内容を簡単に紹介していく。

Healey は、近代都市計画を技術者の専門性を重視した道具的合理性に基づくものであり、策定過程にさまざまなステイクフォルダーが参加することには、関心が薄かったとする。そのため各主体は、孤立した状態におかれた(7)。

この近代都市計画のパラダイムに対して Healey が対置するのが社会構成主義の認識論である。社会構成主義は、先験的に正しい判断＝計画があるという見方を否定し、人々が計画策定過程における対話を通じて価値観や認識枠組を変容させ、相互理解や新たなアイディアが生まれてくることを重視する。このような対話を通じて異なる主体間に繋がりが生じ、包摂的な社会が構築される。協働的プランニングとは、このような対話過程から生じる主体間のインフォーマルな取決めであり、このような取決めが制度として社会を創り出すという見方に立つ。

近代都市計画の法的性質は、政府という公的主体が地域環境を管理するために土地利用・建築のルールを定めた公法的な規制として特徴づけられるのに対して、協働的プランニングは、多様な主体が協働でまちづくりを行っていくためのフレーム、協働で実施する事業へのガイドラインといった性質を持ち、この計画の存在は、まちづくりへの投資や補助金を引き出す役割があるとされる(8)。そのため法的拘束力があるものではなく、恒久性も求められず、事後的な修正もアドホックになされていくことが想定されている。

土地所有権と協働的プランニングとの関係について Healey は、はっきりと論じていないが、従来の都市計画訴訟では、原告適格を基礎づける訴えの利益

（5）　Healey, Patsy, *Collaborative planning : shaping places in fragmented societies*, Basingstoke, 1997.

（6）　以下の Healey 理論の検討に際しては、同理論をいち早く検討した角松生史「「協働的プランニング」の都市計画理論――紹介：Patsy Healey, "Collaborative Planning"」法律時報80巻12号（2008年）86－90頁を参照しつつ、原典にあたった。

（7）　Ibid, pp.55-.

（8）　Ibid, pp.72-.

を土地所有権への侵害から組み立てたため、地権者のみが裁判で計画の適否を争うことができた。これに対して協働的プランニングの時代においては、地権者以外の幅広いステイクフォルダーの参加が実現されねばならない。そのため地権者でなくても情報提供がなされなかったこと、意見表明機会がなかったこと、提出した意見が十分な形で考慮されなかったことを理由として訴訟を提起できるようになるべきことが提案されている[(9)]。

それでは、Healeyの計画論と照らして旧東ドイツやデトロイト市において縮退実施の計画は、どのように策定され、どのような法的性質を持つのか。また土地所有者やその他の利害関係者によりその内容を争う訴訟は提起されているのだろうか。以下ではこの点を比較検討していく。

3　ドイツにおける「都市建設上の発展構想」

(1)　検討の範囲と方法

筆者は、ドイツ研究を専門とする者ではない。ここでは、共同研究メンバーとして参加した2017年２月実施の神戸大学「空き家問題への法的対応」国際シンポでのピルニオク論文[(10)]と旧東ドイツの各都市での縮退政策の事例を紹介する服部の研究[(11)]を手がかりに設定した論点の検討を行うに留まる。以下では、法的論点は、ピルニオク論文に主として依拠し、実施されている政策内容は、服部に依拠して論述していく。

(2)　旧東ドイツ地域の都市構造と住宅様式

旧東ドイツの各都市は、計画経済に基づく工業化を支える都市として発展し、工場労働者のための集合住宅が都市郊外に多く建設された。しかし、ドイツ統一後は、基幹工業が衰退し、脱工業化への対応も遅れたため、各都市では、著

（9）　Ibid, p.297.

（10）　角松生史教授（神戸大学）を代表者とする科研費研究「空き家問題に関する総合的・戦略的法制度の構築を目指す提言型学術調査」の成果として日本、アメリカ、フランス、ドイツの国際比較としてシンポは、実施された。ここで取り上げるのは、アルネ・ピルニオク（角松生史・野田崇訳）「ドイツ法における空き家問題管理の中心的手段としての都市建設上の発展構想」行政法研究24号（2018年）105－119頁である。同号には、国際シンポ全体の成果も掲載されており、本章でもシンポの討論部分からの引用を必要に応じて行う。

（11）　服部圭郎『ドイツ・縮小時代の都市デザイン』（学芸出版社、2016年）

しい人口減少が生じた。

旧東ドイツ時代に建設された集合住宅は、各住戸にバス・トイレも存在せず、現代の居住水準を満たさぬ老朽化した建物も多く、空き家化が急速に進んだ。わずかに残る居住者のために集合住宅全体の共用施設を維持管理することは、住宅公社にとって重荷となる。空き家率が高い老朽化した集合住宅を解体し、緑豊かな戸建の住宅地を新たに供給する減築化が旧東ドイツの各都市で目指されるようになった。

⑶　減築化の実施計画としての「都市建設上の発展構想」

この減築化を実施する計画は、「都市建設上の発展構想」と呼ばれる。2004年の建設法典の改正によって導入され、自治体毎の土地利用計画であるＦプランと地区毎の詳細計画であるＢプランの中間に位置するとされる(12)。質の悪い集合住宅の供給過剰を転換し、持続可能な都市の構造を創り出すことは、都市改造と呼ばれ、「都市建設上の発展構想」は、この都市改造区域を設定し、改造を実現するための関連措置の実施計画としての位置づけを持ち、この計画が協働的プランニングと呼ばれている。

この「都市建設上の発展構想」を策定するのは、基礎自治体であり、議会の議決により計画内容を承認する形が取られる。各都市での「都市建設上の発展構想」には、次の４点が共通して盛り込まれているとされる(13)。

①　歴史ある都心部の更新　　都市のアイデンティティに関わる地区の歴史的建物の保全・改修・用途転換の計画

②　撤去　　空き家の多い団地地区の集合住宅の撤去・解体の計画

③　公共施設やインフラの撤去・改修　　縮退する地区での幼稚園や小学校の撤退計画や撤去費用、残す部分の公共施設とインフラの改修の事業計画

④　古い建物の改修および保全　　①の中で特に古い建物に特化した計画

このような定型内容を持つのは、連邦補助金（都市再生・旧東独プログラム）がこれらの点を求めているためであり、以上の計画の実施にかかる費用は、連邦と州が補助を行い、基礎自治体の費用負担は、ゼロから３分の１とされてい

(12)　以下の既述は、ピルニオク・前掲注(10)に基づく。

(13)　服部・前掲注(11)58頁以下。

る。多主体の参加による協働的なプランづくりもこの補助金制度が求める条件となっている。

⑷　その策定手続と法的性質

それでは、どのような参加や協働がなされているのか、を検討していく。建設法典は、都市建設上の発展構想の策定手続を詳細に規定せず、基礎自治体の裁量に委ねる形を取る。

協働の担い手の中心とされるのが、老朽化した集合住宅を所有・管理する住宅公社とされる。一都市内でも住宅公社は、多く存在し、競合関係にある。ある公社が建物解体に応じても、他の公社が建物維持を選択し、解体される建物から追い出される借家人の取込みを図ろうとする場合、縮退は、うまく実現しない。こういったこともよく起こるため、計画づくりには、全ての住宅公社が参加しての合意形成が目指される。どこを減築するかは、公共サービスやインフラの供給方法にも影響を与えるため、これらの公共サービスを供給する事業体も計画づくりに参加する。他方で住宅公社の集合住宅に住む借家人が計画づくりの過程に参加してくることは稀であり、住宅公社の職員が借家人の意見や利害を代弁する形を取っているのが実質とされる(14)。

このようにして策定される都市建設上の発展構想は、法的拘束力をもたず、この策定に伴いＦプランやＢプランといったフォーマルな土地利用計画を変更するということも行われない(15)。議会での承認手続を踏むにも拘わらず、インフォーマルな計画という性質を持ち、建設法典もこの計画の公表を義務とはしていない。しかし、実際のところ、全ての自治体は、この計画を公表し、その実効性を高めようとしている。またこの計画とは別に都市改造契約と都市改造条例というソフトな法的手段を各自治体は、用いている。

その理由は、縮退を実施する都市改造区域においてＦプランやＢプランを変更し、建築禁止とした場合、土地所有者の財産権侵害となるからであり、これを回避しながら都市改造を実現する手段として契約と条例が用いられているのである(16)。

(14)　ピルニオク・前掲注(10)134頁（討論部分）。

(15)　ピルニオク・前掲注(10)127頁

⑸　ソフトな法的手段としての契約と条例

それでは、都市改造契約や都市改造条例は、どのような内容を持つのだろうか。まずは、都市改造契約からみていく[(17)]。

多様な主体との協働は、都市建設上の発展構想とは別に契約という形をとって具現化される。都市改造を実現するための建物撤去に際しては、その費用負担やその後の用途が重要な論点となる。そのため都市改造契約で基礎自治体と住宅公社とが撤去の実施方法を撤去費用や撤去後の用途も含めて約束する形を取る。撤去費用には、補助金が投じられるが、撤去後に土地所有者である住宅公社が都市建設上の発展構想で定めた減築による緑豊か戸建住宅地の供給ではなく、以前と同様の高容積の建物を新規に建築しようとすることもあり得る。これを防ぐために都市改造契約では、補助金で建物解体を行った場合、以前と同様の建築を基礎自治体が認めないことに対して所有権侵害として補償を請求する権利を住宅会社に放棄させる条項を設けている。

併せて制定される都市改造条例では、都市建設上の発展構想に合致しない建築許可の申請を却下すること、縮退のための土地集約のために基礎自治体が先買権と収用の行使を都市改造区域内で行っていくことを定める。ＦプランやＢプランといったフォーマルな土地利用計画が変更となるのは、建物解体が終了し、基礎自治体が必要な土地を集約してからとされる[(18)]。

⑹　「都市建設上の発展構想」すなわち都市改造条例・契約への司法統制

以上のように都市建設上の発展構想は、契約と条例を通じて段階的に実現していく形が取られている。これらの法的手段も重要な影響を持つため、都市改造契約に対しては、行政契約として行政裁判による権利保護の道が開かれ、都市改造条例に基づく建築不許可も行政裁判で争うことができる。これらの裁判を通じて都市建設上の発展構想やそれに基づく衡量が審査される[(19)]。

しかし、そのような裁判例は一つもないとされる[(20)]。その理由としては、

---

(16)　ピルニオク・前掲注(10)127頁。
(17)　ピルニオク・前掲注(10)114頁以下。
(18)　ピルニオク・前掲注(10)127頁。
(19)　ピルニオク・前掲注(10)114頁以下。
(20)　ピルニオク・前掲注(10)113頁。

事前に多主体間の協働が実現していること、事後に計画内容を柔軟に修正できることが挙げられている。ただし、集合住宅の借家人達が反対運動を組織することや、発展構想で解体されるとされた集合住宅が解体されずに改修され、存続していることもあるとされる(21)。また建物解体後のオープンスペースをどのように使っていくのか、という計画内容を発展構想は含まず、解体費用の補助金を得ることが計画の中心になっているとの批判もある(22)。

これ以上の実態把握は、現地での調査を要するであろう。ここでは、旧東ドイツ地域における協働的プランニングは、フォーマルな土地利用計画変更を伴わない形で所有権侵害の問題を回避し、契約と条例という法律よりもソフトな手法で計画内容を実現していること、協働への参加者は、住宅公社等の公的・準公的な機関が中心となっていることを確認し、次のアメリカ・デトロイト市との比較に移ることとしたい。

4　アメリカ・デトロイト市における協働的プランニング

(1)　検討の範囲と方法

ここでも検討の範囲は、限定されたものとなる。筆者は、2015年５月にデトロイト市で開催された空き家対策の会議に参加し、ランドバンクが再生に取り組むいくつかの地域を視察する機会を得た(23)。以下の記述は、その際に入手した資料と現時点でインターネット閲覧できた計画文書に基づく。またデトロイトのランドバンク事業については、藤井の博士論文(24)が優れており、そちらに依るところも大きい。以下では、ランドバンク事業の指針となっている“Detroit Future City”という協働的プランニングの内容につき検討していく。

---

(21)　服部・前掲注(11)198頁以下。

(22)　服部・前掲注(11)65頁以下。

(23)　詳しくは、高村学人「土地・建物の過少利用問題とアンチ・コモンズ論――デトロイト市のランドバンクによる所有権整理を題材に」論究ジュリスト No.15『土地法の制度設計』(2015年) 62－69頁でまとめた。以下でのランドバンク事業の概略説明は、この論文の要約という形を取る。

(24)　藤井康幸『米国におけるランドバンクによる空き家・空き地問題対処に関する研究』東京大学大学院工学系研究科都市工学専攻・博士学位論文 (2016年)。また藤井からは、デトロイト市での会議も含め直接ご教示を得る機会があった。重ねて感謝したい。

⑵　デトロイト市の衰退とランドバンク事業による再生

まずは、デトロイト市衰退の背景とランドバンク事業の内容を説明していく。デトロイト市は、2013年７月に財政破綻したが、その理由は、2007年のサブプライムローン危機により住宅ローン返済不能に陥った者が続出し、これらの者の住宅が管理者不在の空き家となり、市内の47％の土地区画が不動産税不払区画となったからである。

アメリカでは、不動産税未払いの債務は、人ではなく、不動産そのものに付着するため、そのような不動産を中古で購入する人は、未払い債務を引き継ぐことになる。また新たな購入者に不動産を購入してもらうためには、住宅ローンのため設定された金融会社の抵当権も消滅させる必要がある。これらの債務を消滅させるための費用が当該不動産の市場価値を上回る場合、新たな購入者は現れず、不動産は、負財として放置され、荒廃していく。

ランドバンク事業の目的は、これらの負の債務が付着し、放置されている住宅・土地を一旦取得し、債務や抵当権を消滅させるための申請を裁判所に対して行い、単独所有権のみが存在する形へ権利クリーニングされた不動産を市場に戻すことにある。2014年から市長となったDugganは、ランドバンク事業を特に重視し、予算・人員を大幅に拡充した。このような積極性が功を奏し、今日では、不動産価格が上昇傾向に転じており、それに伴い、ジェントリフィケーションという負の影響が発生していないか、が市の都市再生施策をめぐる争点となっている(25)。

⑶　縮退の協働的プランニングとしての“Detroit Future City”

デトロイト市のランドバンク事業は、効率性を重視するため、区域分けをした上で戦略を遂行している。区域分けは、①権利クリーニングした中古住宅に買い手が現れることが見込まれる空き家・空き地率が低い再生エリアと、②そうではなく、空き家・空き地率が高く、衰退しており、ランドバンクが時間をかけて土地を集約していき、緑地地帯へと転換していくべき縮退エリアとに分ける形で行われている。前者の区域では、小さな介入で不動産価格回復の効果

(25)　Data Driven Detroit, *Turning the Corner-Final Local Analytical Report-Detroit Third Edition, 2019*を参照（https://datadrivendetroit.org/）。

が見込まれるため、このエリアに人員資源を集中投下し、空き家所有者に修繕を命令し、中古市場への流通を促したり、ランドバンクが権利クリーニングした中古住宅を市場に再投入したりすることを推進してきた。後者の衰退区域では、ランドバンクが取得した空き家・空き地は、当面はそのままの状態とし、ランドバンクが所有権を集約していくことが選択される。

このような戦略を基礎づける計画となっているのが、2012年に策定された「Detroit Future City ――戦略的フレームワーク計画(26)」という協働的プランニングである。デトロイト市は、データ分析に基づく市政づくりを重視しており、空き家・空き地率や各種の社会・経済的な統計データに基づき、各地域の50年後の土地利用シナリオを予測という形でこの計画で提示している。空き家・空き地率が特に高いエリアは、農地や緑地公園となり、市民がこの緑のスペースを享受している絵が提示されている。しかし、これは、あくまでそのような土地利用になっていくという予測であり、土地利用計画の変更を通じてそのような土地利用にすべきという規範の定立とはなってない。

⑷　その策定手続と法的性質

アメリカの土地利用計画で各地域の用途や建築ルールを定めているのは、市のマスタープランである。デトロイト市にも市議会で承認された土地利用マスタープラン(27)が存在するが、その内容は、2009年に改定されたのを最後に変更がなされておらず、"Detroit Future City" で緑地に転換することが謳われている地域も住宅地としての用途が維持されている。

他方で "Detroit Future City" の計画文書は、市議会の承認を得たものではなく、Kresge財団という民間財団からの財政支援をもとに設立されたDetroit Works Projectというタスクフォースによって策定された形となっている(28)。このタスクフォースは、民間人がトップを務め、そこに市職員やコミュニティ関係者が参加する形が取られた。協働によるプランニングが重視され、数百回

---

(26)　*Detroit Future City-2012 Detroit Strategic Framework Plan*, Inland Press.（https://detroitfuturecity.com/ から参照）

(27)　City of Detroit, *Master Plan of Policies*.（https://detroitmi.gov/: 2020年１月20日に最終アクセス）

(28)　"Detroit Future City" の策定過程は、藤井・前掲注(24)155頁以下を参照。

の会合開催、アンケート回答・コメント総数７万件といった形で充実した参加がなされたことがワークショップの写真を豊富に用いながら強調されている。

2012年にこの計画が完成し、公表される。先のKresge財団は、完成した計画を高く評価し、この計画実施を支援するために１億5,000万ドルを寄付することを発表し、この寄付を財源に計画実施を担う非営利法人が“Detroit Future City”の名で創設された(29)。2014年に当選した現市長のDugganもこの計画内容を高く評価し、この計画は、民間の自由な発想から作成されたものであるが、市の施策は、この計画に基づき実施することを表明した。市の都市計画局長がこの非営利法人の理事を務める形で協働が実現されている。2012年に策定された計画を各地で実現するため、「５年間戦略プラン」もその後、策定された。

⑸　縮退プランの事例としてのMorningside地区安定化計画

次に筆者も訪問したMorningside地区を事例に具体的にどのような内容の計画が示され、実施に移されているか、を検討することにしたい。

Morningside地区は、ブルーカラー向けの建売住宅を供給するために宅地開発された地区であり、中古住宅として販売するには、各住宅の質が低く、住宅を除却して新築するには、区画が小さいという難点を持つ。そのため空き家・空き地率が高く、2015年の時点で４割以上の区画が利用されていない状態となっていた。特に地区内の南西部は、そのほとんどが空き地となっており、“Detroit Future City”の土地利用シナリオでも将来、緑地地区（Green Neighborhood）となる地域とされており、コミュニティが空き地を農地・植栽スペースに徐々に転換していくためには、どのような補助金を用いてそれを進めていくことができるか、といった内容が示されている。

このような転換をさらに具体化なプランとして進めるために、ミシガン大学の都市計画研究室が中心となって「Morningside安定化計画(30)」が2015年に策定されている。先のDetroit Future City非営利法人やデトロイト・ランドバンクからの支援を得ながら、住民組織の参加を引き出し、この計画は策定され

---

(29)　Detroit Future City非営利法人の組織や活動内容は、同法人のHP（https://detroitfuturecity.com/）を参照。

た。

空き地率が特に高い南西部は、ランドバンクが土地を集約化した上で緑道として整備し、緑の存在が大雨時の下水流出を防ぐ役割があることがこの「Morningside 安定化計画」で記されている。それ以外の地区の空き地もランドバンクが所有しながら、近隣住民が菜園・遊園として共同管理していくことが謳われている。この計画内容に対応し、ランドバンクは、2015年の時点で既にこの地区の370近い区画を所有し、集約化を進めつつあった。

この「Morningside 安定化計画」も市議会で承認されたものではなく、大学の研究室が協働的プランニングを通じて策定したインフォーマルな文書に留まる。しかし、Detroit Future City の実現を担う Detroit Future City 非営利法人は、この安定化計画に基づき、その職員がコミュニティと連携して支援を行っており、事業推進のフレームとなっている。

以上のように空き地率が高く、低利用の地区を緑地へと転換していくことは、都市計画論としては、望ましいこととなろう。しかし、転換が完了するには、時間を要し、この地区に住み続ける住民も存在する。この地区には、危険な空き家も多く存在するが、危険な空き家に対する危険除去命令は、デトロイト市では、中古住宅の市場が活発な地域で優先され、この地区では、命令実施が後回しとなっている。併せてこの地区では、空き地への違法なゴミ投棄も多い。このような負の外部性が生じている状態を市やランドバンクが放置する戦略(31)を取るのは、不動産価格が下がっていく方が土地を集約化しやすいからであり、この戦略には、批判もある(32)。

しかし、Detroit Future City や Morningside 安定化計画は、ドイツの都市建設上の発展構想とも異なり、公的承認がない非公式のプランに留まる。よっ

(30) Dewar, Margaret and Levy, Libby, *Stabilizing Morningside*, Urban and Regional Planning Program University of Michigan,2015.

(31) このような放置戦略は、シカゴ学派の都市・地域のライフサイクル論に基づくものであり、アメリカの各都市の住宅・不動産政策でも取られてきた。詳しくは、Metzger, John T “Planned Abandonment: The Neighborhood Life Cycle Theory and National Urban Policy”, *Housing Policy Debate*, Vol.11, Issue 1, 2000, pp.7-40.

(32) Thomas, June Manning and Bekkering, Henco (ed.), *Mapping Detroit-Land, Community, and Shaping a City*, Wayne State University Press, 2015, pp.143-165.

てその計画内容が司法で争われることもない(33)。また近隣住民による菜園等のコミュニティ・ガーデニングがうまく実現された場合、その地域の地価が上昇に向かうこともあるため、ランドバンクが緑地転換ではなく、再開発を選択し、ガーデニングスペースが奪われることも起こりうる(34)。その場合、開発利益がガーデニング活動を行ってきた住民に帰属しないだけでなく、ジェントリフィケーションの影響で住民が立ち退かざるを得なくなることもあるとされる(35)。

5　まとめにかえて――協働的プランニングの法的戦略

最後に本章の道筋を振り返りながら、協働的プランニングとは何を目指すものなのか、を考察することとしたい。ドイツは、計画なければ建築なし、という建築不自由の原則(36)があり、土地所有権への内在的制約が強い国として知られる。アメリカは、ダウンゾーニングや建築の禁止を実現するため規制的収用(37)という形で土地所有者に補償を支払うことも場合によっては選択し、長期的な視点に立った土地利用規制を実施してきた国として知られる。

本章の問いは、これらの国において縮退の土地利用計画が策定・実施される

(33)　インフォーマルな計画に対する訴訟は、筆者が調べた限り、見出せなかったが、住宅ローン返済不履行者に対して抵当権者たる金融機関が譲渡抵当権実行手続を実施し、不動産の管理者となった後に有色人種が多く住む地域において意図的に不動産の管理を怠り、荒廃を拡大させることに対しては、連邦フェア・ハウジング法に基づく訴訟の手段があり、National Fair Housing Allianceという非営利組織がこのような監視・訴訟活動を行っている（Dane, Stephen M., et al. “Discriminatory Maintenance of Reo Properties as a Violation of the Federal Fair Housing Act.” *CUNY Law Review*, vol. 17, no. 2, Summer 2014, pp.383-398）。縮退計画に基づく意図的な放置戦略に対してこの法的手段がどのような機能を果たしているかの検討も法社会学にとって興味深い論点である。

(34)　アメリカでは、このようなことがよく生じていることについては、Foster, Sheila R and Iaione, Christian “The City as a Commons”, *Yale Law & Policy Review*, Vol.34, No.2, 2016, pp.281-349を参照。

(35)　Foster and Iaione, ibid は、開発利益をコミュニティに還元すべきことを所有法学の立場から検討する。

(36)　高橋寿一「「建築自由・不自由原則」と都市法制――わが国の都市計画法制の一特質」原田純孝編『日本の都市法Ⅱ――様相と動態』（東京大学出版会、2001年）37－60頁。

(37)　規制的収用については、中村孝一郎「二〇世紀以降の土地利用規制における規制的収用法理」南山法学28巻４号（2005年）41－103頁を参照。

際に日本がこれまで回避してきた土地所有権への制約という課題にどのように対処しているか、という点にあった。しかし、検討を通じて明らかになったのは、ドイツとアメリカの両国においても土地所有権への補償を要するようなフォーマルな土地利用計画の変更は回避し、インフォーマルな協働的プランニングという手段で縮退の計画づくりが行われているということであった。

このようなインフォーマルな性質を持つ協働的プランニングが実効性を持つのは、幅広い参加を得た上で計画文書を公表している点、計画の実施に対してドイツでは公的補助金、アメリカでは民間財団からの支援という形で資金提供がなされる点に求めることができる。Healey は、協働的プランニングの役割を、多様な主体が協働で都市づくりを行うフレームとなり、投資や補助金を引き出す点に求めたが、このような役割は、ドイツ、アメリカのいずれにおいても実現していた。

非居住区域化、緑地化といった縮退を実現するためには、時間をかけて土地を取得・集約することが事業として土地利用計画とは別の形で行われており、ドイツでは、基礎自治体が先買権や収用を通じて土地集約する仕組みが取られ、デトロイトでは、ランドバンクが土地集約を成し遂げつつある。

しかし、このような縮退の実現には、時間もかかるため、そこに取り残される借家人や社会的弱者も存在する。ところが、協働的プラニングへのこれらの人々の参加は、目立たず、ドイツでは、住宅公社等の公的・準公的なアクターが協働の担い手となっており、デトロイトでは、縮退すべき地域は、放置することが政策として選択されていた。協働的プランニングが法的性質を帯びないことは、土地所有者からの異議申立てを難しくするだけでなく、これらの社会的弱者を擁護するための裁判も難しくする。

都市全体の秩序づけを目的とする都市計画論と異なり、法学には、社会的弱者の権利保護を実現する役割が求められる。縮退に向けた今後の時間的経過の中で取り残される地域の人々がどのような生活を送り、どのような考えを持ち、その考えが協働的プランニングの過程に声として届いているのか、についての法社会学的調査研究が今後求められよう。本章は、問題の所在を記したに留まる。

（高村学人）

第４部　「枠組み法化」と「管理型」都市計画法制の考え方

第１章　これからの都市計画法制
――複数目的並存型法制への転換

１　「管理型」都市計画法を構想する際の基本的視点

「管理型」都市計画法を構想するに当たっては、まずもって、町内や街区等区域としての小公共における「管理型」都市計画と各市町村や各都市計画区域程度の広さの圏域に対応した「管理型」都市計画を想定し、それぞれにとって妥当な「管理型」都市計画のあり方を検討する必要がある。このうち後者、すなわち各市町村や各都市計画区域程度の広さの圏域に対応した「管理型」都市計画（以下、これを「広域レベル」の都市計画と呼ぶことにする）については、「管理型」の名に相応しくないのではないか、との批判があり得よう。しかし、人口減少の下で空き地・空き家の発生・増加に代表されるような都市の縮退が顕著な状況にあるにも拘わらず、特に地方都市においては、郊外地における農地転用等を通しての無秩序な宅地開発が同時並行的に行われるという情況が、今日でも少なくないといわれている[(1)]。都市計画学者である姥浦道生氏によれば、空き地・空き家の無秩序な発生というリバーススプロールと以前と変わらず農地転用を通じての無秩序な郊外開発によるスプロールという、２つの無秩序が重なることにより、「空き家・空き地が進行している集落のすぐそばで、新たな一団の開発が進行しているという場合さえある」[(2)]とされる。以上のような相矛盾した状況を踏まえると、市町村等の基礎的地方公共団体が、市町村や都市計画区域のような広域レベルにおいて適正な土地利用秩序を形成・確立する

（１）　姥浦道生「市街地の溶解と拡散が進む地方都市」『コミュニティによる地区経営――コンパクトシティを超えて』（鹿島出版会、2018年）38－40頁、森本章倫「コンパクトシティとスマートシティの融合に向けて」土地総合研究27巻２号（2019年）10頁。同様の矛盾した傾向を指摘するものとして、都市計画学者である野澤千絵氏は、立地適正化計画により都市のコンパクト化を図ろうとする一方、「調整区域の規制緩和の政策を、立地適正化計画の策定と同時にスタートさせるという、都市政策の方向性が相反した取り組みを行う自治体も見られる」という。野澤千絵「立地適正化計画の策定を機にした市街化調整区域内における規制緩和条例の方向性――『コンパクト・プラス・ネットワーク』型の開発許可制度の構築に向けて」土地総合研究27巻２号（2019年）36頁。

ための「調整」を自律的になし得る地位にあることが不可欠である。そして、かかる自律的な調整機能を主にした都市計画を指して「管理型」都市計画と呼ぶことには、独自の重要な意味があるように思われる。

他方、そのような２種類の「管理型」都市計画の双方について、都市計画法制の法目的を定めるに当たっては、単一の優越的法目的を設定したり単一的な法的価値の実現を自明視したりするはできない、という点を前提にすべきである。何故なら、現行の都市計画法制には、用途地域等の地域地区制に典型的にみられるように、個々の地域について単一の優越的法目的や用途を設けて区分するという考え方が支配的であるが、急激な人口減少下で都市の縮退という事態を迎えている我が国の都市の現状にとって、単一目的型の法制度から適切な解決策を導き出すことは極めて困難だと考えられるからである。

したがって、小公共レベルであれ広域レベルであれ、拮抗した複数の実現すべき公益的目的や価値が競合することを前提に、その相互間における調整という制約内で各法目的や価値の最適な実現を図るにはいかなる法的仕組みが妥当か、という視点が、「管理型」都市計画法制を構想する際の基本的視点でなければならないと思われる。以下では、まず、そのような複数目的並存型の都市計画法制が今日必要とされる理由を論じ、しかる後、そのような視点に基づく都市計画法制の基本的な枠組みについて論じる。

2　単一目的型から複数目的並存型への変容

今日の都市計画法制には、成熟した都市の住民が求める都市の利便性や多様で良好な居住環境を充足しつつ、人口減少社会における都市の縮退に適切に対応するという、２つの目的を同時に実現するための仕組みと手段を提供することが求められる。

まず、成熟した都市では、賑わいのある中心市街地や活気あふれる工場街と良好な居住環境や景観・風景に恵まれた住宅街とを兼ね備え、また個々の都市に相応しい街並みを有する等、多様性と個性を具えたまちづくりが必要とされる。そのための都市計画法制とはいかなるものでなければならないかが、問われることとなる。このような課題に適切に対応する際に、現行の都市計画法制は適切な法的仕組みと手段を提供しているだろうか。

他方、日本の都市は、今後、急速に進行する人口減少に対してどのように対応するかという深刻な課題に直面している。この課題に適切に対応するために、都市生活の利便性を確保するための公共施設や民間施設を都市の中心部や拠点となる区域に凝集させるとともに、古くからの住宅地や郊外部の住宅地における人口減少ないし空洞化に対し、良好な居住環境を確保しつつ縮減させる必要があり、そのための適切な法制度の構築が要請されることとなる。この点でも、現行都市計画法制は今日的な課題に適切に対応するための法的仕組みと手段を提供しているといえるだろうか。

この問題について、基本的には以下のように考えるべきだと思われる。即ちそもそも、現行の都市計画法制は、あらかじめ指定された区域や地域地区の枠内で開発行為や建築を自由になし得ることを前提に、当該自由に対する必要最小限の規制を通して大筋で良好な都市の利便性と居住環境を確保することに主眼を置いてきた。このため、商業地ならば商業地としての大筋で良好な利便性と居住環境、住宅地ならば住宅地としての大筋で良好な居住環境と利便性を実現できれば必要かつ十分であり、最適の利便性や居住環境の実現までは要求されないとする考え方に、基本的に依拠してきたといえよう。したがって、個々の法制度には、商業地であれば商業地としての平均的な利便性と居住環境を確保するという単一目的の下で、法律による画一的基準の設定と一律の法適用が行われ、また住宅地であれば住宅地としての平均的な居住環境と利便性を確保するという単一目的の下で、同様の画一的基準設定と一律の法適用が行われてきた。基本的に単一の法目的が設定されることを前提に、その実現のため個々の計画制度や許可や確認等の規制的法制度が一律に適用されるという考え方が、現行法を規定付けていたといえよう。しかし、このような現行都市計画法制は、成熟した都市に求められる豊かな居住環境の実現にとっても、また人口減少社会における都市の「賢明な縮退」にとっても、適切かつ十分な条件を提供することができなくなっていると思われる。

現行都市計画法制には、以上のように単一目的型制度としての限界があることを、いち早く指摘されたのは、生田長人氏であった。以下に見るように、生田氏は、単一目的型の現行法制度の限界を明快に指摘されるとともに、その克服のための基本的な法改正の方向を、複合目的型の土地利用計画制度への転換として提示したのであった。

生田氏は、まず、単一目的型から複数目的の共存を可能とする複数目的並存型の土地利用計画法制への転換が必要であるとして、「新たな土地利用のコントロールシステムを検討するに当たって不可欠なことは、現在の縦割りの各土地利用規制法が、それぞれの単一の目的によって、そのコントロールの適用区域を決めているのを見直し、様々な複合的視点から、その地域の利用のあり方、コントロールのあり方、程度を決めることができるように、制度の全体の仕組みを見直そうというところにあるはずである」と述べる(3)。このような生田氏の主張は、国土利用計画法上の５地域区分は維持するとしつつも、それに対する修正の契機を内包するものであった。そのような視点から、個別法に基づく都市計画区域や農振地域などの用途区分は維持したまま、「国土利用のあり方を踏まえて、そのゾーンにふさわしい複合的な土地利用のコントロールを行うことができる制度に転換することが必要なのではないか」とされた(4)。そして、５地域区分の杓子定規的な運用には限界があることを踏まえ、生田氏は、市町村が策定主体者となる市町村土地利用基本計画が必要であるとして、その計画内容について、以下のように論じられた。すなわち、従来の５地域区分はそのまま維持する一方、たとえば都市地域内において農業的土地利用のための規制を必要とする等の場合、「従来のように例外的な暫定的重複地域として指定するという考え方ではなく、両方の土地利用が、一つの地域の中で共存できることを目指した恒久的な重複地域を想定し、地区ごとの土地利用のあるべき姿を市町村土地利用基本計画の中で明らかにし、共存に適しない土地利用を示しつつ、多様で多彩な土地利用を目指すことができるものとする」(5)と提唱されたのである。

（２）　姥浦・前掲注（１）39頁。

（３）　生田長人・周藤利一「縮減の時代における都市計画制度に関する研究」国土交通政策研究102号（2012年）９頁（第２章「国土の計画的利用」第２節）（生田氏執筆）。

（４）　生田・周藤・前掲注（３）９頁（生田氏執筆）。

（５）　前掲注（３）11頁（生田氏執筆）。

市町村土地利用基本計画構想について、生田氏は、また、現行の都道府県土地利用基本計画よりも、「地域の土地利用のあるべき姿を即地的かつ具体的に示すことのできる」ものにバージョンアップした制度として、「市町村土地利用基本計画」を、国土利用計画法に根拠規定を定めて創設する必要がある(6)とも述べており、さらに、都市の「管理」とは、「その地域における適切な空間秩序を保つことやより良好な空間秩序を形成していくこと」であり、「最適な空間秩序を形成し、維持し、管理すること」という意味である(7)とも論じられた。以上により、生田氏が構想された市町村土地利用基本計画は、個々の地域や街区の特質に即して「あるべき」地域像や都市像を「即地的かつ具体的に示す」べきものであり、また「最適な空間秩序」の形成・維持等をめざして策定されるべきものであるとされたのである。

以上のように、生田氏が市町村土地利用基本計画の制度化という形で提唱された複数目的並存型の計画法構想は、単一目的の下で必要最小限の計画的規制を行うことを通して平均的に良好な都市の利便性と居住環境を実現するという現行法の基本的発想方法とは、対極に位置するものであった。生田氏の主張は、複数目的並存型の計画法制度を通して都市として最適の利便性と居住環境を実現しようとする考え方であったといえよう。そして、そのような構想は、人口減少時代における都市の縮退状況の下で、良好な都市の利便性と居住環境を形成・維持しつつ「賢明な縮退」という課題に挑もうとする際に、その説得力をなお一層高めることとなる。

以上のような生田氏の先駆的指摘を踏まえ、筆者自身も、別稿において、まず現行都市計画法制が今日まで果たしてきた役割について、以下のように論じた。即ち、「従来の都市計画制度は、個々の地域地区に住居系の用途地域、商業系の用途地域、工業系の地域等々の単一目的を想定し、その目的を実現するため、個々の用途に応じて建築が可能な建築物の規模や形態を定型的に定め、建築確認や建築許可及び是正措置命令等により担保するという建築規制制度、及び、用途に応じた都市基盤施設の整備のための事業制度を中心に、構築され

（６）　前掲注（３）10頁（生田氏執筆）。
（７）　前掲注（３）65頁（第８章「管理行為概念の導入（その１）」第２節）（生田氏執筆）。

てきた。また、このような都市計画の基本構造は、国土全体という広い視野からこれを捉え直すならば、日本国土を用途に応じて都市地域、農業地域、森林地域、自然公園地域、自然保全地域という５地域に分類し、個々の用途に応じて土地利用を即地的にコントロールするための法制度（都市地域には都市計画法や建築基準法、農業地域には農地法や農振法、森林地域には森林法等々）を設けてきた我が国の国土利用計画法制の基本的な発想方法に、立脚するものであったと言えよう」。また、「以上のような単一目的型の土地利用法制は、経済成長と人口増大を基調とした社会においては、急激な都市化に対応して効率的に都市的土地利用を増進しかつ概括的にコントロールするためには、一定程度の有効性を発揮したと言えるであろう」[(8)]と捉えたのである。

しかしながら、以上のよう現行法制の基本的考え方は、最低限の居住環境や都市的利便性を実現するには適切かつ効率的な仕組みや方法を提供し得るが、個々の地域や都市や街区に固有の条件や事情の差違に応じて豊かで個性的な居住条件や賑わいを創出するという目的実現にとって、多くの場合、相応しいものではない。一律的又は定型的な法制度は、地域や都市や街区の差違に応じて最適の都市計画を実現するには、元々不向きな制度なのである。

また、上述のような現行法制は、人口減少社会における都市の良好な居住条件や利便性を保持しつつ「賢明な縮退」を実現することにとっても、適切かつ十分なものではない。なぜならば、都市の縮退の時代には、今日まで都市の郊外や外縁部に分散していた様々な都市的機能を可能な限り都市の中心部や都市内で拠点となるべき複数の区域に凝集させる必要が生ずることとなり、その結果、都市的施設とひとことで言い得る施設の中でも元々並存ないし共存が困難とされてきた施設相互間における緻密な立地調整を行う必要が増大するからである。例えば、大型店舗が立ち並ぶ商業地や歓楽街に隣接する中心街に社会福祉、医療、教育、文化等のための施設を呼び込もうとする場合等を想定すれば、異なる土地利用用途間での調整が必要かつ困難であることは明らかであろう。また、都市の郊外や外縁部で農業地域等と隣接する地域においては、農地や林

（８）　亘理格「都市の縮退と『管理型』都市計画の構想試論」土地総合研究26巻１号（2018年）144−145頁。

地等の都市的土地利用以外の用途との共存を広く許容し、都市における本来的土地利用の一つとして促進する必要も生じることが考えられる。このような局面では、国土利用における５地域区分（都市地域、農業地域、森林地域、自然地域、自然公園地域）の境界線が多少とも相対化し、異なった用途間の並存ないし共存が必要とされることとなるのである。

以上のような認識を踏まえ、筆者自身も、複数目的並存型の都市計画法制を導入する必要があることについて、「人口が減少し都市が縮退する社会では、都心部の市街地における土地利用の凝縮性を高める必要があり、また、空き地や空き家の増加により空洞化の危機にある都心部及び都市郊外の住宅地には、放置された空間や建築物の再利用や住宅以外の目的による有効な土地利用が必要となる。いずれの局面でも、従来のような単一目的に純化した土地利用によっては適切な解決策を導き得ない状況となることが予想されるのであり、むしろ、従来は原則として認められなかった複数の目的間の並存を基調とした土地利用秩序を構築する必要がある。そのような複合的な土地利用を本来的な都市的土地利用として許容し、かつ促進するような都市計画制度への再編が、今後は必要となるように思われる」(9)と論じた。

以上のように、現行の都市計画法制は、成熟した都市の都市計画制度としても、人口減少社会における都市の「賢明な縮退」のための制度としても、適切かつ十分なものであるとは言い難いように思われる。そこで、そのような現行法制をどのように改変すべきかが避けて通ることのできない課題となるが、かかる新たな都市計画法制は、いかなる基本的考え方によって根拠づけられ、かつ構想されるべきなのだろうか。そのような基本的考え方として想定されるのが、都市計画法制の「枠組み法化」と「管理型」都市計画法の実現という、２つの考え方である。

（9）　亘理・前掲注（８）145頁。

3 「管理型」都市計画法における国と地方・地域間の立法管轄の考え方

都市計画法制を構想するに当たって、国と地方公共団体間の立法管轄をどのように配分するかに関しては、次の３つの基本的考え方を想定することができるであろう。第１の考え方は、国が基本的な枠組みをすべて定めて地方公共団体はその枠組みの中から適宜選択しなければならないという方式であり、我が国の現行法制は基本的にこの方式を採用しているといえよう。これに対し、第２の考え方は、国が定める仕組みはごく基本的な原則や手続に関する規定のみであり、実質的な中身は各地方公共団体が広い自由度をもって定めることができるという方式であり、第１の方式の対極に位置づけられる考え方である。これに対し、第１と第２の方式の中間的な立法管轄配分を可能とする第３の考え方があり得るのであって、それは、国は基本的な枠組みと手続を定めるほかに具体的な内容や手続についても定めるが、その規定は標準的な法規定としての意味を有するに止まり、各地方公共団体において当該標準的規定から外れて様々な規定を設ける可能性を広く認めるという立法方式である。

以上のような３つの立法管轄配分の考え方の中で、「管理型」都市計画法制が基本として採用すべきであるのは、おそらく、第３の配分方式だろうと思われる。なぜなら、人口減少下の縮退型都市計画法制は、上述のように、常に複数の競合する法目的や法的価値相互の調整を必要とする法的仕組みである。それは、広域レベルであれ小公共レベルであれ、地方公共団体及び住民や民間事業者の日常的制度運用の中から形成される現場感覚によらなければ適切なルールを導き出すことのできない性質のものである。したがって、一方では各地方公共団体並びにそれより狭域の町内や街区単位の意思決定に依拠すべき必要性が大きい。他方、しかし、競合する法目的や法的価値相互間の調整という営みを適切に遂行するには、現場感覚に根ざした意欲と高度の専門的実務能力を必要とするが、そのような意欲と能力を十分具備していない地方公共団体や町内ないし街区でも、都市の利便性と良質な都市環境を確保すべき最小限の必要は満たさなければならない。そうであれば、国が標準的な都市計画ルールを定めることにより最小限の都市の利便性と良好な都市環境を充足させる一方、意欲と能力を具備した地方公共団体や町内ないし街区には、それぞれの地域に相応しい利便性と都市環境を実現する可能性を、そのためのインセンティヴも含めて保障すべきだと思われる。以上の理由から、縮退局面にある都市に関する都市計画法制における国の役割は、標準的なルールを定めて最小限の条件整備を確保する一方、各地方や各地域に固有の条件に対応した独自の立法機能の可能性を広く容認すべきだということになる。

4 「管理型」都市計画法の全体像

(1) 現行法制の限界

現行都市計画法は、高度経済成長のピーク時ともいえる1968年に法律第100号として公布され翌年施行された。当然のことながら、人口の急激な都市への集中に対処し、それに伴って混乱した土地利用を是正し最小限の土地利用秩序を形成することに主眼が置かれた。そこでは、民間資本による旺盛な土地利用需要の存在を大前提に、その行き過ぎによる過剰利用を外面的に是正・整序し最小限の土地利用秩序を確保することが、主目的とされたのであって、その結果、現行都市計画法には、常に以下に述べるような諸制約が付されていた。それらの特徴をひとことでいえば、単一用途型の地域・地区制と拡張型の事業制度によって構成される都市計画法制と呼ぶことができるであろう。

まず用途地域を中心とした地域・地区制については、住居系、商業系、工業系等の用途区分に応じた単一用途型の地域・地区が原則とされた。さらに、指定可能な用途地域その他の地域・地区の種類が法定され、都市計画や条例で独自の地域・地区を指定する可能性が排除されてきたことにも起因して、各地方公共団体やその中での更に細分化された地域における土地利用の実情や特殊性に応じて独自の用途地域その他の地域・地区を指定する可能性は排除されてきた。このような単一用途型で全国画一的な土地利用区分の方式を採用したことは、旺盛な土地利用需要に支えられた無計画な土地利用の拡大を抑制しつつ効率的に土地利用秩序を形成するには適した方法という面があるが、各地方公共団体や各地域における土地利用の実情に応じてきめ細やかな対応を可能とするものではなかった。

次に都市施設の整備や市街地開発事業の実施のための都市計画事業法制については、新規の都市施設整備や市街地開発事業の実施を想定した法制度が主要であり、既存の都市施設や市街地の更新や再生を想定しその実施に適した法的仕組みとは言い難いものであった。既存施設の更新や既成市街地の再生のための仕組みを想定するならば、継続的に現状を把握するための手続や、地元住民や関係権利者の意向を反映させる手続や計画提案等の仕組みが不可欠だと思われるが、そのような手続や仕組みは1968年の立法当初は設けられておらず、その後の法改正によっても主流とはならなかった。

以上のような現行都市計画法制の基本構造は、人口減少下で縮退局面に突入した今日の我が国の都市にとって、良好な都市環境を確保しつつ再生を図ろうとする際に活用できる法的手段としての有効性を欠いているのではないかと思われる。なぜなら、まず用途地域を中心にした地域・地区制についていえば、縮退に直面する都市の有り様はそれぞれの地方公共団体や地域の実情に応じて実に多様であり、かかる多様な縮退状況は、単一用途型で全国画一的な地域・地区制によって適切に対処できる性質のものではない。また都市施設の整備や市街地開発事業についていえば、縮退に直面する都市の行政機関や地域の住民にとって必要なのは、良好な都市環境を確保しつつ既存の市街地を再生するための法的手段であるが、都市施設の新設や新規開発型の市街地開発事業を想定した現行法の仕組みは、このような縮退局面における現場の行政や住民の需要を満たすものではないからである。

以上のように概観的に一瞥しただけでも、現行都市計画法の仕組みが縮退の時代における都市の再生と都市環境の確保にとって必要かつ十分なものではなくなっていることが理解できよう。その上、我が国の都市法制をめぐっては、1968年都市計画法制定以来のほぼ半世紀にわたる都市計画の制度運用を経た今日、なおも、良好な居住環境の確保という目的自体が必ずしも十分達せられたわけではない、という歴史的な事情が伏在する。これにより今日まで未達成であった現行都市計画法の目標をいかにして達成すべきかという年来の課題の上に、今日、縮退の局面における都市環境の確保と都市の再生という新たな課題が、重畳的に積み上げられた状況にある。これが、今日の都市計画法制が直面する課題の本質ではないかと思われる。

しかし、翻って考えれば、人口減少下において縮退局面に突入した今後の都市こそ、既存の都市施設と市街地の再生を通してかつてなく水準の高い市街地を形成する絶好の機会でもあるといえるであろう。その際、都市の縮退に対応するための法的手段は、同時に、良質な都市環境を実現するための法的手段としての面を兼備することとなるのではないかと思われる。以上のような見通しをもちながら、以下では、縮退状況にある都市にとって必要な「管理型」都市計画法とは何か、またそのような都市計画法制が備えなければならない法的仕組みとは何か、という問題について検討する。

⑵　法目的——広狭双方における「調整」と「合意形成」による公共性の創出

都市計画法の目的について、同法１条は、「この法律は、都市計画の内容及びその決定手続、都市計画制限、都市計画事業その他都市計画に関し必要な事項を定めることにより、都市の健全な発展と秩序ある整備を図り、もつて国土の均衡ある発展と公共の福祉の増進に寄与することを目的とする。」と定める。かかる目的規定は至極妥当なものであり、それ自体に異論の余地はないが、良好な都市環境をより積極的に実現しつつ、都市の縮退に適切に対応するという今日的課題に照らして、このような目的規定で必要かつ十分とみなし得るだろうか。当該今日的な課題に適切に対応するには、良好な都市環境の実現及び既存の都市施設や市街地の再生を明確に盛り込んだ目的規定でなければならないように思われる。そのために、目的規定において、都市の全域とそれよりも狭域の地域や街区や町内単位での（言い換えればコミュニティ次元で或いは小公共単位での）利害調整と合意形成を通じた良好な都市環境の確保を図るという方向性を、明確に定めるべきであろう。このような目的規定からの帰結として、都市計画の決定手続において、地域住民の実効的な手続参加を確保するための仕組みを定めることにつながる。

さらに都計法３条は、都市計画に関して国、地方公共団体及び住民がそれぞれ担うべき「責務」を定めた規定であるが、その１項で、「国及び地方公共団体は、都市の整備、開発その他都市計画の適切な遂行に努めなければならない。」と定めた上で、２項では、「都市の住民は、国及び地方公共団体がこの法律の目的を達成するため行なう措置に協力し、良好な都市環境の形成に努めなければならない。」と定め、さらに３項では、「国及び地方公共団体は、都市の住民に対し、都市計画に関する知識の普及及び情報の提供に努めなければならない。」と定めている。この一連の規定は、都市の整備、開発その他の都市計画の遂行主体として国及び地方公共団体を想定する一方、都市の住民は、国又は地方公共団体による都市計画の実施の「協力」者に止まるものとされており、その結果、良好な都市環境の形成に努めるべき立場であり、都市計画に関する情報提供の受け手として位置づけられるに止まっている。都市計画との関係で、住民を以上のように「協力」者として受け身の存在として捉えるという位置づけ方では、縮退の局面における良好な都市環境の確保及び都市の再生を適切に実現することが可能なのか、大いに疑わしい。なぜなら、都市の縮退という状況の下では、都市機能が集積すべき中心市街地であれ、あるいは空き地や空き家が増加し市街地の縮小を余儀なくされる一般住宅地や郊外住宅地等においても、極めて多様な利害関係が錯綜する住民相互間での自発的意思に基づく協働の取組みが必要とされるのであって、そのような状況下では、都市の住民が自ら積極的で自律的な役割を果たすことが期待されると考えられるからである。

以上の問題点は、都市計画の「法主体」の問題でもあることから、項目を改めて検討することとする。

⑶ 法 主 体

現行の都市計画法は、都市形成の主体として、行政主体と並んで地域住民や民間事業者等の役割を想定する一方、都市計画の法主体については、かかる民間主体をほぼ全面的に排除し、市町村、都道府県、国の機関という行政を想定してきた（都計法15条・59条参照）。民間主体の役割は、都市計画決定に際して公告・縦覧を受けて意見書の提出をなし得る地位や一定の条件下で都市計画提案をなし得る地位を認められるに止まっていた（同法17条・21条の２参照。また都市再生特措法37条も参照）。

都市形成の主体と都市計画の法主体をこのように切り離す考え方は、地域住民や民間事業者の自発性に基づく都市形成活力を存分に発揮させつつ、元来公共的性質をも有する土地利用のあり方を公共的世界の問題として独自に決定するという点で、基本的に今後も維持すべき性質のものである。ところが、他方、人口減少の下で都市の縮退が進行する状況下では、上述のような地域住民や民間事業者に発する都市形成活力を十分に期待することができない状況となる。

そのような今日的状況の下では、地域社会や民間事業の世界に今もって潜在している活力を巧みに引き出すことにより良好な都市環境を形成するといった方法論を、都市計画の基本原理の１つとする対応が不可欠となる。以上のような理由から、地域住民や民間事業者を、市町村、都道府県、国の機関と並ぶ都市計画の法主体として位置づけた上で、それに相応しい役割を果たすための法的手段並びに公共性確保のための調整の法的仕組みを考案する必要があるように思われる。

⑷　法的手法

(a)　小公共（街区や町内や集落単位の土地利用）における詳細かつ多様なルールの形成の要請

縮退の局面では、同一の都市計画区域や同一の市街化区域内においても、住居や都市機能の創設を一定のエリアに誘導したり、逆に一定のエリアにおける都市機能の創設や居住を抑制する方向に誘導したりする可能性が高まる。2014年の都市再生特措法改正により導入された立地適正化計画の仕組みは、居住や都市機能増進施設の以上のような両極への誘導が、現実味のあるシナリオであることを明らかにした。

以上のような両極における誘導政策の実行は、居住や都市機能の創設が誘導されるエリアと逆にそれが抑制されるエリアの双方において、土地利用に関する詳細でかつ多様性に富んだルールの形成を必要とする事態をもたらす。その理由を、上述の両極のエリアのうち前者を誘導エリア、後者を抑制エリアと呼び、検討すると、以下のようになる。

すなわち、まず、誘導エリアについては、誘導目的は、教育文化施設であれ、医療施設や福祉施設であれ、商業施設であれ、それぞれの街区に応じて異なり多様である。住居に限ったとしても、一戸建て住宅か、集合住宅か等に応じて異なり多様である。したがって、それぞれの誘導エリアの特徴や将来像の差違に応じて、多様な内容のルールの形成が必要となる。

他方、抑制エリアについては、誘導エリアに比して財政措置や基盤施設が制限を受ける状況の下で、良好な住環境を維持し更には改善するために、それぞれのエリアの特質に応じた柔軟で多様なルールの形成が必要不可欠となる。

なお、誘導エリアであれ、抑制エリアであれ、詳細で多様性に富んだルールの形成は、それぞれのエリアにおいて歴史的に形成された特徴を把握した地元住民等が主体となって練り上げられるものでなければ、およそ実効性を期待することはできない。

以上を前提に、では、以上のような詳細で多様性に富んだルールの形成を実現するためには、どのような法的手法を主に活用すべきなのだろうか。以下にこの問題を検討する。

(b) 規制的手法と合意手法――どちらを主にすべきか？

都市計画における目的実現のための手法として、都市計画決定や条例に基づく権利制限と開発許可や建築確認等の行政処分によるその個別具体化という権力的な手法が想定される一方、行政と地域住民や民間事業者等のいずれかの法主体間の協議や協定ないし契約或いは任意性を前提とした指導・勧告・助言等、非権力的な手法も想定可能である。このうち前者を権力的手法ないし規制的手法と呼ぶならば、後者は非規制的手法あるいは合意手法と呼ぶことも可能である。以下では、それぞれの手法の特質を否定形ではなく積極的意味づけをもつ用語で呼ぶため、前者を規制的手法、後者を合意手法と呼ぶことにしよう。

規制的手法は、私人に義務を生じさせ又は権利自由を制限する性質の行為手法であるため、実体上及び手続上あらかじめ明確な要件等を一般的に定めた上でその適用による個別具体化を通して行われなければならない。かかる原則からすれば、具体的場合における規制による権利自由の制限の程度が強ければ強いほど、また権利自由の制限の内容が個別的場合や個々の地域に応じて多様であればあるほど、それを根拠づける一般的法規はより詳細かつ明確なものでなければならない。したがって、都市計画における規制的手法がその法目的を実現するため真に実効的役割を果たすためには、それに相応しい詳細かつ明確な規定が、都市計画の一般的法規に定められていることが前提条件となる。

さて、以上のような条件は、ヨーロッパのいくつかの国の都市計画法においては、比較的古くから満たされるようになり、それが当然の前提として今日まで受け継がれていると考えられる。そのような諸国の都市計画法制の背景には、おそらく、都市計画やまちづくりに関する法制をも、自分たちの町や街区や集落を良くするための便利な手段として扱うという住民意識が定着していることが考えられる。

これに対し、我が国の都市計画法制は、今日に至るまで、そのような条件が十分実現される状況には至っていない。その主たる要因は、従来幾度となく指摘されてきたように、元々存在した土地所有権への強い執着意識が、戦後の農地改革及び高度成長期以降における持ち家推進政策等で増幅されたことに求めて大過ないと思われるが、現実にも、規制の詳細化や強化を図ろうとする動きに対しては、強い反対論が執拗に展開される傾向が今日まで続いてきた。以上のような原因に関する議論はともかくとして、我が国の現状で、強化された規制的手法を主軸に都市計画法規の詳細化と明確化を実現することには、現実的に無理がある。したがって、我が国の場合、町内や街区単位での詳細かつ多様性に富んだ土地利用の規律は、合意手法を主にして検討しなければならないのであり、規制的手法は副次的・補強的地位に止まらざるを得ない。さらに、前項で論じたように、人口減少の下で縮退局面にある都市において必要とされるのは、誘導エリアであれ抑制エリアであれ、地元住民が主体となって練り上げた詳細かつ多様性に富んだルールの形成であり、そのような狭域的ルールの形成は、規制的手法によるよりも合意手法にはるかに適しており、それにより良質なルールの形成が期待し得る。

5　むすびに代えて――都市計画における「最適性」と「即地性」

前項⑷では、これからの時代に必要な都市計画法制のあり方を複数の局面に分解し論じたが、そこから浮かび上がる「管理型」都市計画法制は、市町村並びにより狭域的なコミュニティ次元の地域や街区に固有の条件に即応した土地利用秩序の維持・形成に、役立つものでなければならない。換言すれば、「管理型」都市計画法制は、個々の地域に固有の土地利用状況に即応し、最適の目的と法的手段を提供するものでなければならない。

以上のような考え方は、従来考えられてきた土地利用計画の「即地性」の観念に変容を迫らずにはおかない。なぜなら、従来型の「即地性」とは、都市計画法や建築基準法等の国の法令の規定を、当該法令において事前設定された枠組み及び選択肢の範囲内で、個々の地域の具体的状況に応じて適用するものであり、適用時において多少幅のある選択の余地や組合せの妙は許容されるとしても、その幅には厳然たる制約があるとされてきた。これに対し、「管理型」都市計画法においては、そのような枠付けや選択肢の限定等は必要最小限のものに限定されるべきであり、市町村並びにより狭域的な地域や街区の住民には、はるかに広く自律的な決定の可能性が認められるべきである。そして、そのような自律的決定の権限は、当該市町村や地域・街区等に固有の土地利用状況に即応し最適と認められる土地利用秩序の維持・形成のために行使されるべきである。この意味で、これからの都市計画法制は、文字通り地域の具体的状況に応じて、「即地性」を具備した都市計画の実現に資する法制度でなければならないのである。

（亘理　格）

第２章　マクロ的対応・ミクロ的対応と「管理型」都市計画法制の担い手

１　はじめに

縮退の時代には、新規の土地利用や開発事業のコントロールではなく、「管理」概念に基づく、すでに利用されている土地のコントロールが重要性を増してくる。具体的には「耕作放棄農地、管理放棄森林、地方都市中心部の空洞化、空き家、空き地」といった「利用の放棄」への対応がそれにあたる。

しかし、現行の都市計画法制は、実際に土地が利用される際の不適切な行為のみを規制する「必要かつ最小限の規制」しか行っていないため、「利用の放棄」のような不作為には対応できない。つまり、これまでの都市計画法制は、土地が利用されないことを想定しておらず、土地利用の放棄に対して利用を強制することを念頭に置いていなかった。したがって、縮退の時代における「管理型」都市計画においては、不作為への対応が課題であるといえる。

生田＝周藤(1)は、不作為の実態を確認した上で、土地利用の放棄という現況を前提として、土地利用の「作為の強制」「利用の責務」を説いている。たしかに、空き家・空き地が社会問題化していることから、第２部で検討された「コンパクトシティ対策(2)」や「スポンジ化対策(3)」では、不作為に対して一定の作為への誘導が制度化されている。しかしながら、その実効性という観点からいえば、超高齢化社会を迎える日本にあって、既存の土地所有権概念を前提に、土地所有権者に対して「利用の責務」を課し、「作為」を強制すること

（１）　生田長人・周藤利一「縮減の時代における都市計画制度に関する研究」国土交通政策研究102号（2012年）63－75頁。

（２）　国土交通省都市局都市計画課「立地適正化計画の説明会資料：改正都市再生特措法等について」（2015年６月１日時点版）。

（３）「都市のスポンジ化」に対応するため、改正都市再生特措法が2018年４月25日に公布された。国土交通省都市局都市計画課「都市のスポンジ化対策（低未利用土地権利設定等促進計画・立地誘導促進施設協定）活用スタディ集」2018年８月７日。

は現実的ではない。

こうしたなか、「利用」を土地の利用に限定せず、より広く「都市空間」の利用を前提として、利用の責務を担う主体を土地所有権者に固定しない考え方が提示されている。例えば、長谷川貴陽史は、土地所有権者のみに利用の責務を負わせるのではなく、都市空間を誰に管理させるか、誰にどこまでの管理の負担を担わせることが社会的に効率的であり、公正であるのかを検討する必要性を説いている。具体的には、国、地方公共団体、NPO、近隣住民などが都市空間の利用の責務を担うべきかという発想から出発すれば、「作為の強制」や「利用の責務」から土地所有権者を解放できるという考え方である(4)。また、石川健治は「空間秩序論」を示している(5)。石川は、財産権一般の中での土地所有権の特殊性を論じるのではなく、財産権論とは別に空間秩序論が成り立ち得ることを述べ、土地所有権者とは異なる都市空間形成への参与者が存在し得ることを強調している。なお、そこでいわれる空間とは、単なる物理的空間のみではなく、都市住民の生活空間、文化的な共同体及び共同空間などをも指している。

以上のように、縮退の時代においては、土地所有権者に「利用の責務」を負わせ、「作為」を強制するのではなく、空間の維持、運営を含む空間の管理の必要性から出発し、その上で、その責任をどのような主体あるいは参与者（本章では、「空間管理参与者」）が担うべきなのかを「管理型」都市計画法制として組み立て直すことが必要であると考えられる。そこで、本章では、社会経済情勢の変化に伴う都市計画の課題からみた管理行為を整理・分類したうえで（２）、法律で定められた空間の利用にかかわる主体とそれを定める制度について検討することで（３）、「管理型」都市計画の考え方について空間管理の担い手を中心に示したい(6)。

（４）　長谷川貴陽史「都市計画法制における「管理」概念についての覚書」亘理格・生田長人・久保茂樹編集代表、転換期を迎えた土地法制度研究会編『転換期を迎えた土地法制度』土地総合研究所、2015年、90－106頁。長谷川は、土地所有権者の「利用の責務」（土地基本法３条１項）という理念をどこまで法政策の理念として貫徹すべきかという問いにもつながるとしている。

（５）　石川健治「空間と財産――対象報告」公法研究59号（1997年）305頁。

2　社会経済情勢の変化に伴う都市計画の課題と管理行為

⑴　社会経済情勢の変化に伴う課題の変化と都市計画

今日の都市計画法制が形づくられた1960年代以降の都市計画法制が直面した課題を時系列的に概観すると、次のような変化がみて取れる。すなわち、人口の増加を背景に、公共事業を行うための制度が用意される一方で、国主導の基準により郊外部のスプロールを抑制することが課題であった時代が終焉し、成熟段階に達した既存の都市環境の維持や更新が主たる課題になっていること、さらに今日、人口減少や高齢化社会を背景に、むしろ都市の退化あるいは収縮への対応が課題となってきているという変化である。

このような社会経済情勢の変化に伴う課題の変化に対する国の審議会等の議論[(7)]や法改正の動向をみてみると、土地利用転換に対応する都市計画は次のように分類できる[(8)]。すなわち、都市の無秩序な拡大をコントロールするための都市計画（以下、「拡大型」という）、土地利用の維持や施設の更新をすることにより都市環境を持続させる都市計画（以下、「持続型」という）、計画的に都市を縮退させる都市計画[(9)]（以下、「縮退型」という）である。

しかしながら、幾度かの改正により、都市計画法には「持続型」「縮退型」

（６）　本稿は、内海麻利「「管理型」都市計画の行為と手法――ミクロ管理の担い手に着目して」土地総合研究26巻２号（2018年）12－24頁を加筆修正したものである。

（７）「今後の都市政策は、いかにあるべきか」都市計画中央審議会第一次答申（1998年１月13日）。そして、「地域特性に応じた個性豊かな都市の整備、貴重な環境の保全」を目的として、2000年に地方分権に即した制度改革と呼応し、自然的土地利用を維持する制度の充実が図られる。社会資本整備審議会（都市計画・歴史的風土分科会都市計画部会）の2003年答申では、「都市と農山漁村の連携・交流を促進するとともに、両者を一体的に捉えた上で持続可能な地域管理システムを構築しつつ、新たな土地利用をコントロールする仕組みの検討が求められる」点と、都市再生に向けた政策の基本方向として「都市の将来像に向けた官民協働による都市の総合マネジメント」の必要性が示されている。そのほか、今後の市街地整備制度のあり方に関する検討会「今後の市街地整備の目指すべき方向――市街地整備手法・制度の充実に向けて」（2008年６月）も参照。

（８）　内海麻利「拡大型・持続型・縮退型都市計画の機能と手法：都市計画の意義の視点から」（国家の役割と時間軸）公法研究74号（2012年）175頁。

（９）　都市的土地利用から自然的土地利用に転換させる都市計画。ここでいう自然的土地利用とは、農地、採草放牧地、森林、原野、水面・河を指し、都市的土地利用とは、道路、住宅地、工業用地、その他の宅地を指す。第14回持続可能な国土管理専門委員会・国土交通省国土計画局「我が国の国土利用の推移」（2007年11月８日）１頁。

に対処するための手法が導入されつつあるが、未だその中心は整備・開発を主眼とした「拡大型」に期待される機能と手法で構成されている。また、「拡大型」に期待される機能も、十分にその期待に応えられていない実態がある。換言すれば、こうした社会経済情勢の変化に伴う対処として、各種都市計画制度が整えられてきているが、「拡大型」「持続型」「縮退型」のいずれの類型においても課題が積み残されているといえる。

実際に、土地利用の状況を観察すると、「拡大型」で期待された都市的土地利用への転換の計画的な制御にも拘わらず、都市は今日もなお拡大し続けている(10)。「持続型」においては、土地利用の維持、公共施設等の更新についても問題が顕在化している(11)。維持や更新の管理主体の法律への位置付けも進みつつあるものの、その対象や内容、期待される機能を発揮できるような枠組みとなっているとは言い難い(12)。さらに、「縮退型」においては、集約型都市構造の移行に伴う地域の実態が、当時想定されていたコンパクト化とは異なった状況になってきている。すなわち、都市は拡大し続けるとともに、都市のスポンジ化が進行している(13)。

都市のスポンジ化(14)については、本書第３部第１章（饗庭伸執筆）を参照さ

(10)　橋本晋輔・中道久美子・谷口守・松中亮治「地方圏の都市における住宅地タイプに着目した都市拡散の実態に関する研究」都市計画論文集 Vol.42No.3（2007年）721－726頁、橋本晋輔・谷口守・松中亮治「公共交通整備状況と地区人口密度からみた都市拡散の関連分析」都市計画論文集 Vol.44No.1（2009年）117－123頁。国土交通省都市計画基本問題小委員会（2017年度）においても「周辺環境と不調和な開発・建築、災害危険性の高い住宅市街地、郊外のスプロール開発の進行、長期間未着手の都市計画施設など、これまで構築してきた制度体系をもってしてもなお、解消に至っていない」ことが課題とされている。

(11)　渡邊浩司「都市計画道路の長期未着手メカニズムと時間管理の導入（第４回）長期未着手による損失の定式化」新都市68巻７号（2014年）63－66頁。

(12)　国土交通省都市計画基本問題小委員会中間とりまとめ（「都市のスポンジ化への対応」207年８月）では、跡地管理協定のような協定制度をもっと一般化して、維持・管理・運営における合意に基づく緩やかな規制手法として活用できないかとの認識が示されている。中井検裕「都市計画制度のこれから」新都市 Vol.73No.12（2019年）44－49頁。

(13)　氏原岳人・阿部宏史・村田直輝・鷲尾直紘「地方都市における都市スポンジ化の実証的研究――建物開発・滅失・空き家状況の視点から」土木学会論文集 Vol.72No.1（2016年）62－72頁。

(14)　「都市の内部において、小さな孔が空くように、空き地、空き家等が、小さな敷地単位で、時間的・空間的にランダムに、相当程度の分量で発生すること」。社会資本整備審議会・都市計画基本問題小委員会（2017年３月）報告より。

れたいが、国土交通省都市計画基本問題小委員会での議論を経て、その対応が都市再生特措法の一部改正により法制化に至っている（2018年）（改正の内容は、本書第３部第３章（宇野善昌執筆））。都市のスポンジ化は、とくに空き家の発生などによる土地利用の不作為にその問題をみることができるが、その対処の方向の一つとして、地区や敷地単位でミクロに都市の更新や活性化を行うことが進められている(15)（以下、本章では「ミクロ的対応」という）。饗庭によれば(16)、都市を更新していくためには、空き家などのスポンジの穴（拠点）を重点的に活性化していくことが重要であり、この拠点以外のところを自然的土地利用などに戻していくという方策が考案・実践されているという(17)。かつて、1970年代にＣ・Ａ・ペリーがＣ・Ｈ・クリーの第一次集団理論をベースとして近隣という概念に着目し、近隣単位（Neighborhood Unit）を提唱したことで、都市計画においてコミュニティ論が中核をなした。このような理論を踏まえ、地区計画の制定にあたっては、建物の単体規制である建築基準と地域制との中間領域をミクロの都市計画としてそのあり方が探求された(18)。縮退の時代、こうしたコミュニティ論を踏まえた近隣単位の都市計画が管理という側面から求められているといえよう。

しかしながら、ミクロ的対応のみでは都市としての連続性が保たれないため、「縮退型」都市計画においては、広域的な都市空間との連続性にも目を向けなければならない。広域的な空間を制御、維持させる都市計画としては、都市全体あるいは国土全体の対応（以下、「マクロ的対応」という）が不可欠となる。言い換えれば、スポンジ状の土地利用に対応していく「ミクロ的対応」と同時に、土地利用が、連続した空間全体に影響を及ぼし、さらに各空間を調整及び整合

---

(15)　国土交通省都市局都市計画課『都市のスポンジ化対策（低未利用土地権利設定等促進計画・立地誘導促進施設協定）活用スタディ集』2018年７月。

(16)　饗庭伸『都市をたたむ：人口減少時代をデザインする都市計画』花伝社、2015年、169頁以下。その他、小林重敬編著『最新エリアマネジメント：街を運営する民間組織と活動財源』学芸出版社、2015年など。

(17)　こうした取組みを饗庭は「都市をたたむ」と表現している。「国土交通省社会資本整備審議会、第２回都市計画基本問題小委員会資料」2017年３月３日。

(18)　日笠端『地区計画 都市計画の新しい展開』共立出版株式会社、1981年、日端康雄『ミクロの都市計画と土地利用』学芸出版社、1998年。

させることによって、「都市全体の機能を高め、結果として個々の主体をとりまく環境の向上に寄与するという理論的構造を有している」という「都市計画の全体性[19]」に着目した「マクロ的対応」が不可欠となる。

⑵　公共性分類とマクロ的対応・ミクロ的対応

上述の「管理型」都市計画におけるマクロ的対応、ミクロ的対応では、それぞれが対応する空間の範囲は異なる。したがって、空間範囲の相違に伴って都市計画における公共の利益のあり方も異なると考えられる。また、空間管理参与者の位置付けを明確にするためにも、「管理型」都市計画の構造を確認することは重要である。そこで、先に示したマクロ的対応、ミクロ的対応の管理行為[20]とそこで考えられる課題を、「縮退の時代における都市計画制度に関する研究会」（土地総合研究所2015－2016年）での枠組み法化に関する研究[21]（以下、「枠組み法研究」という）において提起された「公共性分類[22]」（本書第１部第１章【参照】生田長人「第１章　枠組み法序論」からの一部抜粋）に当てはめると、公共性分類に対応する管理行為は次のように想定できる。

第１は、国家的見地あるいは広域的見地から実現されるべき利益であり、国土あるいは広域空間全体の制御が該当し、第２は、最低限基準の確保の見地から確保されるべき利益であり、都市機能を構成している都市施設が該当する。枠組み法研究では、第１・第２が「大公共」として分類されている。そして、第３は、これらの「大公共」に属する公共性を帯びる管理行為で、ローカル

---

(19)　内海麻利「土地利用規制の基本構造と検討課題――公共性・全体性・時間性の視点から」論究ジュリスト15号（2015年）７－５頁。

(20)　都市計画に関わる「管理」ないし「管理行為」という概念については行政法理論においても、多くの議論がなされてきている。田中二郎『新版行政法（上）〔全訂第２版〕』弘文堂、2014年、31頁及び78頁以下、磯部力「公物管理から環境管理へ――現代行政法における『管理』の概念をめぐる一考察」松田保彦・山田卓生・久留島隆・碓井光明編著『国際化時代の行政と法：成田頼明先生横浜国立大学退官記念』良書普及会、1993年、25－58頁、小早川光郎『行政法（上）』弘文堂、1999年、169頁など。

(21)　亘理格・生田長人編集代表『都市計画法制の枠組み法化――制度と理論』土地総合研究所、2016年。

(22)　前掲注(21)２－43頁。ここでは、次のような公共性分類がされている。大公共Ａ：国家的見地あるいは、広域的見地から実現されるべき公共の利益、大公共Ｂ：最低限基準の確保の見地から確保されるべき公共の利益、小公共Ａ：地域的・近隣秩序調整的見地から実現されるべき公共の利益、小公共Ｂ：大公共Ｂに属する公共性で、ローカルルールによって実現される公共の利益。

ルールによって実現される利益である。第４は、個別の地区において都市計画機能の一部を担う地区施設や土地利用の管理であり、第５は、地域空間（街区や敷地単位）を一定の状況に維持する場合に、地域共同体あるいは一定の組織が行う管理が該当する。枠組み法研究では、これらは小公共として分類された(23)。

ただし、マクロ的対応が「都市の拡大の制御、土地利用の集約的維持、都市施設の管理」、ミクロ的対応が「個々の地区施設や土地利用の価値や権利の更新、地区レベルの都市機能の空洞化や活性化への対応」という具合に、都市計画における課題への対応の観点で分類するならば、前者は、第１・第２・第３、後者は第４、第５が該当すると考えられる。とりわけ、第５に関しては、これまで都市計画法が取り扱ってこなかった行為及び主体による対応であるとともに、「管理型」都市計画として新たに取り組むべき課題であるといえる。

【マクロ的対応】都市の拡大の制御、土地利用の集約的維持、都市施設の管理

〔第１〕大公共Ａ：国土あるいは広域空間全体の制御

〔第２〕大公共Ｂ・小公共Ｂ：都市機能を果たしている都市施設の管理

〔第３〕小公共Ｂ：大公共に属する公共性を帯びる管理行為で、ローカルルールによる管理

【ミクロ的対応】個々の地区施設や土地利用の価値や権利の更新、地区レベルの都市機能の空洞化や活性化への対応

〔第４〕小公共Ａ－ｉ：個別の地区において都市機能の一部を担う施設や土地利用の管理

〔第５〕小公共Ａ－ⅱ：地域空間（街区、敷地単位）を一定の状態に維持する場合に、地域共同体あるいは一定の組織が行う管理

(23)　現行法における第１から第４の具体的な制度及び該当項目については、原田保夫「現行都市計画法制の枠組み法化について」前掲注(21)44－84頁参照。

3 「管理型」都市計画における空間管理参与者

(1) 「管理型」都市計画の主体

「管理型」都市計画を考える上で、その主体への着目は不可欠である。マクロ的対応については、国家的見地、広域的見地、あるいは最低基準の確保の見地から、その決定は公共団体が担うことが妥当であると考えられよう。しかしながら、「管理型」都市計画が「都市計画の権限主体である国や自治体が都市計画決定や許可や建築確認等の権力的既成権限の行使主体として都市計画を遂行するという考え方のみに立脚した従来の都市計画を転換し、国や地方公共団体と地域住民や民間事業者等の民間主体が協働の法主体として合意ないしコンセンサスを形成しそれに基づく都市計画を遂行するという考えが制度の根幹的原理の1つとして承認された都市計画法制を意味する」(第1部第1章(亘理格執筆))という本書の立場に立てば、ミクロ的対応については、住民や利害関係者等が主体的に地域の管理を進めることが求められる[24]。また、それは、空間の整備・開発・保全の主体ではなく、その後に占有する土地利用の主体による利用行為に向けられたものとなる[25]。その際、とりわけ、不作為を作為へと誘導するためには、土地を利用しないという不作為を利用という作為に転換させるための技術(計画技術・法的技術・管理技術など)を誰が担い、あるいは提供するかが論点となろう。

(2) 民間主体を位置付ける制度と空間管理の担い手

土地の利用が広く住民の利益に関わることから、民間が計画の策定に関与する場合には、法規範によって位置付けがなされている。こうした主体は、実際にミクロ的対応における計画の策定ないし管理、そして、地域の多様な問題を解決する者として位置付けられている。以下では、空間の利用に関わる法令及び条例で定められた管理主体とそれを定める制度について検討してみたい。

筆者はかつて、法律で定められた土地ないし空間の利用に関わる管理主体と

(24) 内閣官房まち・ひと・しごと創生本部事務局、内閣府地方創生推進事務局「地方創生まちづくり——エリアマネジメント」(2017年3月)。

(25) 中井・前掲注(12)。

それを定める制度を抽出し、次のように分析した[26]。第１は、「合意を求め主体を設定し、その主体により計画の策定、実施、管理がなされることを想定している制度」である。これには、事業や規制に関する計画の策定及び実施、並びに管理について、対象地区の関係当事者による組織が位置付けられている。第２は、協定や規約の当事者により管理が行われることが想定されている制度である。これには、地区の管理のための協定を締結するにあたり、関係当事者より合意を求め、この当事者によって管理を行う組織が位置付けられている。第３は、「市町村長が民間団体を指定（もしくは認定）し、管理主体を位置付けることにより当該地区の管理が想定されている制度」である。これには、非営利団体等の組織を市町村長又は知事が指定や認定をすることにより、地区や地

〔図表〕土地利用にかかわる管理主体と関係当事者

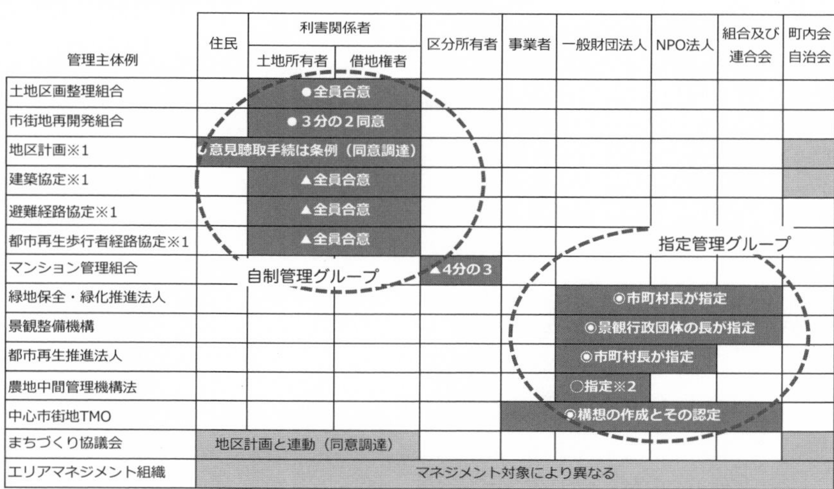

管理主体例	住民	利害関係者		区分所有者	事業者	一般財団法人	NPO法人	組合及び連合会	町内会自治会
		土地所有者	借地権者						
土地区画整理組合		●全員合意							
市街地再開発組合		●３分の２同意							
地区計画※1	意見聴取手続は条例（同意調達）								
建築協定※1		▲全員合意							
避難経路協定※1		▲全員合意							
都市再生歩行者経路協定※1		▲全員合意							
マンション管理組合				▲4分の３					
緑地保全・緑化推進法人						◉市町村長が指定			
景観整備機構						◉景観行政団体の長が指定			
都市再生推進法人						◉市町村長が指定			
農地中間管理機構法						○指定※２			
中心市街地TMO					◉構想の作成とその認定				
まちづくり協議会	地区計画と連動（同意調達）								
エリアマネジメント組織	マネジメント対象により異なる								

凡例. ■：法律に基づく規定、■：法律に基づかない規定、●：関係当事者により合意が図られた公共団体の計画が決定される、▲：協定、規約等を締結、◉：計画や要件に基づき公共団体の長により認定、○：申請に基づき公共団体の長が指定、※１：当該地区の関係当事者団体、※２：都道府県知事が指定。一般社団法人にあっては地方公共団体が総社員の議決権の過半数を有しているもの、一般財団法人にあっては地方公共団体が基本財産の額の過半を拠出しているものに限る。

注）筆者作成。内海麻利「「管理型」都市計画の行為と手法―ミクロ管理の担い手に着目して―」土地総合研究第26巻第２号２、22頁を加筆修正したものである。

---

(26)　内海・前掲注(６)。

区施設等の管理を行う組織が位置付けられている。第４は、「土地利用に関する条例」である。これには、土地利用に関する計画を発意あるいは策定し、当該計画を自ら遵守する組織が位置付けられている。その具体的制度の分析については、注(6)に掲げた別稿を参照されたいが、これらの制度を組織等と関係当事者との関係で整理すると〔**図表**〕のようになる。縦軸（列）が法律に基づく組織等で、横軸（行）が法律に位置付けられている関係当事者であり、縦軸と横軸が交差するセルには組織の主要な要件（合意及び指定要件）を記載している。これら組織等と関係当事者の関係を整理すると、２つのグループに分けられ、法令又は条例が定める規定から次のような性質が明らかになった。

(a)　自制管理グループ

自制管理グループは、土地所有者等の個人が当該地区の関係当事者として管理主体となることが想定されているグループである。これはさらに２つのタイプに分けられる。１つが、主に計画決定における関係当事者（作成主体あるいは、計画への同意を求める主体）を計画に定める空間の管理主体として想定しているものであり、土地区画整理組合と市街地再開発組合、地区計画の利害関係者や地区住民等による管理が該当する。いま１つが、関係当事者間あるいは関係当事者と公共団体が協定や契約を締結して管理を行うものであり、関係当事者が協定や契約に定める空間の管理主体となるものである。建築協定、避難経路協定、都市再生歩行者経路協定、マンション管理規約などが該当する。

以上の２つのタイプは、土地所有権を有する主体を中心とした利害関係者が、空間の管理を行うことによって自らの利益を守ることが想定されているため、管理のための負担を自らが負う、あるいは自らの権利を制限する、いわゆる自制的に管理を行うことで地域の公益に寄与することが想定されている。したがって、管理・負担・権利制限を決定する際に全員合意や３分の２同意を調達するというような方法が用いられる。

このうち土地区画整理組合と市街地再開発組合における管理の場合は、土地の価値やニーズの上昇を前提に、開発・整備により利益や価値を創出することが目的であったため、動機も明確で、最先端の技術が投入され、負担が生じたとしても、その負担は開発利益のなかで吸収され、利害関係者等の合意も容易であった（高度成長期のビジネスモデル）。しかし、本書第２部第２章の地区計画の検討で明らかにしたように、利害関係者等の負担や制限のみが課せられる場合、動機が住環境の保全という明確なものであったとしても利害関係者の合意形成は困難である。また、建築協定が地区計画に移行している状況が少なくないという実態(27)は、住民による管理を地区計画という行政計画に委ねたいという管理者たる住民の意思の表れである。さらには、縮退の時代において、土地の価値やニーズが低下するなかで、利用されない土地の管理を行う動機を生み出すことは容易なことではない。経済的利益を見込めない、あるいはそれが不明瞭な管理組織では、利害関係者間の合意を得ることは難しい。したがって、スポンジ化対策のための計画や協定には不作為を作為へと転換させる魅力的な計画内容や協定内容が必要となる。こうした必要性から、現存するこれらの協定制度などにおいては、市町村や利害関係者等がその計画（都市再生整備計画・低未利用土地権利設定等促進計画・立地誘導促進施設協定など）を定める、あるいは市町村がコーディネートする仕組みが法律に規定されている。

しかしながら、地方分権が進み、多くの都市計画業務が市町村の権限となるなかで、市町村の限られた行政資源を用いて都市計画業務を行うことは限界を超えている。日本都市センターの調査によれば(28)、人口が５万人未満の自治体では、都市計画業務にあたる専任の職員１人以下が40％と最も多く、次いで人口５万人～10万人の自治体では、１～３人とする都市自治体が約40％となっており、自治体の人的資源は乏しいといわざるを得ない。また、本書第２部第２章で筆者が示したように、人口８万人以下の市町村では、地区計画であっても使えないと感じている。このような市町村が、現在利用されていない個別の敷地の利用を魅力的なものにするための計画や協定内容を作成し、あるいはそのための技術を提供し、さらには、地権者の利益や意見を調整しコーディネートできるとは考えにくい。

---

(27)　長谷川貴陽史『都市コミュニティと法——建築協定・地区計画による公共空間の形成』東京大学出版会、2005年。

(28)　日本都市センター編集『超高齢・人口減少時代の地域を担う自治体の土地利用行政のあり方』日本都市センター、2017年、36頁。

(b) 指定管理グループ

指定管理グループは、一定の要件に基づき公共団体が認めた組織が関係当事者として管理主体となることが想定されているグループである。例えば、緑地保全・緑化推進法人の場合は、都市における緑地の保全及び緑化の推進を目的として、公共団体が指定し、それによって管理権限が与えられている。また、景観整備機構は、一定の景観の保全整備能力を有する団体を公共団体が指定あるいは認定などを行い、それによって公共的担い手として管理権限が与えられる。また、都市再生推進法人は(29)、都市の再生に必要な公共公益施設の整備等を重点的に実施すべき土地の区域の事業用地の取得・管理・譲渡、公共施設・駐車場・駐輪場の管理を行う組織である。

こうした組織は、例えば、その地域の管理によって生じる緑地保全などの実現が組織の目的となるといったように、組織の活動目的が地域の管理それ自体と合致することが前提となるが、自らの財産を管理するわけではない。自制管理グループとは異なり、自らの財産でないものを管理するという点からすれば、管理対象の領域を超えて、組織間の連携等によって広域的な管理（マクロ的対応）への展開も可能である。しかし、自らの財産の管理でないだけに、土地についての権利の交換や取得を主体的に行うことについては限界がある。また、利害関係者や市町村に動機を与え、土地への不作為を作為に転換させる、あるいはその技術の提供を行う積極的な主体となり得るかは未知数である。そして、これらは、主に、市町村が募集、審査し指定する組織である。

こうしたなか、都道府県知事が指定する農地中間管理機構が創設された(30)。農地中間管理機構は、農地所有者（出し手）から農用地を借り受けた後に、借り受けた農用地について、地域内の分散し錯綜した農地利用を整理し、担い手（法人経営・大規模家族経営・集落営農・企業）ごとに集約化する必要がある場合に基盤整備等の条件整備を行い、担い手がまとまりのある形で農地を利用でき

(29) 都市再生特措法118条～123条。

(30) 農地中間管理事業の推進に関する法律（2014年）、農地中間管理事業の推進に関する法律等の一部を改正する法律（2019年）。農業関係法の農地管理の沿革と現状については、原田純孝「「農業関係法における『農地の管理』と『地域の管理』――沿革、現状とこれからの課題――」土地総合研究25巻３号・４号（2017年）、26巻２号・３号・４号（2018年）。

るよう配慮して、担い手に貸付しけることができる。農地中間管理機構は、区域ごとに農用地の借受けを希望する者を定期的に募集し、応募した者及びその応募の内容を整理して公表し、その中から、農地中間管理事業規程の定めるところにより、適切な貸付けの相手方（受け手）を選定する。そして、貸付けに当たって農用地利用配分計画を定めて都道府県知事の認可を受け、その計画の公告により、農用地の利用権が設定される。また、農地中間管理機構は、都道府県知事の承認を受けて、業務の一部を他の者に委託できる。ただし、農地中間管理機構は、利用することが著しく困難な農用地は借り入れず、相当期間経過後も貸付けが見込まれないとき等は農地所有者との賃借契約を解除できる[(31)]。こうした仕組みは、不作為を作為に転換するため、又は不作為へと陥らないための権限など、縮退の時代に対応した空間管理への参与の方法を検討する上で参考になるといえよう。ただし、農地中間管理機構は、都市空間やその活動を対象とするものではなく、2014年に創設されて以降、多くの実績があるものの課題がないわけではない（具体的な法律成立及び改正の経緯、課題については、第２部第６章（原田純孝執筆）を参照）。

(c)　第三の組織グループ

その他の組織として、条例等に位置付けられる、まちづくり協議会やエリアマネジメント組織がある。まず、まちづくり条例に位置付けられる「まちづくり協議会」は、(a)の地区計画等の運用を補完するものであり、地区住民や利害関係者等の意向を反映し、合意によって柔軟に計画策定を行う組織である。したがって、まちづくり協議会は当該地区の管理を担う主体ともなり得るが、利用されていない土地の利用を魅力的なものに変えていく技術を十分に有するわけではない。次に、エリアマネジメント組織が担う管理は、(a)と(b)を包含するもので、管理のための負担を自らが負うことが前提となる。そこで、負担が公平に分配されるために「地域再生エリアマネジメント負担金制度」が創設されたが（本書第３部第４章（小林重敬執筆））、そこでは、同意しない事業者に負担を強制する正当性が求められる。さらに、負担金を徴収するためには市町村条

(31)　農林水産省経営局農地政策課「農地中間管理機構関連２法の概要」（2019年12月20日）。

例を制定する必要がある。

一方、自治会・町内会は、住宅地におけるまちづくり協議会やエリアマネジメント組織の母体となっていることが多い。これは、コミュニティを基礎とした近隣単位での土地の利用や管理が求められていることを表しているが、地域社会における人間関係が希薄化し、コミュニティの主体が高齢化していることから、土地に対する不作為を作為へと転換する技術や活動を期待することは難しいだろう。

エリアマネジメント組織など、土地所有権を有する利害関係者以外で構成される組織については、空間秩序の維持管理の責任を担う主体たり得る可能性はある。ただし、土地所有権と切り離した場合、何に基づいてこれら組織及びその活動に正当性を付与するかが不確かである。

4　空間管理参与者としての組織の可能性

以上の分析及び考察を踏まえて、空間管理参与者としての主体のあり方を検討してみたい。

縮退の時代において、土地の価値やニーズが低下するなかで、利用されていない土地を利用し管理するという土地に対する不作為を作為へと転換する動機を土地所有権自身が見いだすことは容易なことではない。しかも、経済的利益を見込めない、あるいはそれが不明瞭な管理においては、利害関係者間の合意を得ることは難しい。そのため、利用されず価値の低下した土地を利用することで生じる価値（都市機能としての価値）、あるいは利用しない価値（自然的価値）の両面から、「価値ある空間」を提示し、それへと計画的に転換することに関与し、またそのための技術を直接、あるいは間接に提案できる組織が必要であると考えられる。例えば、所有者不明の土地を含む場合などでは作為へと転換する計画とともに土地の権利交換や集約化などといった直接的な関与が必要であり、また市町村、住民や利害関係者の要請に基づく場合には、地区の合意を促し、技術提供を行うことなども考えられよう。さらに、広域計画（マクロ的対応）との調整を図り、計画の認定や決定主体となる市町村計画策定を支援することもその役割として考えられる。組織の形態については、今後の検討課題とせざるを得ないが、以上のような期待を込めれば、国家的見地・広域的見地から法律に位置付けたうえで、市町村を支援し、個別的な問題に対応できる組織とする必要があろう。

類似の機能を持つものとしては、例えば次のような組織があげられる。土地に対する不作為に対しては、先にみた、本書第３部第５章（高村学人執筆）にある米国デトロイトの「ランドバンク(32)」も類似の機能を有しているといえよう。また、市町村の支援という意味では、例えば、フランスでは次のような制度がある(33)。１つは、「PLU CLUB」と呼ばれるものであり、地方公共団体が策定する即地的で詳細な計画「都市計画ローカルプラン（Plan local d'urbanisme)」（以下、「PLU」）の策定を支援するための組織である。この組織を通して、国は、PLU の策定方法や考え方に関する技術的支援を行うとともに、国・広域自治体・関係団体等の利害調整や合意形成の場を提供している(34)。いま１つは、都市計画研究所（Agence d'urbanisme）である。この組織は、自治体の都市計画に関わる都市計画図書(35)などを作成する業務を受託するシンクタンクである。創設は1967年であり、2015年段階、フランス全国で52ヶ所設置されている。これらの組織は、必ずしも日本の課題に直接対応するものではないが、組織の位置付けや機能は空間管理参与者を考える上で参考になろう。

---

(32)　アメリカにおける「ランドバンク」とは、「利用されず、放棄され、所有権者の受戻し権も消滅した不動産を利用価値あるものへと転換することを任務とする政府事業体」。1971年にミズーリ州サンルイ市で創設。2015年時点では、10の州に存在合計で120の組織が存在する。傾向としては、衰退工業都市が多いミシガン州とオレゴン州。当初は、不動産税滞納物件を競売にかけても売れずに自治体所有となった不動産をやむなく管理するための部門として設置された。高村学人「縮退実施のための協働的プランニングその法的性質に注目して」土地総合研究所2018年11月２日報告。

(33)　内海麻利「日仏の地区詳細計画の意義と実態（第４回）フランスの都市計画ローカルプラン（PLU）の実態と日本への示唆」土地総合研究23巻１号（2015年）76－103頁。

(34)　Direction générale de l'aménagement, du logement et de la nature, ministère du logement et de l'égalité des territoires, *Participer au Club PLUi*, août 2014.

(35)　計画の要件を満たす文書。例えば、フランスの PLU の場合には、説明報告書、整備と持続可能な開発発展の構想（PADD：Projet d'aménagement et de développement durables）、地区レベルの整備の方針（OAP：Orientations d'Aménagement et de Programmation）、規則書（règlement）とこれらを示す図面が必要とされる（都市計画法典 L151－２条）。

5　おわりに

本章では、縮退の時代に要請される都市計画における管理行為を、現状の地域の実態を踏まえて確認し、「公共性分類」に即して「管理型」都市計画に必要であると考えられるミクロ的対応とマクロ対応という枠組みを示した。そして、とりわけ、「管理型」都市計画において特徴的なミクロ的対応を可能とする主体を検討し、これらの主体の課題から必要とされる空間管理参与者の存在を試論的に示した。2020年度通常国会にて土地基本法の改正が予定され、そこでは管理の観点から土地所有者等をはじめとする関係者の責務や役割分担の明確化が議論されている(36)。都市の維持・管理・運営が求められ、とりわけ不作為への対応を余儀なくされる今後の縮退の時代の都市計画においては、都市計画法制の再考とともに、これを実現化する担い手の検討も欠かすことはできない。

（内海麻利）

---

(36)　国土審議会土地政策分科会企画部会「中間とりまとめ～適正な土地の「管理」の確保に向けて～」(2019年（令和元年）12月)。

第３章　「枠組み法化」と「管理型」都市計画法制

１　到 達 点

本書冒頭の研究会の研究経緯の整理で述べたように、本研究会は、研究を積み重ね、枠組み法の議論を経て、現在「管理」の問題に議論を進めている。

枠組み法は、現行制度の問題点とされている①全国画一性、②集権性、③過度の複雑性、④硬直性(1)に対処して、小公共が妥当する地域の自律的決定によりまちづくりを遂行するために、法律により、自治体の自主的判断で、地域に適合した規律を、最低限基準の枠内で条例により形成することを可能にする議論である(2)。条例の枠内でのさらなるインフィル手法として、地区計画、協定が前面に出ることになり、とりわけ協定によるインフィルが望ましい方向であるとされている。協定によるインフィル充填内容の実効性が次の論点として登場し、全員合意によらない団体法的拘束の可能性などが検討されている。

こうした検討を経て到達した「管理」の問題に対処すべき都市計画法制は、原田保夫委員の管理型都市計画の構想として結実する。原田委員の管理型都市計画は、マスタープラン→市町村計画→←協定という構造を持つ(3)。管理型都市計画が備えるべき特性として、原田委員は、ｱ）法的強制力によらない手法の確立、ｲ）「地域の総意」への公共性の拡張、ｳ）「地域の総意」に係る熟議プロセスの重視を挙げている(4)。市町村計画は協定に指針を与えるものとして想定されており、全員合意を要しない協定の根拠として機能する。「地域の総意」

（１）　本研究会における磯部力教授の報告「縮退の時代における都市計画制度」（2015年７月13日）による。

（２）　内海麻利「地域の実態からみた枠組み法化の考え方と仕組み――インフィル規定を中心に」亘理格・生田長人編著『都市計画法制の枠組み法化――制度と理論』（土地総合研究所、2016年）、大貫裕之「条例論」同書所収。

（３）　原田保夫「『管理型』都市計画に関する一考察」土地総合研究26巻１号（2018年）41頁。

（４）　原田・前掲注（３）論文32頁。

は、熟議を通じて協定において具現化することが想定されている。したがって、原田委員の構想においては、協定が決定的重要性を持っており、協定の正当性、強制力、公的関与のあり方、協定制度の有効性、協定の運営組織について詳細な検討を行っている。

2　ノイラートの船――我々の検討の限界

ノイラートの船とは、ウィーン学派の中心人物の一人、オットー・ノイラートがアンチ・シュペングラー（1921年）で用いた次のような比喩である。

「我々は、自分たちの船をいったんドックに入れて解体し、最上の部品を用いて新たに建造することはできずに、大海上でそれを改造しなければならない船乗りのようなものである。」

我々の制度改革もノイラートの船の船乗りのように行われなければならない。

3　都市計画が対峙する現実

①全国画一性、②集権性、③過度の複雑性、④硬直性という現行制度の問題点とされたことは、「都市化社会に対応して形成された抑制型の一律規制方式(5)」の問題性が表れているとみてよい。内海委員は、都市計画を、拡大型（都市の無秩序な拡大をコントロールする都市計画）、持続型（都市環境を持続させる都市計画）、縮退型（計画的に都市を縮退させる都市計画）に分類し、管理型都市計画を縮退型として位置づけて考察しているが、これまでの都市計画法制度は、まさに拡大型であった。しかも、この無秩序な拡大、いわゆるスプロールは、地域による個別性はあれど、ある程度の共通性をもって現れ、「抑制型の一律規制方式」による対応を一定程度可能にしたのではないか。また、地域による個別的な対応の余裕もなかったのかもしれない。

これに対して都市の縮退に直面している現在、対応すべき事態は極めて個別的である。都市のスポンジ化(6)の良い点として饗庭伸氏があげている特徴をみると(7)、一律的な規制が対応できない事態が生じていることが分かる。すなわ

（５）　生田長人『都市法入門講義』（信山社、2010年）64頁。

ち、スポンジ化は、ｱ)ゆっくり変わる、ｲ)個人が変える、ｳ)小さな規模で変わる、ｴ)様々なものに変わる、ｵ)あちこち（ランダムな場所）で変わる[(8)]。拡大型の都市計画が対応すべき事態は、すべて上記の対極にある。ｱ)迅速に変わる、ｲ)企業が変える、ｳ)大きな規模で変わる、ｴ)画一的に変わる、ｵ)面的に変わる。「激しい都市化の時代には、大量の工業地や住宅地を面的に整備することが急務[(9)]」であり、この整備は旺盛な企業活動がもたらす地価高騰に対抗して行われなければならないのである[(10)]。これまでの都市計画法制は、市場の力をどうコントロールするかに主眼があった。そして市場がアクティブであれば、都市は常に一定の更新が行われ、管理の問題はほぼ生じない。

4　現行都市計画法制の大きな見取り図

都市計画法――都市化社会（都市の拡大を主にターゲットにする）

都市再生特措法――都市型社会（都市の持続、都市の縮退を主にターゲットにする）[(11)]

都市計画を実現する手法は、行政が「直接執行」する場合（都市施設[(12)]の建設）を除くと、「規制」と「事業」となる。

ゾーニングや建物の形態規制のような規制手法は実現手段として、許認可制度、命令制度、勧告制度、経済的誘導制度を持つ。事業手法は、全面買収方式、権利変換方式、管理処分方式などの強制的手法を核とした一連の手続を手法と

（6） 都市のスポンジ化という語が使われる前から、都市工学では、「リバース・スプロール」ということばで問題は把握されていたようである。たとえば、谷口守「リバース・スプロールを考える――人口減少期を迎えたスプロール市街地が抱える問題」都市住宅学61号（2008年）28－33頁。

（7） 饗庭伸「「都市のスポンジ化」時代のまちづくり」国土交通政策研究所第216回政策課題勉強会（2018年）概要１～２頁。

（8） スポンジ化の先駆的研究によれば、スポンジ化は地域により極めて個性的に発生する。饗庭伸・川原晋・澤田雅浩・牧紀男・桑田仁「平成19年度　都市縮退時代の都市デザイン手法に関する研究」（2008年）。

（9） 蓑原敬他『白熱講義　これからの日本に都市計画は必要ですか』（学芸出版社、2014年）137頁。

（10） 大谷幸夫編『都市にとって土地とは何か』（筑摩書房、1988年）99－101頁。

（11） 立地適正化計画はここに位置づけられる。立地適正化計画は、居住機能や医療・福祉・商業、公共交通等のさまざまな都市機能の誘導により、都市における立地の適正化を目指している。

（12） 道路、公園、下水道、義務教育施設など。

して用いる。直接執行の場合には、収用権という強制手法が付与されることがある。

用途地域の規制や線引きは規制の典型例である。土地区画整理事業は事業の典型例である。後者は計画を前提として、市場の力を使う手法であるが（土地区画整理事業では道路と敷地の形のみ決定して、その後の施設等の整備は民間に委ねている）、前者は規制を行い、その枠のなかで市場の力を使う手法といってよい（法律で土地の用途と建物のボリュームを決めて、その枠内で市場の動きに委ねる）[(13)]。

都市再生特措法は、景気浮揚策として、都市計画法の規制を一部について特区的に緩和し、詳細化することを可能にする法律といってよい。制定当初は都市計画法の上に重ねられるように作られたが、その後、都市再生特措法は成長を続け、いまや都市計画法で制御される空間と並行して都市再生特措法で制御される空間があるとさえ位置づけられている。

都市計画マスタープランとして位置づけられる立地適正化計画は、勧告と経済的インセンティブを中心とする緩やかなゾーニングの手法として理解できる。立地適正化計画に基づいて都市施設や公共施設の整備が必要な場合には、既存の都市計画法制度の手段を用いて実現することになる。

現在の都市計画法制は、コンセプトとしては、都市計画法と都市再生特措法の二本立てになっているが、後者は勧告と経済的インセンティブ手法を別にすれば、都市計画法の手法を利用しているのである。

5　都市法秩序は現行法においてどう形成されるか

(a)　国の法令による直接形成

開発許可基準、外壁後退、絶対高さ、道路斜線、隣地斜線、北側斜線、日影規制などがこれに当たる。

(b)　国の法令が枠を定めて地方の都市計画や条例で選択する（ゾーニングや建物の形態規制など）

都市計画区域（都計法５条、５条の２）

(13)　饗場伸『都市をたたむ』（花伝社、2015年）135－140頁。

マスタープラン（都計法６条の２、７条の２、18条の２）

区域区分（都計法７条）

地域地区（都計法８条～10条）

建ぺい率（建基法）

容積率（建基法）

6 現行法は対応できる？

都市法秩序が現行法ではどう形成されるか、という観点から上に簡単に整理した。それらの都市法秩序形成手法は問題に対処する力があるのであろうか。

前述のように都市計画区域、地域地区等は、メニュー方式になっており、自治体の決定権が認められているが、地域地区による用途規制と建ぺい率、容積率等の形態規制とは、セットになっており、このことが、きめの細かい市街地のコントロールを妨げているとされる(14)。もっとも、こうした用途規制と形態規制のセット規制の使い勝手の悪さに対しては、特別用途地区、地区計画、建築協定という制度が用意されており、地域の意向を反映させたまちづくりが可能な仕組みとなっている。特別用途地区は平成10年まで11の法定類型があったが、現在法定類型は廃止され、自治体の個別の事情に応じてきめの細かい規制を行うことができるようになっている。特別用途地区は、地域に密着した詳細な用途規制を行うことを可能にしている。

特別用途地区は、地区計画と組み合わせることにより次のようなきめ細かな規制を行うことができる。たとえば、第二種住居地域について大規模集客施設の立地を制限したいときに特別用途地区（大規模集客施設制限地区）を定めることができる（平成10年までは特別工業地区の名前で呼ばれていた）。その上で地区計画を策定することにより立地規制を緩和することもできるのである。既存の計画システムの組合せによってきめ細かな規制ができないではない(15)。

(14) 生田・前掲注（５）書63頁。

(15) このことは、当研究会での佐々木昌二報告が、第一種住居専用地域にコンビニを誘致したいときに地区計画を定めることを提案する際に意識されていたことである。佐々木昌二「「転換期を迎えた土地法制度研究会」「縮退の時代における都市計画制度に関する研究会」研究成果と都市計画の現場との接点について」土地総合研究所研究会報告（2017年10月23日）。

用途規制と形態規制のセット規制には上のような地域対応を可能にする仕組みが組み込まれている。もっとも、すでに指摘されているように、用途規制と形態規制のセット規制は、地域の多様性を反映できるように、用途規制と形態規制を多様に組合せできるようにすべきであろう(16)。形態規制については現行法では一定の枠内での選択を求めている。この枠そのものを否定する必要もなく、標準規定として存置して、都市計画によって例外を設け得ることを明示すべきであろう。その際の最低限としては、値としては定めず、原田委員のあげるような定性的基準により枠付けするのでよいであろう。原田委員は「（標準的規制に係る）規制の強化又は緩和を行う場合において、交通上、安全上、防火上及び衛生上支障となるような内容のものとしてはならない」という基準を提案する(17)。なお、標準規定の緩和、強化と都市全体との調和を図る必要を考えれば、立地適正計画を包摂する市町村マスタープランとの適合を要件として入れるべきであろう。

用途地域は法定の類型に加えて、市町村が類型を新設することが認められるべきである（多く選択されるのは、「混在区域」というようなものになるのではないか）(18)。

以上素描したところを踏まえ、都市計画の決定権限の８割が市町村にあることを考慮すれば、現行のメニューをほぼすべて標準規定として位置づけ、原田委員が定式化するような定性的な限界を設けて、市町村に規律を委ねる制度にすれば、現行制度の問題点である①全国画一性、②集権性はかなりの程度解消される。④硬直性、③複雑性について別途の対応が必要である。

現行制度を前提として現下のスポンジ化の問題を深く検討した論攷は(19)、現行制度の根本的問題点を指摘するものではない。むしろ指摘される問題は、

---

(16)　生田・前掲注（５）書64頁。

(17)　原田保夫「現行都市計画法制の枠組み法化について」亘理・生田編著前掲注（２）書67頁。

(18)　饗庭氏の指摘によれば、ゾーニング、用途地域の実績が分析されていない（饗庭・前掲・前掲注（７）報告13頁）。10年間近隣商業地域をした場合どのような建物ができたかなど、経験的知識を集約し、その経験的知識を参考にして、用途地域の見直しを数年単位で見直す必要がある。

(19)　野澤千絵・神田慶司「本格的な人口減少社会に向けた都市政策の在り方――立地適正化計画の現状と課題」参議院事務局企画調整室・経済のプリズム166号（2018年）１－44頁。

ｱ)自治体間での広域の調整の欠如（隣接自体の緩やかな規制により人口がとられてしまう事態など[(20)]）、ｲ)政策を貫徹させない規制緩和策（都計法34条11項による市街化調整区における開発の特例設定[(21)]）である。ｱ)ｲ)の問題とも、旺盛な市場の活力があり、それをどうコントロールして都市のスプロールを防ぐかが焦点となっていた拡大型の都市計画が向き合う都市化社会とは異なる問題に向き合っている現在の状況から生じている。つまり、依然として市場の力はあるものの、旺盛ではなく、市場の力をどのように適正に配置するかが問われていることに帰因する。

7　規制手法の限界

枠組み法化は、現行法のメニューを基本的に前提にして、条例によって、より地域に対応した規制を行うことを目指している。しかし、こうした手法は現実にとり得るものか。現実に用途地域の変更は容易ではない。逆線引きも、地権者合意が容易ではないとされている[(22)]。また、現状の規制が長く続いた場合には、あらたな規制への組替えは容易ではない。

都市再生特措法による立地適正計画によるコンパクトシティ対策についても、居住調整区域を除けば、誘導政策に止まる（都市機能誘導地域、居住誘導地域）。また、居住調整区域の指定はほとんどなされていてないようにみえる。

加えて、都市のスポンジ化は小さな規模で発生する。市町村の区域よりも小さな領域で起こる。この事態に対処するのは市町村レベルでの都市法秩序の形成では足りない。饗庭氏のスポンジ化対策実践事例（国立、鶴岡）をみても、市町村の区域より更に狭域における対応をしていることがわかる[(23)]。

---

(20)　小泉秀樹「コンパクトシティからサスティナブルシティリージョンの展開に向けて」土地総合研究27巻２号（2019年）17－18頁。
野澤千絵「立地適正化計画の策定を機にした市街化調整区域における規制緩和条例の方向性」土地総合研究27巻２号（2019年）41頁は、「広域的な都市圏で開発規制の強度が不連続であるために、各市町村が人口獲得・自己防衛策として」規制緩和策を導入せざるを得ないとしている。

(21)　野澤・前掲注(20)論文37頁。

(22)　山口歓・浅野純一郎「地方都市における近年の逆線引き制度の運用状況と課題に関する研究」都市計画論文集51巻１号（2016年）118頁。

(23)　饗庭・前掲注(７)報告161頁以下。

8　より狭域における都市法秩序形成――コーディネート・誘導

狭域における都市法秩序の形成のありようをみていくと、第三者のコーディネートが決定的に重要であることが分かる。民間のプランナー等のコーディネートも重要であるが、特に行政には、マッチング、インセンティブ、ナッジを通したコーディネートにおいて大きな期待が寄せられる。つまり、柔軟な規制の枠の中で、地域の創意を後押しする仕組みが必要である。

誘導あるいはコーディネートという手法は、規制と事業と並ぶ新たな手法であり、例えば、近時都市再生特措法の2018年改正によって導入された仕組みは注目に値する。概略次のようなものである。低未利用地土地権利設定等促進計画を創設し、これにより、低未利用地の地権者と利用希望者とを行政がコーディネートし(24)、所有権にこだわらず、複数の土地や建物に一括して利用権等を設定する(25)計画を市町村が立てる。土地再生特別法人の業務に、低利用地の一時保有等を追加する(26)。土地区画整理事業の集約換地の特例の創設（例外的に従前の土地と離れた場所に換地できる）、低未利用地の管理のための指針として「低未利用地土地利用指針」を市町村が作成して、低未利用地の管理について地権者に勧告ができる。交流広場、コミュニティ施設など、地域コミュニティ団体等が共同で整備・管理する施設に関する地権者による協定（立地誘導促進施設協定(27)。承継効あり）、都市計画協力団体制度（住民団体等が市町村長により指定され、指定団体は都市計画の提案が可能）の創設、民間が整備する都市計画に定められた施設に関して、都市計画決定権者と民間業者が役割・費用分担を定め、都市計画決定前に締結する「都市施設等整備協定」、都市機能誘導区域内に誘導すべき施設の休廃止届出（市町村長は必要に応じて勧告できる）。

狭域におけるコーディネート・誘導手法の重要性を示す法の仕組みである。

---

(24)　利用者等の検索のために市町村が固定資産税課税情報等を利用することを可能とした。

(25)　登録免許税、不動産取得税の軽減措置あり。

(26)　所得税の等軽減措置あり。

(27)　この協定により整備され、都市再生推進法人が管理する公共施設について、固定資産税・都市計画税の軽減がなされる。

9 規制から協働へ――協定制度

上に述べた都市再生特措法の新たな方策には、誘導、コーディネート手法だけでなく、狭域の秩序を現出させる手法が組み込まれている。それが立地誘導促進施設協定と都市施設等整備協定である。これらの協定は、都市計画が視野の外に置いた都市施設の管理に関する秩序形成の手法として使われている。一方的秩序形成ではなく、協働による秩序形成といってよい。

この協定の前にすでに、都市再生特措法には協定制度が導入されている。すわわち、歩行者経路協定、待避経路協定、都市利便増進協定、跡地管理協定、低未利用土地利用促進協定などである。これらの協定と上記の２つの協定は、都市再生特措法がいわゆる管理について協働により対応しようとしたものとして意義が大きい。

⑴ 協定制度が使われる理由

協定制度が使われる理由は次のようなところにある。

① 都市計画による土地利用規制が不可能又は困難な範囲をカバーするため

② 都市計画でも対応可能であるが、住民が自らの環境を自己決定する意識が高まり、規制の受容可能性を高める[(28)]

協定について古倉宗治氏は次のように述べる。

「協定の対象となる事項が都市計画等よりも幅広く、かつ、高度な質を可能にする内容である。この協定に関連する都市計画等による規制の対象となる事項はもとより、規制の対象とならない事項についても締結できる。また、その内容も一定の範囲では、都市計画制度等で認められた規制の程度を超えて定めることも可能である。さらに、都市計画制度等では、建築物の建築、工作物の建設、開発行為等の一定の行為を伴う際にチェックを行うシステムになっており、これに引っかからない行為は規制の対象にならないか、又は、チェックそのものが効きにくい等の許可行為介在型のシステムである。これに対して、協定では、例えば、このような行為が介在しない場合や単純な管理行為、土地の

(28) 古倉宗治「現行のまちづくり法制における規制制度の整理と適正な居住環境の確保の限界」土地総合研究15巻４号（2007年）３頁以下参照。

利用行為になどについても対象として設定できるとともに、空き地として放置するなどの不作為についても、ルールを設定できる可能性がある。」

⑵ 都市計画による規制の欠を補う

古倉氏は都市計画等の制限では対応できない行為類型として以下のものを挙げる。

① 建築物の除却行為、移転行為

② 土地の低・未利用行為又は放棄行為

③ 不適切な管理行為

④ 既存建築物の不適切な利用行為（暴力団、カルト教団等の利用など）

⑤ 用途変更行為（改築等を伴わないもの）

⑥ 既存不適格建築物

⑦ 建築物の建築等を伴わない利用行為（建築資財等の堆積・保存行為、青空駐車場等。建築物を建築する場合は、倉庫として、又は車庫等として建築物の用途規制がかかる）

⑧ 廃棄物類似物の堆積や集積行為（廃棄物であれば廃棄物処理法により規制がかかる）

⑨ 大量の動物の飼育行為、放置行為

協定は以上のような事項について規律できるのである。たとえば、景観協定は、良好な景観の形成に関する協定であり、景観計画区域内の一団の土地の区域について締結される。その内容は、良好な景観の形成のため必要な事項、具体的には、建築物の形態意匠に関する基準、建築物の敷地、位置、規模、構造、用途又は建築設備に関する基準、工作物の位置、規模、構造、用途又は形態意匠に関する基準、樹林地、草地等の保全又は緑化に関する事項、屋外広告物の表示又は屋外広告物を掲出する物件の設置に関する基準、農用地の保全又は利用に関する事項、その他良好な景観の形成に関する事項に及ぶ。

⑶ 規制の受容可能性を高める

住民が自らの環境を自己決定する意識が高まり、規制の受容可能性を高めるためには、熟議が踏まれることが必要であるが、協定は熟議の機会を提供する。もっとも、熟議がいつも望ましい結果に至るとは限らず、集団討論は、討論参加者の中間に位置する意見をより極端なものする傾向があること（集団極化現象と呼ぶ）など、熟議の限界はあるだろう(29)。しかし、結論がみえにくい決定をする際には、討論参加者の平等、できるだけ多くの情報提供、そして何よりも、「諒解への到達」が討論参加者の共通の目標とされていることは適切な熟議のための基本的前提となるだろう。

こうした「諒解への到達」を共通の目的とした熟議がなされることは決して簡単ではない。地区計画制度に関する実証研究に基づき合意形成につき理論的考察を行った内海委員が、合意形成が「全員一致型合意」から「不同意不存在型同意」をへて「多数意思尊重型同意」に至る過程を描いて、「多数意思尊重型同意」においては、当事者の不当な排除をしない「包摂性」と、意見が異なる者に対する理由を挙げた説明を行う「相互正当化」が重要であることを指摘しているのは示唆的である(30)。

人を法に従わせるものとして、制裁と正統性に加えて、法の表示機能が論じられ、その表示機能の一つとして、社会的な価値を示す機能（価値表示機能）が分類されている(31)。結果的には多数決の決定であっても、その内容が社会的な価値を示すものとして人々の決定の受容をもたらすには、内海委員が述べる「包摂性」と「相互正当化」を備えた、決定へ至る過程に於ける熟議が必要となる。

---

(29) キャス・サンスティン（那須耕介監訳）『熟議が壊れるとき』（勁草書房、2012年）５－75頁。

(30) 内海麻利「空間制御における合意形成」金井利之編著『縮減社会の合意形成』（第一法規、2018年）137－138頁。

他方、礒崎初仁氏は実証研究を基礎にして、合意形成のために権威の利用、圧力、威嚇も「必要かつ正当と認められる範囲で活用すればよい」と述べる。熟議とは相容れないことに着目することを主張する見解をどう評価すべきだろうか。礒崎「都道府県の政策決定と合意形成」金井編著・前掲書194頁。

(31) 飯田高「フォーカルポイントと法(１) 法の表示機能の分析に向けて」成蹊法学63号（2006年）51頁以下。

10 都市計画の分野における協定に関する特別の取扱い

(1) 制度的契約を参考にした検討――都市法における協定の特別の取扱いをどう導くか

内田貴氏は、介護契約、保育契約、学校教育契約、企業年金契約等の、公的なサービスを提供する契約を制度的契約と呼び、以下の特色を導く(32)。

① 契約締結の際に個別に契約条件を交渉することが正義公平に反する（個別交渉排除原則）

② 財やサービスは平等に差別なく提供されなくてはならない（締結強制、平等原則、差別禁止原則）

③ 契約の拘束力が正当性を有するためには、契約の内容や運用に対して受給者が集権的決定に参加できる仕組みが確保されていなくてはならない（参加原則）

④ 財やサービスの給付の内容や手続について透明性が確保されるべきであり、給付の提供者は受給者に対して説明責任を負う（透明性原則、アカウンタビリティ）

内田氏がこうした帰結を導くのは、当該契約により、当該当事者だけでなく、社会の他のメンバーにも影響する問題、つまり「重要な社会的選択」が行われるからである(33)。つまり、「個々の制度的契約は、不可避的に、他の主体の同種の契約や、潜在的当事者集団、さらには社会一般に影響を与えるため、一方当事者は、個別契約の締結や履行において、当該契約の相手方当事者のみならず、それ以外の（潜在的）当事者への配慮が要求される。(34)」

こうした特徴を持つ制度的契約は、契約の典型からは大きく異なる。そうであるから、内田氏は「制度」という、フランスでは契約と対比される概念に親近感を示し、上のように制度的契約という概念を提唱するわけである。

制度的契約は、契約の自由なき契約とも呼べるようなものである。制度的契

(32) 内田貴『制度的契約論』（羽鳥書店、2010年）86－87頁。
(33) 内田・前掲注(32)書55頁、88頁。
(34) 内田・前掲注(32)書88頁。

約を契約として位置づける理由は、決定主体が複数あることを前提とした相手方選択の自由くらいである。制度的契約について、「契約における意思や合意の契機、さらにいえば私的自治的要素が欠落させられることになるのではないか(35)」との評価は正鵠を射ている。

制度的契約に通常の契約にみられない制約が課せられるべきなのは、前述のように、当該契約により、当該当事者だけでなく、社会の他のメンバーにも影響する問題、つまり「重要な社会的選択」が行われるからである。ここでは、公共財についての管理決定が行われているといってよい。そうだとすると、制度的契約の、このような性質は、サービス提供に関する決定がむしろ行政の手で契約以外の形で行われることを正当化することにもなるのである。

すなわち、制度的契約により提供されるサービスの決定を行政が行うのであれば、当該決定が受益にかかるものであることからすれば、処分による、しかも受給者からの求めによる決定として制度設計されるであろう。つまり、日本法では、申請に対する処分として設計されることを意味する。申請に対する処分であれば、法令に基づいて個別交渉なく処分の可否が決定されるし、決定に当たっては平等原則の適用があり、法令の要件が充たされていれば、処分を行う義務がある。さらに、申請に対する処分の手続が適用になり、審査基準を策定し、公にし、それに基づいて決定を行う。拒否処分の場合には、理由を提示する。決定にあたって受給者が決定に直接参与することはできないが、審査基準の策定に当たっては、受給者に限らず誰でも意見を述べることができる（いわゆるパブリックコメント）。

こうして、制度的契約には申請に対する処分の規律がふさわしいことが分かる。翻って、都市法分野での協定に関する原理はどのようなものであるべきか。特別の取扱いは必要だろうか。

⑵ 都市法分野での協定の特色とその含意

本書第２部第５章で吉田克己氏が示されているように(36)、区分所有法は、他の区分所有者と共同利用することによってしか効用を発揮することができず、

(35) 吉村良一「民法学から見た公法と私法の交錯・協働」立命館法学312号（2007年）231頁。
(36) 本書126頁以下。

しかも区分所有関係が存在する限り共同利用関係を継続しなければならないという「特殊性」から、区分所有関係の、いわゆる団体法的拘束を正当化している。

翻って、区分所有関係でない、通常の居住関係に関しても、空間を共同利用することによってしかその効用を発揮できないともいえる。日照、通風、景観に関する規律は一種の相隣関係的規律であるともいえる。すくなくとも緩やかな相隣関係と理解することは可能ではないか(37)。確かに、相隣関係法理は、隣接する土地を対象として、その相互間の利用を調整することに主眼を置いているのに対して、都市計画（都市法と言換えできるだろう）は、地域・地区単位で土地利用の調整を図り、都市生活や都市機能を確保すること、つまり、都市空間全体のコントロールを重視している点で違いがあるとされる(38)。しかし、土地利用はまさに都市空間の利用の一部分であり、都市空間の利用のコントロールのためには、土地利用の調整は不可避であり、他方、個別の土地の利用のコントロールのためには、都市空間の利用のコントロールが必要である(39)。こうした特質は、制度的契約の外部性という特色が、制度的契約に関して「一方当事者は、個別契約の締結や履行において、当該契約の相手方当事者のみならず、それ以外の（潜在的）当事者への配慮(40)」を求めるのと同様に、都市法分野における協定について一定の特別の取扱いを求める。

繰り返すと、通常の居住関係については、次のような特殊性を肯定できる。

---

(37)　都市空間のコントロールは、すべてではないにしろ、相隣関係的考慮から求められるといってよいのではないか（用途地域の指定は違憲ではないとされ、補償も不要とされているが、これは相隣関係的規制だからではないか）。民法の相隣関係法は、当初は素朴な社会生活関係を背景にしていたが、現在では都市生活上のルールを示すものと位置づけられている。野村好弘「最近における都市生活と法的問題点」法律のひろば43巻９号（1990年）８頁。沢井裕「相隣関係法理の現代的視点――信義則による微調整と人格権的見直し」自由と正義32巻13号（1981年）４－12頁は、相隣関係法理の信義則による微修正的適用、同法理の人格権の見地からの拡大適用を探っている。

(38)　秋山靖浩『不動産法入門』（日本評論社、2011年）131－132頁。

(39)　秋山・前掲注(38)書139頁。

土地の上下と地片（区画）による「二重の空間分割」が土地所有権を境界づけるために人為的になされ（角松生史「都市空間の法的ガバナンスと司法の役割」角松生史・山本顕治・小田中直樹『現代国家と市民社会の構造転換と法――学際的アプローチ』（日本評論社、2016年）22頁）、この私的所有権への二重の空間分割が良質の空間の破壊をもたらすことがある。

(40)　内田・前掲注(32)書88頁。

個々の居住者は、空間を共同利用することによってしかその効用を発揮できず、共同利用関係が存在する限り当該関係を継続しなければならない(41)。つまり空間はコモンズとしての性質をもっているといってもよい。コモンズの定義はいろいろだが、高村学人氏の定義に従えば(42)、「利益享受者の全てがルールを守った節度ある利用と必要な維持管理を行うならば持続的に資源から各人が大きな利益を得ることができるが、少数の利用者が近視眼的な自己利益追求を行うならば容易に破壊される性質を有する財」とすることができる。空間はまさにこの定義に当てはまるであろう。

こうした空間にいかにして秩序を成立されるかが検討されなければならない。現行法の都市法秩序形成の方法については上で概観したが、これは空間秩序の形成方法と位置づけることができる。

空間秩序のありようは、定性的に表現された最低限の枠内で、個々の領域における秩序形成に委ねられことが望ましい。個々の領域における秩序形成の手法として、我々が期待をよせるのが、協定である。形成対象たる空間の特殊性から導かれるところの都市法分野における協定について妥当すべき原理を挙げてみよう。

前述のように、都市法の分野で協定が期待される理由は、都市計画による土地利用規制が不可能又は困難な範囲をカバーでき、かつ、住民の自己決定意識が高まるところにある。

ここからすれば都市法の分野における協定には、次の２つの機能が期待されている。

① 最低限基準の枠内での地域における自由な秩序形成

② 当該秩序形成における関係者の適切な関与

決定の仕方は、全員一致と少数決定制の中間くらいのほどよい集団的意思決定の仕方が採用されていないと、決定コストが高すぎて、制度として機能しな

(41) 居住者以外の者、たとえば当該地域を通行する者などにとっての空間の意味をどうとらえるかは検討の余地がある。彼らは空間にどのような権利と義務を負うのか。これらの論点はいわゆるコモンズ論において検討されている。我が国において精力的にコモンズを都市法の観点から検討する業績として、高村学人『コモンズからの都市再生』（ミネルヴァ書房、2012年）がある。

(42) 高村・前掲注(41)書３頁。

い[43]。ブキャナンとタロックは、社会的選択に関する意思決定費用と外部費用（自分の意見と合わない社会的決定に従わなければならないという社会的コスト）を考慮して、全員一致以外にも公共的選択が行われる余地があることを示した[44]。一人が決定を行えば、意思決定費用は０であるが、これは外部性を高くし、全員一致にすると外部性は０であるが、意思決定費用は高くなる。最も適切な決定態様が、この両極の中間にある、なんらかの多数決ということになる。また、全員一致は、現状を他の状態に移行するときにのみ求められており、あらたな状態に移行する提案に反対者がいた場合には、提案者は現状には合意を与えていないにも拘わらず、現状が選択されるのであるから、現状維持は他の提案よりも優位に扱われているのである[45]。こうしてみると、社会契約説の下で全員一致は理論的にはベストの方法とされることがあるにも拘わらず、それは決して最もすぐれた選択肢ではない[46]。

「地域来訪者等利便増進活動計画」に基づくエリマネ活動にための資金が事業者から３分の２の同意にも拘わらず強制的に徴収されるのは、「地域来訪者等利便増進活動計画」に対する市長村の認定と、国によって認定される地域再生計画による。市長村の認定と、国によって認定される地域再生計画が、全員合意ではない強制の、いわば間接的正当化を行っている。締結される協定の内容が民主主義的プロセスを経た衡量過程に基づき定められているのであれば、計画への適合あるいは行政庁の認可等により、全員合意なく当事者にも拘束力を有すると考えることはできるのではないか。

以上から、都市法分野における協定に妥当すべき、次の原則を導いてよいだろう。

ア) 協定締結の際の全員一致原則の排除（少数が地域の空間を左右してはならな

---

(43) 高村・前掲注(41)書17頁の整理にかかるオストロムの見解。

(44) 小林良彰『公共選択』（大学出版部協会、1988年）62－63頁。ブキャナン・タロック（宇田川璋仁監訳）『公共選択の理論』（東洋経済新報社、1979年）97－134頁。

(45) 宇佐見誠『決定〈社会科学の理論とモデル４〉』（東京大学出版会、2000年）17頁。

(46) 内海麻利「フランスの都市計画ローカルプラン（ＰＬＵ）の実態と日本への示唆」土地総合研究23巻１号（2015年）91頁によれば、フランスでは、日本で実施されている「利害関係人等の同意調達」は、一般意思性を阻害し、個別利益への妥協として、かえって、正統性を毀損させると考えられているという。この指摘は極めて示唆的である。

い。少数支配排除原則）　相対多数による決定、間接的合意の調達による正当化の許容

新たな空間秩序が形成されたとして、技術的にみて、その享受のあり方について完全な平等を期すことはできない。いくつかの考慮要素を立てて、それらの考慮要素の充足度を総合的に考慮して、おおむねの公平さが確保されていることで満足しなければならない。考慮要素は地域の置かれた状況で異なり得るであろう。例えば、日照、通風、景観、接道状況など、土地及びそれと接合する空間が置かれた状況で異なる。土地区画整理法に基づく換地処分の原則である「照応の原則(47)」によりもたらされる程度の公平さで許容されるとしなければならない。ここから次の原則を導ける。

ｲ)　空間享受における過度な不平等の排除（過度な差異排除原則）

ｲ)は集権的決定及びその運用に対する居住者等の参加の在り方に関わる。集権的決定及びその運用のプロセスは透明性が確保され、充分な情報が与えられたものでなくてはならない。ここから次の原則を導けるだろう

ｳ)　協定の拘束力が正当性を有するためには、協定の内容や運用に対して協定参加者が集権的決定に参加できる仕組みが確保されていなくてはならない（参加原則）(48)

ｴ)　協定の内容や運用について透明性・アカウンタビリティが確保されるべきである（透明性原則、アカウンタビリティ原則）

---

(47)　換地と従前の宅地との位置、地積、土質、水利、利用状況、環境等が照応するように定めなければならない。これらの要素が個別に照応していることを要さず、総合的に照応していれば足りる。照応の原則の機能を定式化し、さらに、この原則のより適切な運用のための提案を行う論文として、下村郁夫「土地区画整理事業の照応原則と換地設計基準」都市住宅学25号（199年）85頁以下参照。

(48)　協定の拘束力が正当性を有するとして、全員合意による協定は法律、条例による規律に対して例外を設けられると考えるべきだろうか。これは肯定に応えられるとは必ずしもいえない。法令による基準をある狭域において談合的に緩和することが行われ得ることを考えれば容易に想像がつく。法律、条例を破る協定は、民主主義的プロセスを経た衡量過程に基づき、特殊的利益から隔離されていることが少なくとも必要だろう。法律について議論する会議体において、しばしば、全員一致でないにも拘わらず、反対者にも当該規律が妥当し、それでも当該規律は一般意思に合致し、すべての者にとって一般意思は自由と合致するといえるのは（C・シュミット（樋口陽一訳）『現代議会主義の精神史的状況』（岩波書店、2015年）22頁）、法律は民主主義的プロセスを経た衡量過程を経て定められているからである。

11 ノイラートの船に乗る我々の対処方法

それは次のようなものとなろう。現行法の規律をほぼすべて標準的規律として存置し、定性的な規律の限界（最低限）を定め、その枠内で条例による別の規律を当然に承認する[(49)]。さらに、より狭域の秩序形成において協定をツールとして認め、協定の締結及び運用のプロセスは透明性が確保された民主主義的なものとする。そうしたプロセスが機能するためには、言い換えれば、協定による適切な秩序形成及び運用の現実的条件として、充分なコーディネート・誘導が必要である。

（大貫裕之）

(49) 本来、地域について規律するのは条例の所管であるから委任は不要であるが、条例による規律を促進するために、委任条例という形式もあり得る。大貫・前掲注（２）論文185－188頁。

第４章 「管理型」都市計画の確立のための実践的考察

1 現行都市計画法制の特質

第２部第１章の「都市計画法にみる『管理』の位置づけ」（以下、「管理の位置づけ」という）において、我が国の都市計画においては、「管理」は、「とるに足りないもの」あるいは「外生的なもの」としてしか位置づけられていないことを指摘した。さらに、我が国の都市計画が現在陥っている機能不全は、「管理」とは対照的に、「作る」[(1)]ことへの強いこだわりに起因しているのではないかということも指摘した。

本章は、これらを踏まえて、「管理型」都市計画として、今後の都市計画のあり方を論じようとするものである。その際、都市計画の実現手段、さらにはそれとその目的との関係性に着目することにしている。これは、直接的には、「管理」の意味に多少でもこだわれば、それは行為概念と捉えることができ、都市計画に係る目的—手段の図式の中では、「管理」は実現手段にあたるということである。ところで、目的—手段の図式で実現手段を捉えれば、目的の達成に合理的に必要な範囲で手段が選択されるというのが本来のあるべき姿である。言葉を換えると、目的が変化すれば自ずと手段も変わらなければならないものである。ここで、実現手段に着目するとは、あるべき目的と手段との関係とは逆に、手段の合理性が説明できる範囲で目的が選択されているのではないかという認識から出ている。この目的と手段の本来の関係がはき違えられて、手段が目的化しあるいは実現手段が独り歩きしているのではないかということである。この場合の実現手段とは、「作る」ということに由来するものである。

具体的には次のようなことである。

実定法上、都市計画の実現手段として位置づけられているのは、基本的には、

（1） この意味については、「管理の位置づけ」で述べているように、「建設」「建築」及び「整備」を総称して「作る」としているものである。

事業実施及び行為規制[(2)]である。事業実施・行為規制双方とも、能動的手段（事業実施）か受動的手段（行為規制）かの違いはあれ、「作る」、それも行政主体の関与の下でのそれへの強いこだわりがみられる。この「作る」ということに、我が国都市計画固有の特色である設計主義的な考え方と「建築自由の原則」とが結びついて、事業実施・行為規制双方とも、それが正当性を有するためには、主には、全国どこでも、誰がみても明白に公共性が認められるものを対象とすることにならざるを得ないことになる。こうした公共の利益は、まさにそれ故に、法的強制力（本章では、法的強制力とは、「法律又は条例の根拠に基づく行政上のサンクションを通じて、そのルールの遵守を強制する力」と定義しておく）[(3)]を伴う実現手段によって実現されなければならないという考え方をもたらすことになる。その裏返しで、法的強制力を有する実現手段であるためには、それが目指すべき公共の利益は、全国どこでも、誰がみても明白に公共性が認められるものでなければならないという、手段が目的を規定するという倒錯した考え方にもつながることにもなる。つまり、法的強制力にこだわるあまり、その合理性が説明できる範囲に都市計画の目的が閉じ込められて、機能不全を引き起こしているのではないかということである。

その意味で、本章で取り上げる「管理型」都市計画とは、実現手段としての事業実施・行為規制に依存しない仕組みを構築しようとする取組みにほかならない。これにより、実現手段に由来する制約から逃れることが可能となり、都市計画の幅が広がり機能不全の解消につながるのではないかという問題意識が根底にある。

ちなみに、本章を「実践的考察」と題しているのは、そのあり方を理論的に考察するというよりも、法的強制力にこだわりながら法制実務に携わってきた経験を有する筆者が、法的強制力抜きの法制度化の場面に直面するとすれば、

（２） 事業実施としては、都市計画事業が、行為規制としては、開発許可・建築確認などがある。

（３） 大貫裕之「小公共の実現のための条件と強制力の程度」亘理格・生田長人編集代表『都市計画法制の枠組み法化――理論と実践』（土地総合研究所、2016年）133－156頁において、大貫は、強制力を、あるルールの妥当する力（妥当力）として捉え、サンクションがない場合には、強制力はないとの立場はとらないとしている。本章では、「妥当力」という考え方は踏襲しつつも、「法的」強制力としていることから、サンクションを定義の内容に含ませている。

どのように対処するであろうかという立場での考察であるということにある(4)。

２　「管理型」都市計画のあるべき姿

⑴　新たな実現手段の必要性

現行法制が法的強制力を有する実現手段であることにこだわり、その裏返しで、それが目指すべき公共の利益は、全国どこでも、誰がみても明白に公共性が認められるものでなければならないとすることで生じている都市計画の機能不全に関しては、「管理の位置づけ」で指摘したところである。

そこで指摘した課題は、見方を変えれば、望ましい市街地像が行政主体による関与だけで実現するものなのか、望ましい市街地像が実現したとしてもそれをどのように維持していくのか、福祉政策・産業政策などの他の政策分野をどう都市計画に取り込むのかを突きつけている。また、昔ながらの都市計画では、国あるいは都道府県が、最近においては市町村が、それぞれ代表するような公共の利益だけを汲み取るのでは、都市計画が都市計画として成立し難くなっていることをも示し、さらには、都市空間を扱う都市計画において、公的なものと私的なものとに単純に空間を二分する、二元的把握が果たして妥当であるのかも問われている。

これらはいずれも、行政主体を中心とする「作る」ことだけに関心を向けているのでは、とても答えが出せるといったものではない。そうであれば、「作る」ことと一体不可分となっている、実現手段における法的強制力への執着から脱却し、それとは異なった実現手段が用意されてしかるべきであろう。

⑵　新たな実現手段が備えるべき特性

「管理型」都市計画が、制度として備えるべき特性とはどのようなものであろうか。

１を踏まえれば、当然のことながら、その実現手段は、法的強制力によらない手法を基本とすべきということになる。これは、特性というよりも、前提条件ともいうべきものである。

（４）　本章は、拙稿「「管理型」都市計画に関する一考察」土地総合研究26巻２号（2018年）25－41頁の一部を修正したものである。

次に、「管理の位置づけ」で述べたように、都市計画に関わる行為を「現状変更志向型」行為と「現状維持志向型」行為[(5)]に分けるとすれば、「管理型」都市計画は、一過性の「状態変更志向型」行為だけでなく、「状態維持志向型」行為をも規律するものでなければならず、加えて、作為だけでなく、不作為の規律も必要となってくる。さらには、場合によっては、行為へのコントロールということだけでは足りなくて、それも含め他の手段も動員した「誘導」ということが妥当する領域であるとも考えられる。

さらに、誰がみても、どこでも明白に認められる公共の利益以外の公共の利益、言葉を換えれば、誰もが自然に納得し得るような類でない公共の利益（小公共）[(6)]の達成を目指すものでなければならないことである。これは、「状態の維持」に着目することの帰結でもある。このような意味での小公共は、伝統的な都市計画に係る公共性とは違って、国は勿論、地域における公共の利益を代表するとみなされる地方公共団体でさえ、独断的にそれを見出すといった性格のものではないであろう。そうであれば、その発見・形成・実現には、地域における合意づくりが不可欠である。そうした意味で、「管理型」都市計画は、「地域の総意」を基礎とするものでなければならない。なお、「地域の総意」としていることが、直ちに利害関係者の全員の同意を求めることを意味するわけではないので、この点は後述する。

「地域の総意」を基礎とするといっても、それが正当性を有するためには、内容の正当性もさることながら、合意に至るプロセスが問われなければならない。伝統的都市計画における手続は、地域の公共の利益の代表である地方公共団体が提示する公共性を確認するものであるのに対し、ここにいう「地域の総意」に係るプロセスは、誰もが自然に納得し得るような類でないような公共性の発見・形成・実現のためのものである。そうした意味で、「管理型」都市計画においては、単なる意見聴取や参加の手続では不十分であり、当事者間の徹

(5) 「管理の位置づけ」においては、「現状変更志向型」行為とは、「ある状態」への否定的評価はあってもその維持・改善への関心はなく、別の状態を作り出すこと志向するものとし、「現状維持志向型」行為とは、「ある状態」に着目して、その状態の維持・改善を図ることを志向するものとしている。

(6) 後掲注(16)を参照。

底した討議と、それに基づく自律的なプロセスを経なければならないものである。

以上まとめれば、「管理型」都市計画の特性として、法的強制力によらない手法であることを前提として、

Ⅰ　不作為を含む「状態維持志向型」行為の規律

Ⅱ　「地域の総意」を基礎とする公共性（小公共）の把握

Ⅲ　「地域の総意」に係る熟議プロセスの重視

ということになる。

⑶ 「協定型」都市計画の提案

具体に、「管理型」都市計画の特性を備えたものとして、どのような仕組みが望ましいであろうか。

「管理型」都市計画が依って立つ基盤は、その特性のⅡが示すように、「地域の総意」であり、その本質は、「地域の総意」を介しての公共性の発見・形成・実現にある。

このための仕組みの構築にあたっては、それが担う公共の利益をどのように形式において明らかにするのかということ（公共性の発見・形成機能）、明らかにされた公共の利益の実現にどのような手法を用いるのかということ（公共性の実現機能）、この二つに分けて論じることが適当である。

公共性の発見・形成機能に関しては、

Ａ　地域全体の意思を直接的に表す方法

Ｂ　地域全体の意思を行政の意思に仮託して表す方法

の２つの方法があり、

また、公共性の実現機能に関しては、

ａ　地域自らが実現に責任を持つ方法

ｂ　法令や行政の関与によって実現を図る方法

の２つの方法がある。

公共性の実現機能に関して、ｂの方法を採ったとしても、当然に、「管理型」都市計画の前提としての法的強制力によらないということと矛盾をきたすというわけではない。例えば、行政による勧告は、形式的には法的強制力を有した

ものではない。とはいえ、例え勧告であっても、それが行政権限の発動であるうえに、誰もが納得する類のものでない公共の利益の実現を図るものであるとすれば、適用要件・範囲が極度に狭くなり柔軟性・機動性の効かない仕組みとなる可能性は高い。「管理型」都市計画の特性のＩが示すように、日常的領域における「状態の変化」に継続的な関心をもち、不作為も含めて、そうした変化に柔軟・的確に対応することが、何より求められるとすれば、ａの方法が、具体には、地域における合意を基礎として、利用・管理ルールとそれが守られない場合に執るべき措置を定め、それによって、公共性の実現を図るということが適当である。ただ、合意の実効性の確保という観点から、行政による関与を全く排除して例外的にもそれを認めなくてよいかは、別途検討を要することなので、この点は後述する。

次に、公共性の発見・形成機能に関しては、「地域の総意」を外部的に表明する単なる形式にすぎないと考えれば、Ａの方法によろうと、Ｂの方法によろうと、さしたる違いはないとすることはできる。とはいえ、実現機能においてａの方法を採るとすれば、それと一体のものとして、行政に依存せずに、担うべき公共の利益を明らかにすることが可能となるということにおいて、Ａによる方法がふさわしいといえる。他方で、合意内容の合理性を確保する観点から、目指すべき公共の利益の内容に、行政が全く関与しなくていいかは、これも、別途の検討を要するので、この点も後述する。

以上からすると、「管理型」都市計画としては、Ａとａを組み合わせた仕組みが望ましいことになる。実定法に照らせば、協定制度(7)がこれにあたるであろう。しかしながら、「管理型」都市計画としての協定制度が、実践において、都市計画の機能不全の克服という期待される役割を果たすためには、これまでのそれとは一線を画した仕組みとして具体化されることが必要である。以下では、制度設計にあたってのいくつかの論点を考察する。

（7）　都市計画法制における協定制度としては、古くは建基法における建築協定があり、最近では、都市再生特措法や景観法において、いくつかの協定が位置づけられている。

3 「協定型」都市計画の制度化のポイント

(1) どのような法的枠組みとすべきか

これに関して、一つの徹底した立場として、協定を単なる民事法上の契約と捉えて、承継効を規定する場合を除けば、法的枠組みは必要ではないという考え方がある。しかしながら、「小公共」といえども、何らかの公共の利益に関わるということであってみれば、法的枠組みを整えること自体が否定されるべきとは思われない。むしろ、法的枠組みを通じて、協定制度の骨格が予め外部的に明らかにされることによって、その安定的な成立や運用が図られるという意義は認められるべきであろう。他方で、協定の本来的性格からすれば、それを法制度に取り込むこと自体にある種の矛盾があるともいえるので、その本来的性格を害しないよう、内容的に必要最小限の範囲のものにとどめることが必要である。

具体的には、次のような項目は、内容として認められてよいであろう。

Ａ どのような公共の利益の実現が対象になりうるのか（目的）

Ｂ どのような場合に協定が成立するのか（成立要件）

Ｃ 公共の利益の実現を目指す協定として、どのような内容・手続が求められるのか（適用要件）

Ｄ 行政の個別的関与はどこまでのものとするか

Ａに関しては、そもそも「小公共」のような領域で、協定が射程とすべき公共の利益を法律の中で個別具体的に明らかにするとすれば、都市再生特別措置法がそうであるように[8]、位置づける協定の種類は際限なく増えることになって、あまり適当とは思われないので、そうした内容は、法律（場合によっては条例）の委任を受けた市町村による計画（これについては後述する）のような形式で明らかにすることが適切である。

Ｂに関しては、「地域の総意」という以上、利害関係者全員の同意が必須の要件であるとするのは一つの立場ではある。一方で、熟議を尽くした上でも、

（８） 都市再生特措法では、目的や対象を異にする９種類の協定が位置づけられている。

なお少数の反対があって、「地域の総意」による公共の利益が表明できないとすれば、それはそれで問題とすべきである。そうであれば、「地域の総意」に関して、地域の公共の利益の代表者である市町村のスクリーニングがかかったものに関しては、そうでないものと区別して、一定数の同意をもって「地域の総意」を擬制してもいいのではないかと考えられる。(9)また、協定締結後に新たに土地所有者等となった者に対する協定の効力、即ち承継効に関しては、「管理型」都市計画の実現手段として協定を位置づける以上、当然に備わっていなければならないものである(10)。

Ｃに関しては、手続的側面は後述するとして、協定の当事者の範囲、協定内容としての必須事項などを明らかにすることが必要となる。協定当事者に関しては、俗に民民協定といわれる土地所有者間のものばかりでなく、土地所有者・民間事業者と行政主体との間の協定、いわゆる官民協定も認められるべきである(11)。例えば、病院、商業施設などについて、このような協定の必要性は高い。協定内容に関しては、標準的には、以下で示すような内容が想定される。この中で、具体に何を必須事項とするのかの絞り込みが必要であるが、その際何よりも、法律で要求する事項は、公共性の確保のため必要なものに極力限定し、地域の実情に応じて、柔軟に内容の選択ができるようにすることが求められる。

＊標準的な協定内容

・対象区域

・協定の対象区域において目指すべき市街地像

・土地の利用（日常的行為を含む）やその管理にあたって、土地所有者等が順守すべきルールに関する事項

・公的施設や都市機能の維持・増進のため必要な施設の整備・管理に関する事項（整備・管理主体、費用負担を含む）

（９） 都市再生特措法に位置づけられる協定のうち、歩行者経路協定及び跡地等管理協定は全員同意が要件である一方、都市利便増進協定では全員同意は求められていない。

(10) 前掲注（９）の協定のうち、歩行者経路協定以外は、承継効はない。

(11) 跡地等管理協定は、土地所有者等と市町村が締結するものである。

・地域の安全・利便・快適性を高めるための活動に関する事項
・協定の実施状況を把握するための措置に関する事項
・協定違反に対する措置に関する事項
・協定の実施に要する費用の負担方法に関する事項
・協定の変更等に関する手続に関する事項
・協定の存続期間

Ｄに関しては、協定の存立に関わるような事項に関しては、承継効の必要性などを考えると、協定の成立・廃止にあたっての認可のような、行政による関与が認められてよいであろう。加えて、協定については、ルール違反に対しては民事法上の拘束力しか働かないので、実現手段として不十分ではないかという批判がつきまとう。そうした批判への対応として、一定の場合に、行政の関与によって一定の強制力を付与することも考えられる。具体には、協定の中でそれが許容されている場合に限って、市町村は、協定の当事者から、協定の円滑な運営に支障が生じていることにつき協議の申出があったときには、それに応じるとともに、協議の結果必要と認めれば、勧告をするといったことである。

⑵　協定における目的設定機能をどう捉えるか

「管理型」都市計画を目的―手段の図式で捉えれば、協定は、手段だけでなく、目的に相当する内容をも盛り込んだものであるべきであることは、これまで述べてきたことから明らかであろう。

他方、目的とは、手段によって達成しようとする目標像を示し、その正当性を根拠づけるものであり、このような内容について、協定のみでもって位置づけることで足りるかは検討されなければならない。

もちろん、目的に相当する内容であっても、それは、協定で完結させるべきであるとするのは、一つの考え方ではある。しかしながら、目指すべき市街地像一つとってみても、周辺区域との関係、あるいはその都市全体の中での整合性が確保されて初めて、その協定が目指す公共の利益の妥当性が認知されると考えるべきである。そうであれば、目的に相当する内容を協定だけで完結させることは適当ではない。それを計画と呼ぶことが適切かどうかはともかくも、協定締結にあたっての指針となるような、市町村が定める計画は必要と考えるべきである。

その場合でも、協定が具現化する「地域の総意」は、当事者による熟議を通じて形成されることが優先されるべきであるので、この計画は、当事者に対し、熟議の土俵と方向づけを与えるという機能に特化すべきであって、決して、協定との関係で、この指針が上位性を持つというような位置づけは、適切ではない。計画の具体的内容としては、協定により実現すべき公共の利益の位置づけ、協定と他の都市計画との整合性の確保などが考えられる。

⑶ どのようなプロセスを求めるか

協定であれ、この協定の指針となる計画であれ、何よりも、それがどのようなプロセスで決まるのかが重要である。

協定に係る手続に関しては、それが、誰もが自然に納得し得るような類でない公共性を対象とする点において、何にもまして、内容的正当性を支えるために、手続的正当性が求められる。協定の締結に至るまでには、素案の作成、関係当事者間の討議、案の確定、同意の取付けなど様々な段階があると思われるが、一連のプロセスについて、何らかのルールづけが不可欠であるが、一方で、当事者の自律的決定を重視すれば、手続の具体的内容にまで法令で介入することは適当でないと考えられるので、個別に協定の妥当性をチェックする際、執るべき手続が実質的に行われているか判断するといったことが適切であろう。

市町村が定める指針に相当する計画に係る手続に関しては、一般的には、その計画が協定当事者の利害と直接に結びついたものでないにしても、全員の同意を要しない協定の根拠を計画に求め、そうした計画への間接的合意を擬制しなければならない場合のことも考慮すれば、その策定にあたって、少なくとも実定法上の都市計画と同等の手続を求めるべきである[12]。

⑷ 協定の運営はどのようにされるべきか

協定締結後の運営はどのようになされるべきであろうか。それに責任を持つ主体が必要ではないか、そのことに触れておきたい。

---

(12) 都市再生特措法による協定の多くは、都市再生整備計画等の計画の存在を前提として締結されるものであるが、この計画の策定にあたって、実定法上の都市計画並みの手続が求められていないのは、問題としなければならない。

勿論、協定の締結は、土地所有者などの関係当事者間でなされるものであり、締結後の協定の運営も、当事者が共同して行うのが原則ではあろう。しかしながら、それだけでは、協定の持続的で効果的な運営は困難といわざるを得ない。予め定めた協定ルールでは律しきれない事態への対応、協定の対象区域の周辺地域との調整などに関しては、単なる土地所有者等の集まりでは、状況判断や意思決定において支障が生じる可能性が高い。これを避けるためには、協定の本来的な当事者であるべき土地所有者等が団体を設立し、その意思の下に、個々の構成員とは独立して、その団体によって協定の運営を行うような仕組みが必要である(13)。

4　都市施設に関する都市計画に係る若干の考察

ここまで、新たなタイプとしての「協定型」都市計画を論じてきたが、ここでは、「作る」に係るものとして典型的な都市施設に関する都市計画、とりわけ道路に関する都市計画を取り上げて、それを「管理型」都市計画に転換するためには、どのようなことが必要となるか、既存の都市計画の部分的な手直しという観点から、若干の考察を行っておきたい。

その際、景観法による景観計画に位置づけられる「景観重要公共施設」(14)、道路でいえば、「景観重要道路」の仕組みが参考となる。

(1)　内容の拡充

道路に関する都市計画の主な内容となっている、道路の種別、車線数、道路幅員などは、道路に関する都市計画が、「作る」ためのものであることの反映といえ、「作る」ことだけを念頭におけば、必要で十分なものであっても、「管理」を念頭におけば、十分な内容のものとはなっていない。例えば、道路の効

(13)　このような団体としては、区分所有法における区分所有者団体をイメージしているが、これに関して、詳細は、拙稿「基盤整備に関する責任と費用負担について」前掲注(３)書252－255頁を参照。

(14)　道路、河川、港湾、都市公園等の公共施設は、地域の景観を構成する主要な要素の一つとなっていることから、景観法では、景観計画において、良好な景観の形成に重要な公共施設を景観重要公共施設として位置づけ、景観重要公共施設の整備に関する事項や景観重要公共施設に関する占用等の許可の基準を定める仕組みが用意されている。

用を全うするためにどのような状態で維持・保全がされるべきか、ヒトとクルマで道路空間の通行・利用をどのように分担するのか、ヒトとクルマの通行利用のほかに道路空間の利用をどのような主体に、どのような内容で開放するのかといったことは、都市計画の内容からは読み取れない。そうしたことから、これらを「道路の管理及び利用に関する事項」として都市計画の内容とすることができるようにすることが必要である。

勿論、その内容は、道路法から逸脱することはできないが、現行の道路に関する都市計画と同様に、内容的には、道路法の直接的な制約を受けずに定められるべきである。一方で、こうした事項は、これまで道路法が専ら規律してきたこと、これからも道路法の役割を全く排除することは適当でないので、道路管理者との協議の上で定めるとすることが適当である。

(2) 実現手段の充実

次には、その実現手法である。

現行の都市施設に関する都市計画の実現手段である都市計画事業は、新たに土地を取得して事業を実施するための仕組みである。このような仕組みは、「作る」ための都市計画にはふさわしいものであっても、「道路の管理及び利用に関する事項」の実現のための手段としては、必ずしもそぐわないものである。そうであれば、都市計画事業とは別に、「管理」に固有の実現手段が必要となる。

具体には、道路の管理又は利用を行おうとする者が、計画内容に沿った行為であることの市町村による認定を受ければ、道路法等に係る特例の適用を受けることができるといった仕組みである。もちろん、道路法等において、こうした特例の根拠を定めておくことは必要である。

その際、法律では、特例の内容を個別的に限定せずに、広汎な内容を計画で定めることができるとすることが望ましい(15)。

加えて、認定は、どちらかといえば、その必要が生じた都度に受けるという

(15) 景観法のように、特例の対象となる事項を法律で個別的に限定する方式では、結果として対象範囲は狭いものとならざるを得ず、道路管理者以外の者が、道路空間において何らかの行為をしようとする時には、自由度が狭いものとなる可能性が大きい。

性格のものであるので、継続的な行為で予めその実施が想定されるものに関しては、認定に代えて、市町村と行為者との協定を締結するという方法も考えられる。

(3)　他の施設への応用可能性

以上、道路を取り上げて、都市施設に関する都市計画が、「管理型」都市計画が転換するための見直しのあり方を論じてきた。この内容は、都市施設に関する都市計画の対象となる他の施設でも、基本的には妥当するものである。ただ、教育文化施設や医療福祉施設のように、対象となり得るものでありながら、これまで都市計画決定をしてこなかったものに関しては、都市計画がなじみのないものであることも事実であるので、具体の方法論としては、いきなり「施設の管理及び利用に関する事項」を都市計画に取り込むというより、市町村とこれら施設管理者が協定を締結し、その内容を都市計画に反映させるといったことを原則とすることが現実的ではあろう。

5　まとめ

「協定型」都市計画の大きな特徴は、これまでの都市計画が、決定に至るまでの利害関係者との調整プロセスはあるにしても、最終的には権力的決定という性格を有するものであるのに対して、本提案における都市計画は、非権力的決定に属するものであるということである。言葉を換えれば、状態の維持・改善を狙いとして、何を望ましい状態とするのか、それは行政ではなく、「地域の総意」によって明らかにされるべきであるということである。都市計画法制の枠組み法化の議論における公共性の分類[16]に従えば、「小公共Ａ」のうちの共的見地のものに着目して、「協定型」都市計画として「管理型」都市計画のあり方を論じたものである。その意味で、今後の都市計画のあり方としての

(16)　生田長人「枠組み法序論」前掲注(３)書２－48頁。ここでは、公共の利益に関し、要旨、次のような分類がなされている。大公共Ａ：国家的見地あるいは広域的見地から実現されるべきもの、大公共Ｂ：最低限基準の確保な観点から実現されるべきもの、小公共Ａ：地域的・近隣秩序調整的見地から実現されるべきもの、小公共Ｂ：大公共Ｂに属するもので、ローカルルールによって実現されるべきもの。生田は、さらに、小公共Ａに関し、「公」的色彩の強いものと「共」的色彩の強いものの２つに分けている。

「管理型」都市計画の全体像を示すものではないが、今後の都市計画のあり方を探る上で、共的見地に関わるものの充実が求められることからすれば、そこに、それなりの意義を見出すことは可能であろう。

他方で、当然のことながら、都市計画は共的見地に関わる公共性だけを射程とするものではない。伝統的都市計画が担ってきた「大公共」・「小公共Ｂ」の領域や地区計画制度が担ってきた「小公共Ａ」のうちの公的見地のものに関しても、「管理型」都市計画としてのあり方が問われなければならないものである。そうした観点から、**4**において、都市施設に関する都市計画を取り上げたが、「管理型」都市計画の確立にあたっては、これと並んで我が国の「作る」都市計画を特徴づける、行為規制に係る土地利用に関する都市計画に関しても、「作る」ことからの脱却をどう図るか、それも重要なテーマである。本章では、「協定型」都市計画がそれへの一定程度の答えを導き出せているものと考え、敢えて、これに関する部分的手直しの方向性は取り上げなかったが、その手がかりを探せば、土地利用に関する都市計画を特徴づける「必要最小限規制」原則をどう克服するか、宅地、農地、森林などの異なった土地利用間の調整をどのような仕組みの下で行うかなどに関わっているとは考えられる。こうした観点からの更なる検討が望まれる。

（原田保夫）

第５部　あとがき――むすびに代えて

1　「はしがき」冒頭に書かれているように、本書は、亘理格氏を研究代表者とし土地総合研究所内に設けられた「縮退の時代における都市計画制度に関する研究会」（以下、「本研究会」という）の３年間にわたる研究の成果（以下、「本研究」と、また必要に応じ「20年度研究」という）が単行本としてまとめられたものである。同研究会における検討の経過については、本書第１部「総論」第２章（大貫裕之）において詳細に記述されている通りであり、またそこで得られた最終的成果については、第４部において、研究会の正規メンバー４人がそれぞれに力作をまとめているところであって、「顧問」としての立場にあるに過ぎない筆者が、更にこれに蛇足を付する必要はない。ただ、本研究が今回、単なる「土地総合研究所の一研究報告書」という形に止まらず、一般書として外部の出版社（第一法規）により公刊されるものであることを考慮するとき、本研究の意義ないし内容を読者にとってより分かり易いものとするためには、亘理氏を始めとする関係者がここに辿り着くまでの問題意識とその展開の大要について、今少し丁寧な説明がなされることが必要なのではないかと思われる。そこで以下では、専らそうした見地から、本書についての若干の解説を試みることとしたい。

2　第１部「総論」第２章の大貫報告に触れられている通り、本研究には、これに直接先行する研究として、本研究会の構成員を主メンバーとする「縮退の時代における都市計画制度に関する研究会」（土地総合研究所、2015年度）による研究（以下、「15年度研究」という）があり、その成果は、夙に『都市計画法制の枠組み法化——制度と理論』と題して、土地総合研究所により発刊されている（2016年６月）。本研究は、いわば、この「15年度研究」によって問題提起されたところを、より進んで具体的に法制度化するための手立てを検討したものであるということができるが、実は、この「15年度研究」の背景には、更に深い歴史があるのであって、それを知ることが、同研究による問題提起、さらには本研究の内容を正確に理解するために、有意義であろうと思われる。

「15年度研究」のベースとしては、2012年から３年間にわたり、土地総合研究所に設置された「転換期を迎えた土地法制度研究会」（代表者は同じく亘理格氏）による研究（以下、「12年度研究」という）がある。その成果は『転換期を迎えた土地法制度』（土地総合研究所、2015年）として公刊されているのであるが、同書冒頭の序章において、同研究の仕掛人とでもいうべき故生田長人氏は、「本研究の目的とこれまでの経緯」として以下のような叙述をしている。そこには、同研究から本研究（20年度研究）に至るまでの全体を貫く基本的な問題意識が、簡潔かつ明瞭に述べられているので、いささか長きにわたるが、以下にその枢要部分をそのまま引用しておくこととしたい。

【本研究（「12年度研究」――藤田注）には、過去にこれに先立つ研究が存在する。

我が国が都市化社会から都市型社会に入り、まもなく21世紀を迎えようとしていた1997年（平成９年）、都市化時代に形成された低水準の市街地の再編、都市型社会にふさわしい良好な市街地の形成に向けての土地法制度の在り方等の検討を行う研究会が設置された。この研究会は、1999年（平成11年）まで２年にわたる期間、我が国の都市の土地利用の実態と問題状況の把握、独、仏、英三国の土地利用制度の把握と我が国制度への示唆の可能性の検討を行った。その成果は、野村総合研究所から詳細な報告書が作成されている（平成11年度『土地制度に係る基礎的詳細分析に関する調査研究』）。

この第一次研究の成果を踏まえ、土地総合研究所に場を移して行われた第二次研究会では、平成12年度及び13年度の２カ年（2000年から2001年――藤田注）をかけて、我が国土地法制度に関する具体的な検討が行われた。検討の柱は、次の三点であった。

第一の柱は、我が国の土地利用規制諸制度に共通してみられる「必要最小限規制原則」の見直し・検討である。

（土地という財産権に対してくわえられる我が国の諸規制は、各個別法に基づき、全国共通・画一的・単一・合目的的な形で、公共の利益を実現し、目的を達成する上で必要最小限な規制の形で行われているが、このことに対して、その見直しの可能性について検討しようとするものであった。）

第二の柱は、「地域において求められる固有の公共性」を実現するための法的手段に関する検討である。

（土地法制度においては、各個別法の実現目的となっている「国家的」あるいは「広域的」な公共性（大公共）とは別に、地域における都市的空間において実現することが望まれる「地域的公共性（小公共）」とも言うべき多元的な公共性が認められるが、そのような公共性の性格、位置づけ、実現手法、更には「国家的・広域的公共性」と「地域的な公共性」との調整を図る場合の考え方についての検討を行ったものである。）

第三の柱は、地域が求める「総合的な空間としての最適性」を実現するための計画体系、計画策定プロセス、計画実現手法等についての検討である。

（都市型社会の時代においては、各個別規制法に基づく単一の視点からの合目的的な利用規制とは別の視点から、総合的にバランスの取れた土地利用配分を実現することが重要視されて来ているが、地域固有の事情を踏まえて、その相違を的確に反映させていく市町村レベルの計画やそれより狭い地区レベルの計画システムの検討を行ったものである。）

これらの研究成果は、2002年（平成14年）土地総合研究所から「土地利用規制立法に見られる公共性（藤田宙靖・磯部力・小林重敬編集代表）」として公刊されている。

その後、政府においては、新たな時代に対応する土地法制の構築に向けての立法が試みられようとしたが、残念なことに、現在に至るまで成案を得て法制が実現するには至っていない。

2002年に検討を終えた第二次研究から10年が経過し、我が国の都市をめぐる状況は、新たな段階を迎えていた。第二次の研究の時にはまだ一部の地方都市に見られる現象であった「都市の縮小」が全国各地で顕在化し、我が国は「都市型社会」の時代から「都市の縮減」の時代を迎えた感がある。少子高齢化は、予想より早く土地利用の面でも顕在化し、現行の土地法制の枠組みが、こうした事態に対応できないばかりか、大量の放棄された土地利用の増加に見られるように、将来の我が国の国土に少なからぬ支障を及ぼす状況が現出している。

こうした深刻な状況に対し、政府は、都市の再生・地方の創生に向けてその対応を進めているが、補助事業や規制緩和等を中心とした国関与型、言い換えれば、国―都道府県―市町村と降りて行く従来型の組織構造を前提とした、上からの単発的なメリット付与を内容とするパターン化された対症療法的な方法では、既に対応ができなくなりつつある。

このような状況を踏まえ、筆者たちが第三次研究（「12年度研究」――藤田注）に着手することにしたのは、2012年（平成24年）４月であった。

「都市の縮減」という言葉で総称されているものの、現実に全国各地において顕在化している現象は、極めて多様である。この多様な様相を示す状況の中で、持続的に地域の維持を図っていくためには、これまで効率化の名の下に切り捨てられてきていた地域資源の活用の道や都市域と農山村域の連携、行政のみに頼らない地域経営といった新しい縮小社会にふさわしい各地域の主体的試みに取り組むことができる土地利用制度が検討されるべきであろう。このような視点に立つ法制度研究を行うことが第三次研究の目的とされた。】

（以上、同書１－３頁）

そして、このような問題意識の下に、同研究会がイメージした検討テーマは、以下のようなものであった（同書４頁参照）。

検討テーマ１　縮減の時代にふさわしい都市空間を管理コントロールする新たな法的手法の検討

検討テーマ２　市民が恒常的に都市行政の主役の一人として、自らの地域の形成・管理に関与することができる新しい法的仕組みの検討

検討テーマ３　国土利用計画法体系と都市計画法体系の有機的連携の在り方についての制度的検討

検討テーマ４　土地利用と都市基盤施設との関係、管理の時代における都市基盤施設の在り方等を巡る法制度の検討

3　上記から伺えるように、「12年度研究（生田氏のいう第三次研究）」以来本研究にまで至る研究の内容に関しては、以下のような特徴があることをまず確認しておく必要があろう。

第一にそれは、「法的手法」「法の仕組み」「計画法体系」「法制度」の語にみ

られるように、あくまでも法の世界における話であって、例えば「縮退の時代において『都市を畳む』方法」それ自体の話ではないということである。この点、本書の原題は『「管理型」都市計画――縮退時代の法と計画技術』（出版するにあたり、出版社の意向により『縮退の時代の「管理型」都市計画――自然とひとに配慮した抑制とコントロールのまちづくり』と変更された）とされており、「法」と「計画技術」とが対等に扱われているかの如き感を与えるが、それはあくまでも、「法制度」を構築するための前提知識として「計画技術」をも学ぼうということに止まり、都市計画技術のあり方についての提言にまで打って出ようという趣旨ではない。「法」はあくまでも、「都市計画」及びその実現につき、限られた範囲での手段を提供するものであるに過ぎない(1)。

第二に、本研究にまで至る一連の研究は、「縮減の時代」ないし「縮退の時代」（本書では、先に引用した生田論文と異なり、意図的に後者の表現を採用しているが、その意味については、はしがきを参照されたい）を迎えて、土地法制度についての「基礎的な研究」（参照、生田「土地法制度の基礎的研究の今日的必要性」前掲『転換期を迎えた土地法制度』6頁所収）を行わなければならない、という問題意識を出発点としている。すなわち、こういった時代の変化に対応してこれまで行われた、例えば「都市再生法」に基づく地域指定といったような個別的な手当は、問題の所在の方向を示唆するものではあっても、いわば従前の法体系を前提とした上での彌縫策であるに過ぎず、必ずしも問題の根本的解決に資するものではない。これらを参考としつつも、ここでなさるべきは、土地法における新たな指導理念となり基礎概念となるものの提言である。こうした見地から、一連の上記研究の早期より、折に触れ提言されて来たのが、例えば、「小公共」「枠組み法」そしてまた「管理」の概念であった。因みに、「小公共」の概念については、夙に生田氏のいう上記「第二次研究会」報告書において触れられており（前掲『土地利用規制立法に見られる公共性』127頁）、また「枠組み法」は「12年度研究」報告書（前掲『転換期を迎えた土地法制度』160頁）において登場、そして「管理」もまた、「都市空間の管理」という形で、同書89頁以下において

（1） 本書には、法律学と分野を異にする識者の論稿が数多く収録されているが、これらはあくまでも、こういった意味での参考論文として寄稿されたものである。

取り上げられている。これらの概念は、本研究においても、出発点となるキー概念として取り上げられ、詳細に解説されているので、ここで更に深入りすることはしないが、後に、若干の付言をしておくこととしたい。

第三に、上記一連の研究は、基本的に「都市」における土地制度のあり方を対象として取り上げているが、それはいわば研究遂行上の便宜的なものであって、本来はその背後に、そこを手掛かりとして更に、例えば農業的利用等も含めた国土の総合的利用のあり方をも視野に納めた上での、「縮減（退）の時代」の土地法制度一般のあり方につき考察をしようという根本的な問題意識があるということである。このことは、先にみたように、「12年度研究」の検討テーマ３として「国土利用計画法体系と都市計画法体系の有機的連携のありかたについての制度的検討」というテーマが掲げられているほか、同研究の報告書『転換期を迎えた土地法制度』第１章において「都市域と農山村域を包摂する土地利用基本計画」について論じられていることに、明確に表れている。その上でしかし、同報告書は、第２章「都市域内の新たな課題に対応する土地利用コントロール」、第３章「都市空間の管理へ向けて」、第４章「「枠組み法」としての都市計画法の可能性」というように、次第に検討の対象を絞り込んで行くのであって、続く「平成15年度研究」においては、この第４章で示唆された「都市計画法制の枠組み法化」というテーマそれ自体が、研究の対象として正面に取り上げられることとなったのであった。ただ、このようなテーマの絞り込みは、あくまでも、当面の議論の拡散を避けるという効率上の観点からであって、先に想定された「転換期における土地法制度」の問題が、そこに尽きるという認識によるものではない。その意味では、先に引いた生田氏の問題提起に対する答えは、今回の研究を以て終了という訳には行かないのである。

4　ところで、以上のような経緯を背景に発足した本研究会は、その成果たる本書の表題を「『管理型』都市計画」としていることに顕著であるように、先に触れた基礎概念としての「管理」という語を重視している。上記にも既に触れたように、「12年度研究」から本研究にまで続く「縮減（退）期における土地法制度のあり方」を問う研究の根底には、「成長期の都市計画法制度を支える「建設」と「規制」の観念に代わる、新たな理念が必要となるのであり、それは恐らく「管理」とでもいうべき概念なのではないか」という、漠然としてはいるが関係者に共通した、一定の問題意識が存在してきた。新たなる都市計画法の指導理念は「管理」である、という基本構想は、12年度研究会発足直前に公刊された、生田長人・周藤利一「縮減の時代における都市計画制度に関する研究」（国土政策研究102号、2012年３月国土交通省国土交通政策研究所）において既に強調されていたところであるが（参照同書63頁）、遡れば夙に、例えば磯部力「公物管理から環境管理へ――現代行政法における「管理」の概念を廻る一考察」（成田頼明先生横浜国立大学退官記念『国際化時代の行政と法』良書普及会、1993年）において、その嚆矢をみることができた。そこでいう「管理」という概念には、冒頭にみたような問題意識の下で、今日必要とされる都市計画法の一つの指導理念として、感覚的に一先ず受け入れやすいものがあるといって良いであろうが、ただ、この文脈における「管理」概念の意味を理論的に正確に明らかにし、これを積極的に定義することは、必ずしも容易なことではない。この点筆者は、12年度研究報告書の「総括及び展望」において、その理由を「この概念が上記のコンテクストで用いられるとき、それは本来、従来の法制度が「総合性（包括性）・柔軟性」等の資質を欠いていたことを批判的に指摘する際のポレーミッシュな概念としての役割を果たすものであって、必ずしもそれ自体が積極的・具体的機能を持つものではないからである」と述べていた（12年度研究報告書184頁）。そして、このような視角から「転換期を迎えた土地法制度」のあり方に関し、「キーワードとされる『管理』概念は、既存の法制度において『欠けているもの』は何かを抉り出し、それを埋めるには具体的に何をすれば良いかについての試行錯誤の検討作業の過程で、徐々に明確化されて行く性質のものであろう」（前掲書189頁）という指摘をし、そしてこの「欠けているもの」の埋め方を探る今後の作業として、差し当たり具体的には、「都市計画法の枠組み法化」といった問題が手掛かりとなり得るのではないか」（同）、という問題提起をしたのである。「15年度研究」は、まさにその展開線上に位置付けられるものであって、「都市計画法の枠組み法化」を、従来の都市計画法に「欠けて」いた「地域の固有性に対する柔軟性」の回復のための一手段として位置付けたものであった。すなわち「都市計画法の枠組み法化」は、この意味における都市空間の「管理」の一手法として提言されたものである（亘理氏は、これを、「法令執行型」都市計画に対する反対概念としての「『管理型』都市計画」であるという。本書８頁）。

ところで、改めて考察するに(2)、一般に「管理」という日本語それ自体は、「人為によって、対象物に適正な秩序をもたらす」というほどの意味を持つものといえようが、そのような観点からするならば、都市計画とは、それ自体がそもそも「管理」のための一手法であるに他ならない。すなわち、それは、人為を加えなければ暴走する都市の発展（ないし衰退）に一定の秩序をもたらそうというものであるからである。したがって、上記の脈絡における、「管理」型の都市計画とはすなわち、都市（それはまず「土地の利用」として表われる）の存在目的及び空間的・時間的次元におけるそのあり方において、生田氏の上記問題提起にあるような我が国の現状に対応した「よりきめの細かな管理」のシステムという意味に他ならないであろう。そしてその際、「目的におけるきめの細かさ」がつまり、本研究にいう「多目的化・複合目的化（複数目的併存型法制への転換――第４部第１章）」であり、「空間的次元におけるきめの細かさ」の一例が本研究の重視する「都市計画の枠組み法化」や「小公共」への着目・重視である。また「時間的次元におけるきめの細かさ」は、単に「作る」ための都市計画からの脱却を図り、将来における利用（「使う」）を見据えた都市計画

(2)　筆者はかつて、新しい時代（縮退の時代）における都市計画の指導理念として語られる場合の「管理」の概念につき、先に本文で引いた文章に加え、「これらにおいては要するに、（都市空間を主とする）地域空間・国土空間の形成に当たり、その目的・対象となる時空・手法等の諸平面において、問題を（分析的に捉えられた）個別的な要素の単なる集積ないし集合として捉えるのでなく、それら『個別的なるものの背後にある何か（恐らくは、一定の「理念」）』によって有機的に統合ないし包括された存在として理解して行こうという思考方法が見られる」と述べたことがある（藤田「総括と展望」前掲『転換期を迎えた土地法制度』184－185頁）。その意味における「何か（理念）」を具体的に突き止めようとする問題意識の中で、本研究においても、その参考の一つとして、（とりわけ上記に触れた「小公共」に関連し問題を共通にする側面があると思われる）区分所有に係る建築物の管理、入会地の管理等々について、専門家の話を聴く等の作業が行われ、本書には、これらの話もまた、寄稿されるところとなっているのである。ただ、筆者の先の説明は、見ようによっては、問題を敢えて難しいものとして提示しているきらいがあるようにも思われ、今回、より単純かつ明晰な説明に変更することを試みた。

へという提言（とりわけ第４部第４章を参照）に結びつくこととなる。これに加えて本研究では、さらに、上記「人為の加え方」についてのきめの細かさをも「管理型」の語によって表しており、そこでいう「管理型」とは、「命令・強制や許可・禁止等の権力的・規制的な都市計画法手法に対する反対概念」であり「（土地利用を）主に協議や協定等の合意手法を通して形成又は調整しようとする方法」であって（参照、「はしがき」）、「手法としての『管理』」（参照、第１部「総論」第２章29頁）であるということになる。そして本書では、「管理」の概念の理解には、様々なものがあり得ることを認めつつも、主としてこの最後の管理概念を用いて「『管理型』都市計画」を説明しようとしているようにみえる。その結果は、研究の対象が、「枠組み法化」と「管理型（手法）」の二本柱という形として整理されることになるのである。ただ、私見によれば、上記「目的」「空間」「時間」そして「手法」は、相互に「広狭」の関係に立つものではなく、また、相互に排斥し合うものではない。それ故、「よりきめの細かい管理」を意味する「『管理』型」もまた、それぞれの側面において存在し得るし、また相互に交錯し得る。したがって、具体的な制度設計をするにあたっては、こういった複数の側面と、そのそれぞれにおける「細やかさ」の濃淡との組合せによって、様々な選択肢が生じ得ることになるであろう。先にみてきた平成12年度からの一連の研究の背景に照らすとき、本書が行う諸提案の中には、こういった意味での「交錯」「組合せ」の細かい襞を読み取ることが可能であり、またそのように読まれてこそ、研究の本来の意義が見出されるものであるように思われる。

（藤田宙靖）

索　引

あ行

か行

さ行

た行

な行

は行

ま行

や行

ら行

わ行

サービス・インフォメーション

通話無料

①商品に関するご照会・お申込みのご依頼
TEL 0120(203)694／FAX 0120(302)640
②ご住所・ご名義等各種変更のご連絡
TEL 0120(203)696／FAX 0120(202)974
③請求・お支払いに関するご照会・ご要望
TEL 0120(203)695／FAX 0120(202)973

●フリーダイヤル(TEL)の受付時間は、土・日・祝日を除く9:00～17:30です。

●FAXは24時間受け付けておりますので、あわせてご利用ください。

縮退の時代の「管理型」都市計画

―自然とひとに配慮した抑制とコントロールのまちづくり

2021年2月25日　初版第1刷発行
2022年11月20日　初版第2刷発行

監　修　藤田宙靖

編　著　亘理　格、内海麻利

発行者　田中英弥

発行所　第一法規株式会社
〒107-8560　東京都港区南青山2-11-17
ホームページ　https://www.daiichihoki.co.jp/

管理型都市計画　ISBN978-4-474-07432-3　C0032 (8)